四川省省级一流本科课程教材

四川省"十四五"普通高等教育本科规划教材

数据科学与大数据管理丛书

U0279298

Python Application Basics

Python
应用基础

谢志龙 李庆◎著

机械工业出版社

CHINA MACHINE PRESS

图书在版编目（CIP）数据

Python 应用基础 / 谢志龙，李庆著 . -- 北京：机械工业出版社，2021.7（2025.1 重印）
（数据科学与大数据管理丛书）
ISBN 978-7-111-68513-5

I. ① P… Ⅱ. ①谢… ②李… Ⅲ. ①软件工具 – 程序设计 – 高等学校 – 教材 Ⅳ. ① TP311.561

中国版本图书馆 CIP 数据核字（2021）第 119281 号

本书的主要内容是利用 Python 语言进行程序设计的基础应用。Python 语言是一种简洁且强大的语言，特别适合程序设计的初学者进行学习，锻炼思维。在大数据时代，越来越多非计算机专业的学生急需掌握一门程序设计语言进行数据的处理和分析，Python 因此成为十分流行的计算机语言。本书以财经类案例为依托，涵盖了 Python 基本数据类型与表达式，Python 中列表、元组、集合、字典等组合数据类型，以及 Python 的控制结构、函数、数据存储、操作关系数据库、对象和类等内容。

本书适用于对 Python 语言感兴趣的本科生、研究生。

出版发行：机械工业出版社（北京市西城区百万庄大街 22 号 邮政编码：100037）
责任编辑：施琳琳 丁小悦 责任校对：殷 虹
印 刷：北京铭成印刷有限公司 版 次：2025 年 1 月第 1 版第 8 次印刷
开 本：185mm×260mm 1/16 印 张：16.75
书 号：ISBN 978-7-111-68513-5 定 价：49.00 元

客服电话：(010) 88361066 68326294

经过多年的磨练,《Python 应用基础》终于和大家见面了。在本书收笔之时,作者不禁想起当年在旧金山与加州大学伯克利分校 Ani Adhikari 教授畅聊的场景。Ani Adhikari 教授是风靡全美的一门基于 Python 的数据分析课程的主讲教授。该课程使用的自编讲义 *Data* 8 利用大量教学案例来讲授和强化知识,广受非计算机专业学生追捧,成为加州大学伯克利分校仅次于"英文写作"的最受欢迎的课程之一。在当今大数据时代,云计算、机器学习、人工智能等新技术层出不穷。对于当代大学生来说,无论是文科生还是理科生,掌握一门程序设计语言、学会与数据打交道,以及能够通过计算机基础应用处理和分析海量数据已成为必备技能。事实上,Python 语言已经成为数据分析领域的通用语言,许多世界顶级高校包括耶鲁大学、哈佛大学等都已经将 Python 程序语言应用作为专业的核心基础课程。

令人遗憾的是,目前大部分与 Python 编程相关的教材和指南都是沿用了传统计算机教材的编写方式,重点强调算法和软件开发等知识,但财经类、生物医学类、机械类、地质类等非计算机专业的学生更关注数据整理、分析、可视化的应用实践。本书的一个重要的写作出发点就是从非计算机专业学生的认知思维和实践目的出发,通过案例教学,引导学生快速掌握 Python 这门优雅且便捷的计算机语言,为非计算机专业学生打开一扇人与计算机自由沟通的未来之门。

本书作者具有二十多年的一线高校教学经验,先后教授过 Pascal、Delphi、C、C++、C#、Java、Objective C 等十余种计算机编程语言。作者自从接触和使用 Python 之后,就深深地被其独特的魅力所吸引。20 世纪 90 年代初,吉多·范·罗苏姆(Guido van Rossum)创建了 Python 这门语言,随后这门语言迅速得到了各界人士的关注和青睐,也逐渐被开发出丰富的第三方库,包括面向数据处理的 Numpy 和 Pandas 库、面向数据可视化的 Matplotlib 和 Seaborn 库、面向深度学习的 TensorFlow 库等。这些第三方库的加入,让 Python 的初学者可以在最短的学习曲线下迅速完成高难度的实践项目开发和实施。

Python 的语言设计非常优美，更加贴近人类的思维习惯。例如，当交换两个变量值的时候，传统的计算机语言需要借助一个中间变量来达成值交换。而在 Python 语言中，只需要一行简单的代码即可完成两个变量的值交换。事实上，这种类自然语言的程序语言设计方式，极大地降低了初学者的学习门槛，这也是 Python 之所以能成为人类历史上非常流行的程序设计语言的一个重要原因。如图 0-1 所示，C 语言中完成变量初始化和交换使用了五行代码，而 Python 中则仅需两行代码。

```
a = 1;  //变量a赋值为1
b = 2;  //变量b赋值为2
c = a;  //利用中间变量c暂存a的值
a = b;  //将变量b的值赋值给变量a
b = c;  //将中间变量c的值赋值给b
```

```
a,b = 1,2  #分别为变量a和b赋值为1和2
a,b = b,a  #通过一个语句完成变量值交换
```

a）C 语言中的变量交换　　　　　　　　　b）Python 中的变量交换

图 0-1　变量交换

本书一个重要的特点是并非单纯地教授学生学习 Python 的语法、记忆枯燥的程序代码，而是从语言逻辑角度，将学生置身于一个真实的应用场景中，培养学生的计算思维方式，解决真实的问题。本书的内容源于作者多年的教学讲义，已经得到 6 000 多名非计算机专业学生的教学检验，并获得了许多宝贵的反馈。本书具有以下几个鲜明的特点。

案例驱动教学

本书的最大特点是，利用大学生生活中普遍需要面对的生活费管理问题作为框架案例，编写**生活费管理程序**贯穿本书。生活费管理是大学生都能理解的财经类相关问题。我们将 Python 基础知识点巧妙地融入该管理程序中的不同部分，在每一章开始时，按照该章的知识点，依据生活费管理问题设计引导案例，首先提出问题，然后介绍能够帮助解决问题的基础知识，最后给出解决问题的程序代码。

在本书第一部分基础篇结束时，本书给出了完整的生活费管理程序代码，带领学生完成一个完整的程序设计项目，让学生体会学以致用的快乐。图 0-2 展示了生活费管理系统的管理界面。

本书的目标读者是高等院校文科类学生，特别是财经类学生，因此，本书选用的均是财经相关案例，包括 **GDP 计算、房贷计算、汇率转换、个人所得税计算和人事管理**等。

```
====================================================
欢迎使用生活费管理系统!
请选择你要进行的操作或:
1 新增支出    2 支出列表     3 查询明细      4 统计信息      0 退出系统
====================================================
请输入你要进行的操作: 4
以下是你生活费支出的统计信息:
----------------------------------------------------
"日常支出"支出金额:280.00元, 占生活费总支出比例:14.00%, 明细如下:
明细名称              支出金额          支出日期
话费充值              100.00          2020-12-10
饭卡充值              180.00          2020-12-18
----------------------------------------------------
"学习用品"支出金额:720.00元, 占生活费总支出比例:36.00%, 明细如下:
明细名称              支出金额          支出日期
参考书籍              210.00          2020-10-08
打印资料              200.00          2020-10-10
打印资料              100.00          2020-11-23
参考书籍              210.00          2020-10-08
----------------------------------------------------
"其他支出"支出金额:1000.00元, 占生活费总支出比例: 50.00%, 明细如下:
明细名称              支出金额          支出日期
国庆旅游              800.00          2020-10-10
生日礼物              200.00          2020-12-20
====================================================
```

图 0-2　生活费管理系统界面

代码更加 Pythonic

　　Python 与其他语言相比,更加容易学习和使用。Python 可以让用户把主要精力放在程序的设计和代码实现上。因此,你一旦习惯了 Python 的编码方式和风格,就一定会爱上这门语言。本书的所有代码均已在 Python3 的环境中调试运行成功。我们在编写这些代码时,尽量使用具有 Python 特点的编码方式。因为我们认为,Python 与其他语言的重要不同之处,正是体现在这些简洁优美的 Python 代码中。例如,对于生成 10 ~ 100 中所有偶数平方列表,本书会偏向于使用带有 Python 烙印的列表推导式,而不是循环。

```
[i * i for i in range(10, 101) if i % 2 == 0]
```

内容覆盖面广

　　本书共 13 章,我们把这些章分成了三个部分:基础篇、提高篇和数据分析篇。

　　基础篇包括第 1 ~ 7 章,主要通过案例讲解了 Python 的基础知识,包括 Python 中的变量、表达式等概念,整数、浮点数、字符串、列表、元组、字典、集合等基本数据类型,函数的概念以及文件的操作。这些构成了 Python 的基础框架,是所有 Python 使用者都必须掌握的基础知识。基础篇以完成一个完整的生活费管理程序为目标,中间穿插着各种财经案例。

提高篇包括第 8 ～ 10 章，主要为学有余力的读者介绍更高阶的程序设计概念，包括面向对象程序设计、异常处理和数据库操作等。掌握这些知识可以帮助读者设计和实现更高效、更复杂的程序。在提高篇中，我们也对生活费管理程序进行了改进，但并未给出完整代码，目的是希望读者能在此基础上自行完成，以提高学习效果。

数据分析篇包括第 11 ～ 13 章，我们认为，对于文科类学生来说，掌握 Python 程序语言的主要目的就是进行海量数据的处理和分析。本书是我们编写的 Python 系列教材中的第一本，这个系列包含 Python 基础、数据分析和金融智能三册内容。因此，本书的最后简要地介绍了数据分析中 NumPy、Pandas 和 Matplotlib 三个基础模块的使用，为学生后续学习系列书中的数据分析和金融智能知识打下基础。这些内容作为承上启下的部分，虽未加入生活费管理程序框架之中，读者同样可以利用这些工具对大学生生活费进行进一步的分析和处理。

教学资源丰富

为了方便使用，本书提供了电子教案、程序源码、MOOC 课程、练习平台、交流群和课后作业答案等丰富的教学资源。

电子教案：为配合教师上课使用，本书提供了与教材紧密配套的电子教案，包含 PPT 和 Jupyter Notebook 两种形式。

程序源码：对于本书中所有的代码源程序，为方便不同 IDE 开发环境使用，我们将提供包含 Python 源程序的 py 文件和 Jupyter Notebook 两种形式。

MOOC 课程：我们在学堂在线上开设了与本书紧密结合的在线课程"Python 应用基础"，读者可以配合视频和本书内容同步学习。（见右下二维码）

MOOC 课程二维码

练习平台：除了每章的课后练习，我们还提供了练习平台。学生可以在平台上练习巩固，教师可以按照课程进度布置课后作业。我们的练习均与知识点对应，因此教师可以通过课后作业的情况查看并统计学生对知识点的掌握情况，做到真正的因材施教。因平台需要导入学生信息，请需要使用的教师联系出版社或作者，以获得更好的帮助。

交流群：为了便于学习和交流，我们创建了本书的 QQ 交流群：552991987。读者有任何相关问题均可在交流群中提出，我们会及时回复解答。

练习平台二维码

课后作业答案：教师身份经验证成功后，您可以向我们索要每章的作业答案。请需要使用的教师联系出版社或作者。

本书作者是长期工作在教学和科研一线的高校教师，均来自西南财经大学金融科技国际联合实验室和金融智能与金融工程四川省重点实验室，运用 Python 语言研发了多项国家自然科学基金的科研项目和科技部的重大课题攻关项目，也完成了多个业界实践项目。在实践中，我们深刻体会到了 Python 作为一个流行的程序语言，以及作为协助人与计算机对话的使者，在理论研究和实践开发方面逐渐发挥出的重大效用。近年来，西南财经大学金融科技国际联合实验室与加州大学伯克利分校的国际风险数据分析联盟（CDAR）联合举办了三届"国际金融科技论坛——SWUFE & CDAR"，论坛的主题发言者包括 1997 年诺贝尔经济学奖获得者罗伯特·默顿（Robert Merton）教授、2001 年诺贝尔经济学奖获得者乔治·阿克洛夫（George Akerlof）教授、2013 年诺贝尔经济学奖获得者拉尔斯·皮特·汉森（Lars Peter Hansen）教授、著名经济学家陈志武教授、吴晓求教授，以及数百名金融业界的专业人士和学者。在同与会的诸多行业领军人物和实践高手的沟通中，我们发现一个普遍的共识——Python 逐渐成为金融专业人士的一个基础技能，也是诸多金融创新产品的奠基之石。我们希望读者通过对本书的阅读，以及对配套在线资料（视频、PPT、习题）的学习与使用，开启一条通往未来人机互通的道路，迎接大数据时代、人工智能时代的机遇和挑战。本书受中央高校教育教学改革专项资助，项目号：220810004007000102。

最后，特别感谢在本书的编写过程中匡松教授给予的无私指导，以及同事缪春池、张英、刘凌、何福良老师给予的关怀和帮助。同时，感谢余关元、徐晓庆、王垚和胡长宇等博士为丰富本书内容做出的贡献。因时间仓促、作者水平有限，书中难免有不足之处，还请广大读者和同行批评指正。

谢志龙　李庆

2021 年春

第一部分

基础篇

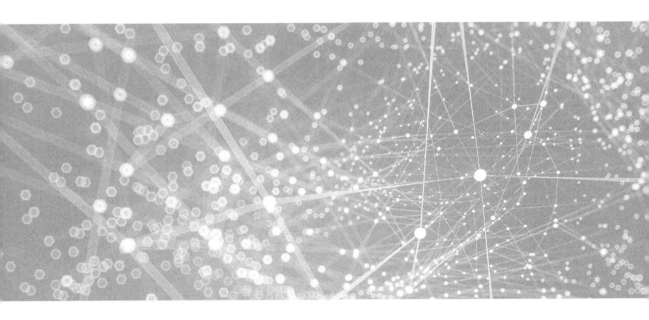

CHAPTER 1

第 1 章 ●━○━●━○━●

概　　述

学习目标 ●━○━●━○━●

- 了解学习程序设计的目的
- 熟悉程序设计语言的概念和发展
- 了解 Python 语言的特点
- 能够安装和配置 Python 开发环境

自从计算机出现以来，人们一直在追求利用它来解决各类问题。程序设计就是对问题进行分析，设计出解决该问题的程序的过程。程序设计过程包括分析问题、设计程序、编写代码和测试应用等阶段。

1.1　为什么要学习程序设计

专业程序设计人员被称为程序员。那么，是不是只有程序员才需要学习程序设计呢？当然不是。随着互联网的普及，特别是进入大数据时代后，程序设计已然成为每个人都应该掌握的必备技能之一。

1. 提升逻辑思维能力

利用程序设计解决问题就是把大问题划分成小问题，通过解决和组合小问题来完成任务。这样，我们就必须思考如何进行问题划分更加合理，如何组合划分出来的每个问题，让程序能快速完成输入、处理和输出的整个流程，即 IPO（input, process and output）。这一过程对逻辑思维能力有极大提升。

2. 培养计算思维能力

计算思维（computational thinking）是区别于以数学为代表的逻辑思维和以物理为代表的实证思维的第三种思维模式。2006 年 3 月，美国卡内基 – 梅隆大学的周以真（Jeannette M. Wing）教授给出了计算思维的定义：计算思维是运用计算机科学的基础概念进行问题求解、系统设计以及人类行为理解等涵盖计算机科学之广度的一系列思维活动。

计算思维建立在计算过程的能力和限制之上，由人设计，交给计算机执行。这使得我们可以去处理那些原本无法由个人独立完成的问题求解和系统设计。计算思维中的抽象完全超越物理的时空观，完全用符号来表示。与数学及物理科学相比，计算思维中的抽象显得更为丰富，也更为复杂。

计算思维不仅仅属于计算机科学家，而是每个人都应该掌握的基本技能。程序设计就是利用计算机科学的基础概念去分析解决问题的过程，是培养计算思维的有效手段。

3. 增强解决问题能力

计算机已经渗透到我们的生活、学习和工作之中。利用程序设计，可以轻松地解决数学难题、解决大质数问题、计算圆周率，甚至验证哥德巴赫猜想。这些都是计算机所擅长的。

特别是大数据时代的来临，在海量的数据面前，人类大脑处理信息的能力和速度已经远远不够。但是，可以设计一段程序来教会计算机处理这些数据，最后得到我们想要的结果。

在财经领域，程序设计提高了会计、金融及财税等领域数据获取和高效处理等能力，甚至机器学习已经改变了统计学。人工智能已经帮助这些领域触及了前所未有的高度。金融与科技相结合，以数据和技术为核心驱动力，正在改变着金融行业的生态格局。

1.2　程序设计语言

人类交流需要使用共同的语言，例如汉语、英语等。要教会计算机按照我们的设计来解决问题，首先要学会和计算机交流。因此，也需要一门语言进行交流，这就是程序设计语言。

程序设计语言，又称为编程语言，是用来定义计算机程序的形式语言，是一种标准化的交流技巧，用来向计算机发送指令。这些编程指令组合在一起，构成源程序。程序设计语言与现代计算机共同诞生，至今已有 70 多年的历史。程序设计语言家族经历了三代语言：机器语言、汇编语言和高级语言。

机器语言是第一代程序设计语言。机器语言直接使用二进制代码"0"和"1"表示指令，是一种低级语言，能被计算机直接识别和执行。不同类型的计算机有自己的机器语言，因此机器语言没有通用性。并且由二进制构成的代码不便于人类记忆、理解和交流。

汇编语言是第二代程序设计语言。汇编语言采用助记符来表示机器指令，例如使用 ADD 表示加法操作。用汇编语言编程的代码需要经过汇编语言翻译成机器语言后才能被计算机理解和执行。汇编语言虽然提高了编程效率，但其代码依然晦涩难懂，并且不同类型计算机的汇编指令不同，也没有通用性。汇编语言也是一种低级语言。

高级语言是第三代程序设计语言。高级语言使用了接近自然语言和数学表达式的形式来描述和解决问题。高级语言更多的是面向人类的语言，通过高级语言编写的源程序也不能被计算机直接理解和执行。计算机无法直接理解和执行源程序，并且不同类型的计算机支持的指令集也不相同，因此需要将源代码翻译成目标机器可以执行的目标代码。这一转换过程分为编译和解释两种。

编译是将源代码通过编译器翻译成目标机器的目标代码，生成仅在目标机器使用的可执行文件，这个过程是一次性的，可执行文件可以被多次使用。源代码修改后，需要重新编译可执行文件。这就像一篇中文的文章，被翻译成英文并存储后可以供懂英语的读者阅读，被翻译成法文后懂法语的读者可以阅读。并且翻译一次后无须再翻译，但是只懂法语的读者无法阅读英文的翻译结果。

解释是在使用程序时，通过目标机器中的解释器，将源代码逐行解释成目标机器可以理解和执行的指令，这个过程是多次的，每次使用程序时都需要对源代码进行解释。因此，源代码的修改会影响后续的程序执行。这类似于中文的文章写完后，带着多语言的翻译器，当面对仅懂英语的读者时将文章翻译成英文，面对仅懂法语的读者时翻译成法文，如图 1-1 所示。

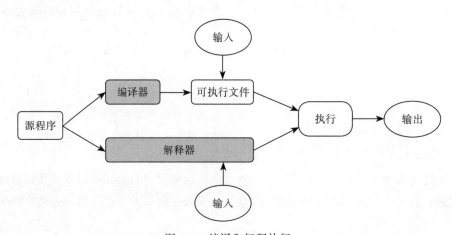

图 1-1　编译和解释执行

自从 1956 年第一种高级语言 FORTRAN 出现后，程序语言得到了迅猛发展，陆续出现了 C、C++、Basic、Pascal、Go、R、Java、Python、Visual Basic、Visual C++、Delphi 和 JavaScript 等广泛使用的高级语言。

1.3　Python 概述

　　Python 是一种解释执行的高级语言。它是 1990 年由 Guido van Rossum 开发的。虽然 Python 的中文翻译是"大蟒蛇"，但两者并没有关系，这个命名是因为开发者吉多・范罗苏姆（Guido van Rossum）特别喜欢一部名叫 *Monty Python* 的喜剧连续剧。

　　自从 1991 年公开发行以来，Python 已经成为最受欢迎的程序设计语言之一。2008 年 12 月发布的 Python 3.0 版本比之前的 Python 2.0 版本有了较大的改进，3.x 系列版本无法向下兼容 2.x 系列的代码。考虑到 2020 年后 Python 2.x 就不再维护，Python 3.x 才是这个语言的未来，本书的代码均使用 Python 3.x 的语法来编写。

1.3.1　使用 Python 的理由

　　在众多的高级语言中，为什么 Python 能够脱颖而出，成为最受欢迎的程序语言之一呢？

- 开源免费：Python 是自由 / 开放源码软件之一。可以自由使用和分发，甚至可以用于商业用途。它的许多程序都来自全球优秀开发人员的无私奉献。
- 语法简单：Python 语法结构简单。对于相同的功能，使用 Python 的代码长度只有 C++ 或 Java 的五分之一左右。更少的代码提高了开发效率，也降低了后期维护成本。语法中缩进表示代码块，这使得 Python 源代码外观一致，更容易阅读和理解。正如"Python 之禅"中所说：明确胜于隐晦，简单胜于复杂。极简主义始终是 Python 的设计理念。
- 丰富的库：Python 本身内置了大量的标准库，可以处理各种问题，包括处理字符串、图形用户界面、编写网络脚本和数据库存储，甚至自动发送电子邮件等。此外，还可以通过简单的命令安装来自世界各地优秀成熟的众多第三方库来扩展，包括数值计算、游戏开发、网站搭建、机器学习、人工智能和深度神经网络等。
- 编程乐趣：Python 使得编程不再是一件枯燥无味的事。在人们遇到问题时，借助其易用性和强大的工具，随手就可以快速写出一段优美而简短的代码来处理。这不是一件快乐有趣的事情吗？

> **Python 之禅**
>
> 　　在任何 Python 交互式命令行下输入命令 import this，会看到 Python 设计理念的集合，称为 Python 之禅。
>
> The Zen of Python, by Tim Peters
>
> Beautiful is better than ugly.
> Explicit is better than implicit.

Simple is better than complex.

Complex is better than complicated.

Flat is better than nested.

Sparse is better than dense.

Readability counts.

Special cases aren't special enough to break the rules.

Although practicality beats purity.

Errors should never pass silently.

Unless explicitly silenced.

In the face of ambiguity, refuse the temptation to guess.

There should be one-- and preferably only one --obvious way to do it.

Although that way may not be obvious at first unless you're Dutch.

Now is better than never.

Although never is often better than right now.

If the implementation is hard to explain, it's a bad idea.

If the implementation is easy to explain, it may be a good idea.

Namespaces are one honking great idea -- let's do more of those!

1.3.2 Python 可以做什么

Python 是如此优秀的程序设计语言，使用它可以做什么呢？

- 数值和科学计算：利用 Python 内置的工具已经可以实现绝大部分数值和科学计算的编程。同时 numpy、pandas 和 scipy 等优秀第三方库大大地扩展了 Python 在矩阵运算、并行处理和动画等方面的功能。
- 数据挖掘：使用 NLTK 包进行自然语言处理，matplotlib 包进行数据可视化，Orange 框架、Pattern 包等进行数据挖掘。
- 图形界面：使用内置的 tkinter 和 wxPython 等包开发可视化的图形用户界面。
- 游戏开发：使用 pygame、Panda3D 等进行游戏编程。
- 文档处理：使用 docx 包处理 Word 文档，xlrd 和 xlwd 包处理 Excel 文档，pptx 包处理 PowerPoint 文档以及 pdfminer 解析 PDF 文档。
- 图像操作：使用 PIL/Pillow 打开、操作和保存各种格式的图像。
- 数据库编程：使用对应数据库接口操作 Oracle、MySQL、SQLite 和 SQL Server 等主流数据库。

Python 还可以应用在系统开发、编写网络脚本、快速原型开发等更多的领域。

1.4　Python 开发和运行环境

虽然在 Linux 和 Mac OS X 的系统中已经预装了 Python，但其版本一般来说都是旧版本，并且在 Windows 中默认情况下没有安装 Python。我们在这一节将学习如何安装和使用 Python 的开发与运行环境。

1.4.1　安装使用标准 Python

可以在 Python 官网（https://www.python.org/downloads/）中下载标准 Python 的安装程序（见图 1-2）。

在这里可以找到几乎所有版本的 Python。通常来说，网站会自动根据你的操作系统类型对应到最新的 Python 版本。你也可以根据系统类型手动在以下链接中找到对应版本：

- Windows 系统版（https://www.python.org/downloads/windows/）。
- Mac OS X 系统版（https://www.python.org/downloads/mac-osx/）。
- Linux、Unix、iOS 和 iPadOS 等其他系统版（https://www.python.org/download/other/）。

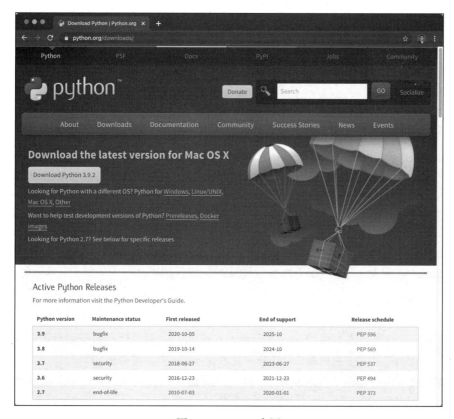

图 1-2　Python 官网

1. Windows 版安装

对于 Windows 系统，Python 提供了 32 位和 64 位两个安装程序，你可以根据自己使用的 Windows 系统是 32 位还是 64 位来下载和安装对应版本的 Python。选择"开始菜单→控制面板→系统"可以查看 Windows 系统类型。

下载完成后，双击打开安装包文件（.msi 或者 .exe 文件），并根据安装指导进行安装即可。

2. Mac OS X 版安装

目前通常使用的 Mac OS X 系统均是 64 位的。双击 Mac OS X 的安装包文件（.dmg 文件），在弹出的窗口中，双击 Python.mpkg 文件，可能需要输入管理员口令，然后按照安装指导进行安装即可。

通常 Python 3 会被安装到 /usr/local/bin/python3.8 目录下（不同版本的 Python 可能目录名称不同），不会影响系统自带的 Python 2。

安装好 Python 后，可以通过两种方式编写和运行 Python 程序：

● 实验和测试用的交互式命令行模式

在 Python 交互式命令行中输入 Python 代码通常是最简单快速运行代码的方式。常常用来做一些实验和测试，这些代码通常不会被保存下来。可以在系统终端或一些集成开发环境（integrated development environment，IDE）中打开交互式命令行。

> **集成开发环境 IDE**
>
> 　　集成开发环境是用于程序开发的应用程序，通常来说集成了代码编辑器、编译器、调试器和图形用户界面等。不同的语言可能有不同的集成开发环境，有些集成开发环境下也可以编写不同语言的程序。Python 有许多著名的集成开发环境，例如 IDLE、Jupyter Notebook 和 PyCharm 等。虽然使用记事本也能开发 Python 程序，但是使用这些集成开发环境更加方便。

在交互式命令行模式下，通常会有提示符" >>> "，需要将代码输入到提示符后面，例如：'金融' + '科技'，然后按下回车键确认并运行代码：

```
>>> '金融' + '科技'
金融科技
```

上面这段代码中，提示符" >>> "是不需要输入的。第二行是程序运行的结果，即在屏幕上打印出字符串"金融科技"。这是因为在 Python 中，可以使用加号" + "将两个字符串连接构成新的字符串"金融科技"。在交互式命令行模式下，会将程序运行结果直接反馈（打印到屏幕上）。

● 可多次运行的源文件模式

当程序代码较多或者希望将程序保存下来多次运行时，通常需要使用文件来存储代码。包含 Python 代码的文件称为源文件，一般来说是以 ".py" 为后缀的文本文件。因此，你可以使用任意的文本编辑器（例如 windows 系统中的记事本或者 Mac OS X 的文本编辑）来编写。保存后，通过系统命令行或者 IDE 来运行文件。在每次运行源文件时，Python 都会按照顺序从头到尾地执行每行代码。

和交互式命令行模式不同，在源文件模式下，在屏幕上打印出运行结果需要使用 print() 函数。你可以打开任意的文本文件编辑器，新建文件并命名为 hello.py，保存在你的工作目录下，并在文件中输入以下 Python 代码：

```
import sys
print(sys.version)
print('你好, Python')
```

在这个源文件中，第一行导入 sys 模块。第二行通过内置函数 print() 打印出当前 Python 的版本信息。第三行打印出 "你好，Python" 的字符串。目前你可能暂时无法理解这些代码，不过不用担心，你将在后续章节学到它们。

在操作系统的终端中，切换到你的工作目录下，使用 python 命令可以运行这个程序。在不同的操作系统中，终端提示符可能有所不同。例如在 Mac OS X 或者 Linux 下，终端提示符可能是 "%"：

```
% python hello.py
```

而在 Windows 系统中，使用的是 ">"。因此，如果 hello.py 文件在 D 盘的 project 目录下，你应该在命令行中输入：

```
D:\project> python hello.py
```

在执行上面的命令时，需要确保 Python 的目录包含在系统路径 PATH 中。否则，需要给出 python 的完整路径。例如：

```
D:\project> C:\Python37\python hello.py
```

当系统中装有多个版本的 Python 时，也可以使用完整路径来保证使用了正确版本的 Python 运行源程序。

系统路径 PATH

PATH 是操作系统用于查找来自命令行或终端窗口的必需可执行文件的系统变量。在命令行运行命令时，操作系统通过 PATH 中所列出的目录依次查找该命令。找到则使用该目录下的命令，不会继续往后查找。因此，如果有多个版本的 Python 目录包含在 PATH 中，在不指定完整路径的情况下，使用的始终是 PATH 中找到的第一个 Python 目录中的命令。

通过 python 命令运行源文件的结果如下所示：

```
3.7.6 (v3.7.6:43364a7ae0, Dec 18 2019, 14:18:50)
[Clang 6.0 (clang-600.0.57)]
你好, Python
```

1.4.2 使用 IDLE 开发

虽然通过文本编辑器就可以编写 Python 源文件，但对于绝大多数人来说，还是希望在更专业的环境中开发。Python 中有许多的集成开发环境，提供了更加方便的可视化开发界面。IDLE 就是其中之一，它被集成到标准 Python 当中，是一个能够编辑、运行和调试 Python 程序的用户图形界面。

可以在安装了标准 Python 的计算机中找到启动 IDLE 的菜单项（Windows 系统的开始菜单，或 Mac OS X 的启动台），也可以在命令行或终端窗口中输入命令"idle"来启动。

本书绝大部分代码都是在 IDLE 中进行编辑开发的。IDLE 同时支持交互式命令行模式和源文件模式。

启动 IDLE 后，在打开的 Shell 窗口中可以进行交互式命令行模式开发，如图 1-3 所示。通常会有 3 个大于号">>>"构成的提示符。在提示符后输入代码并回车确认后，就可以运行程序，得到直接反馈。

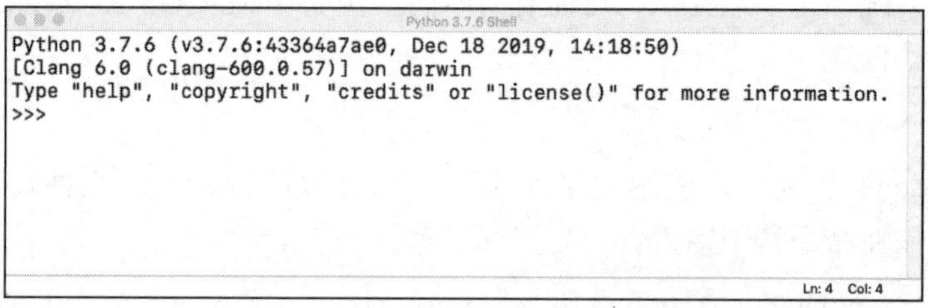

```
Python 3.7.6 Shell
Python 3.7.6 (v3.7.6:43364a7ae0, Dec 18 2019, 14:18:50)
[Clang 6.0 (clang-600.0.57)] on darwin
Type "help", "copyright", "credits" or "license()" for more information.
>>>



                                                              Ln: 4  Col: 4
```

图 1-3　IDLE 交互式命令行模式

利用 IDLE 也可以创建 Python 源文件。在主窗口的 File 菜单中，选择"New File"菜单项，打开一个新的文本编辑窗口，在窗口中输入 Python 代码，如图 1-4 所示，并保存为以".py"为后缀的源文件。

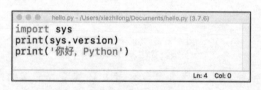

图 1-4　IDLE 源文件模式

新建或打开源文件编辑窗口时，在主窗口的"Run"菜单中，选择"Run Module"菜单项，可以运行该 Python 文件。程序的输出结果或发生的错误信息会显示在主交互窗口 Shell 中，如图 1-5 所示。

使用 IDLE 等专业的集成工具进行程序开发时，会使用语法相关的颜色高亮。对于程序中不同类型的内容使用不同颜色，以便于开发者进行区分。例如，在默认情况下使用橘色显示关键字，红色显示注释语句，紫色显示内置函数等。

```
Python 3.7.6 Shell
Python 3.7.6 (v3.7.6:43364a7ae0, Dec 18 2019, 14:18:50)
[Clang 6.0 (clang-600.0.57)] on darwin
Type "help", "copyright", "credits" or "license()" for more information.
>>>
=========== RESTART: /Users/xiezhilong/Documents/hello.py ===========
3.7.6 (v3.7.6:43364a7ae0, Dec 18 2019, 14:18:50)
[Clang 6.0 (clang-600.0.57)]
你好, Python
>>>
                                                              Ln: 2  Col: 36
```

图 1-5　IDLE 运行源文件

IDLE 还有以下功能特性：

- 在 Windows 系统下使用 <Alt-P> 和 <Alt-N> 组合键查找历史命令（在 Mac OS X 系统中对应的是 <Ctrl-P> 和 <Ctrl-N> 组合键）。
- 将光标放到窗口历史命令上，按下回车键 <Enter>，可以复制该命令行。
- 在输入时，按下 <Tab> 键，单词会自动补全。
- 在使用函数时，输入函数名后的"("时，会弹出关于该函数参数的提示信息。

1.4.3　使用 Anaconda 开发

除了标准 Python 中内置的 IDLE 外，还有许多 Python 开发环境。例如用于工程开发的 PyCharm 和用于数据分析的 Anaconda 等。本书第三部分数据分析篇中的代码主要是在 Anaconda 环境下编辑开发的。

Anaconda 是一个开源的 Python 发行版，包含了 conda、numpy、pandas 和 matplotlib 等 180 多个数据分析和科学计算常用的包。

在 Anaconda 的官方网站 https://www.anaconda.com 可以下载不同版本的安装程序，包括个人版、团队版和企业版等。对于初学者，可以下载个人免费版，如图 1-6 所示。

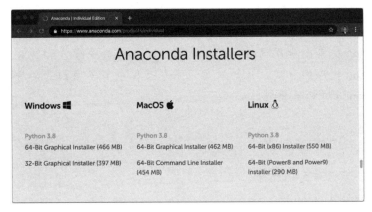

图 1-6　Anaconda 个人版下载

Anaconda 中包含的 Jupyter Notebook 是基于网页的用于交互计算的应用程序。它可被应用于全过程计算：开发、文档编写、运行代码和展示结果。可以通过菜单栏启动

Jupyter Notebook，或者在终端中输入以下命令：

```
jupyter notebook
```

启动 Jupyter Notebook 后，保持终端不要关闭。计算机打开浏览器并自动显示 "http://localhost:8888" 后，可以在浏览器中利用 Jupyter Notebook 新建和编辑 Python 程序，如图 1-7 所示。

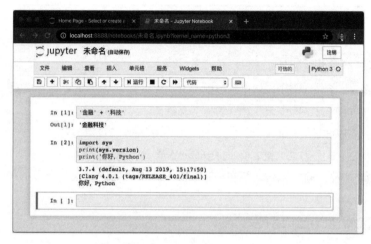

图 1-7　Jupyter Notebook

Jupyter Notebook 默认创建后缀为 ".ipynb" 的文件。文件由单元格构成。可以在单元格中输入 Python 代码后按 "运行" 按钮或利用 <Ctrl-Enter> 组合键来运行代码。

● 小　结 ●━○━●━○━●

本章首先讲述了程序设计在提升逻辑思维能力、培养计算机思维能力和增强解决问题能力方面的作用，强调了在互联网时代，程序设计是每个人都应该掌握的必备技能之一；接着介绍了机器语言、汇编语言和高级语言，并描述了使用 Python 的四个理由以及 Python 的多个应用场景；然后讲解了交互式命令模式和源文件模式两种编写及运行 Python 程序的方式；最后对学习本书过程中需要用到的两种集成开发环境 IDLE 和 Anaconda 进行了介绍。

● 练　习 ●━○━●━○━●

1. 下载并安装标准版 Python。
2. 下载并安装 Anaconda。
3. 简述程序设计语言中的三代语言。
4. 简述编译执行和解释执行。
5. 在进行 Python 程序开发时，常用的集成开发环境有哪些？

6. Python 源程序文件的后缀名是什么？ Jupyter Notebook 文件的后缀名是什么？

7. 在 IDLE 交互式命令行模式下输入并运行以下算术运算式代码：

```
3.14 * (3**2)
```

8. 在 IDLE 中新建源文件，输入并运行以下九九乘法表代码：

```
for i in range(1, 10):
    for j in range(1, i+1):
        print('{}*{}={:<2} '.format(j, i, i*j), end='')
    print()
```

9. 在 Jupyter Notebook 的单元格中，输入并运行以下给定数的阶乘计算程序：

```
n = int(input('请输入一个正整数:'))
result = 1
for i in range(1,n+1):
    result = result * i
print('{} 的阶乘为: {}'.format(n, result))
```

第 2 章 ●──○──●──○──●

Python 基本操作

学习目标 ●──○──●──○──●

- 掌握变量基本概念
- 熟悉表达式基本操作
- 掌握整数类型基本概念和操作
- 掌握浮点数类型基本概念和操作
- 掌握字符串类型基本概念和操作
- 掌握布尔类型基本概念和操作
- 掌握输入输出函数的基本用法
- 了解常用内置函数
- 掌握导入模块的方法

引导案例 ●──○──●──○──●

刚刚进入大学的小明同学第一次离开父母独立生活。父母每个月的月初会把该月的生活费给他，这是第一次完全由小明自己安排生活费的支出。

为了更加合理地安排每个月的生活费支出，小明统计了每个月在日常生活、学习用品和其他方面的支出情况。在月底时，小明希望能了解自己这三类支出在生活费中的占比情况。

通过以上描述可道，小明需要每个月分别输入该月的支出情况。然后，通过计算机程序计算出各类支出在总费用中的占比情况。最后输出计算结果。

因此，需要用到 Python 中的输入输出函数，对整数、浮点数等数字类型利用表达式进行计算。通过本章的学习，你将可以编写程序帮助小明计算每个月支出中的占比情况。

程序设计可以帮助我们收集数据和处理数据，从海量的数据中获取需要的信息。在数据科学领域，我们将数据收集和处理的过程拆分成许多步骤，然后将这些步骤用程序语言描述出来后交给计算机执行。这就是通常说的"计算思维"，即从计算机的角度，通过程序设计语言，准确描述收集和处理数据的步骤。

在财经领域，常常需要处理各种不同类型的数据。例如，在计算股票持仓时的股票价格和股票数量就属于两种不同的数据类型。

2.1　利用变量收集数据

在程序设计过程中，对于不需要改变且不能改变的字面值，称为常量，例如数字 10，字符串"Python"等。在财经领域有一句名言："一切皆为变量。"变量与常量相反，变量的值可以改变。Python 中使用变量来收集和记录数据。

每个变量用一个变量名来表示，在使用前都必须赋值。使用等号（=）来给变量赋值，变量名放在等号的左边，需要记录的数据放在等号的右边：

```
变量 = 值
```

【例 2-1】基准利率是人民银行公布的商业银行存款、贷款、贴现等业务的指导性利率，各金融机构的存款利率目前可以在基准利率的基础上下浮动 10%。2020 年活期存款基准利率为 0.35%。

利用 Python 记录该数据的代码如下：

```
>>> rate = 0.0035   # 利用变量名 rate 记录 2020 年活期存款基准利率 0.0035
>>> rate
0.0035
```

在 Python 中，可以给变量取任意的名字，但必须遵守以下规则：

（1）只能是一个词，变量名中不能有空格以及标点符号，习惯上用下划线"_"表示空格。

（2）只能包含字母、数字和下划线。

（3）不能以数字开头。

（4）不要使用 Python 关键字。Python 关键字是被另作他用的一些词，如用于循环结构的 for 和 while 等。详细关键字清单可以查看附录 A。

在给变量命名时，尽量使用具有一定含义的英文名或英文缩写，例如 rate 表示基准利率；有时会使用一些有含义的单词组合，例如使用 tax_income 存储应纳税所得。

在 Python 中，变量名是区分大小写的。这意味着 rate 和 Rate 是两个不同的变量。

Python 支持同时给多个变量赋值：

```
变量 1，变量 2 = 值 1，值 2
```

上式中，值 1 赋值给变量 1，值 2 赋值给变量 2。使用多变量赋值时，右边值的数量和左边变量的数量要一致。

在例 2-1 中，使用 # 表示注释。# 后面的语句不会被计算机执行。编程者通常使用注释来给程序加入说明信息，便于读者更好地理解代码的含义。给代码加上注释是一种非常好的编程习惯。

2.2 利用表达式处理数据

程序设计语言远比人类语言简单。只要是按照一定的规则编写的程序语言，计算机就能够理解和执行。

2.2.1 Python 中的表达式

表达式是程序设计语言中最基本的结构，描述了计算机怎么处理数据。表达式包含"值"和"运算符"，并且总是可以求值（即归约）为单个值。

【例 2-2】假设投资者 A 持有股票数量为 1 000，在此基础上，A 又买入 500 股，最新持股数量为 1 500。

利用 Python 记录该过程的代码如下：

```
❶ >>> shares = 1000          # 持有 1000 股
❷ >>> shares = shares + 500    # 买入 500 股
❸ >>> shares        # 最新持股数量
  1500
```

在上面的代码中，标号为❶的代码行是一个赋值语句，可以看作最简单的语句；标号为❷的代码行在等号右边使用了变量 shares 的值 1 000，并且加上新买入的 500 股，将运算结果赋值给等号左边的 shares 变量，覆盖了原来 shares 的值；标号为❸的代码行仅给出变量名 shares，在 IDLE 和 Jupyter Notebook 等交互式开发环境中，通常会打印出最后一个变量或者表达式的值。在 PyCharm 等开发环境中，需要使用 2.4.7 节中的 print 函数输出变量值。

> **注意**
>
> 在本书中，为了便于代码讲解，会在代码行或者 Python 源文件对应的代码清单关键行前添加序号，例如❶❷等。在实际的代码行或 Python 源文件中，不包含这些序号。

程序设计语言中的语法规则是非常严格的。例如，在 Python 中，加法符号"+"不能连续出现，对于违反语法规则的表达式，Python 会给出语法错误（SyntaxError）的提示：

```
>>> 10 + +
SyntaxError: invalid syntax
```

在例 2-2 中，1 000 和 500 称为表达式的值，"+"称为表达式的运算符。Python 中常用的算术运算符如表 2-1 所示。

表 2-1　Python 常用算术运算符

运算符	举例	结果	功能说明
+	10 + 8	18	加法
−	10 − 8	2	减法
*	10 * 8	80	乘法
/	10 / 8	1.25	除法
//	10 // 8	1	整除
%	10 % 8	2	取余数
**	10 ** 0.5	3.162	幂运算

Python 中算术操作符的操作顺序（也称为"优先级"）与数学中类似。** 操作符首先求值，接下来是 *、/、// 和 % 操作符，从左到右。+ 和 − 操作符最后求值，也是从左到右。一般来说都会用括号来改变通常的优先级。

除了基本赋值运算符号"="外，Python 中还有将不同算术运算符与基本赋值运算符结合在一起的高级赋值运算符（增强运算符），如表 2-2 所示。

表 2-2　Python 高级赋值运算符

运算符	举例	x 的结果	功能说明
+=	x = 10 x += 8	18	加法赋值运算符，等价于 x = x + 8
−=	x = 10 x −= 8	2	减法赋值运算符，等价于 x = x − 8
*=	x = 10 x *= 8	80	乘法赋值运算符，等价于 x = x * 8
/=	x = 10 x /= 8	1.25	除法赋值运算符，等价于 x = x / 8
//=	x = 10 x //= 8	1	整除赋值运算符，等价于 x = x // 8
%=	x = 10 x %= 8	2	取余数赋值运算符，等价于 x = x % 8
**=	x = 3 x **= 2	9	幂运算赋值运算符，等价于 x = x ** 2

注：在使用赋值运算符时，必须已经对变量进行了赋值，否则会导致编译错误。

2.2.2　案例：国内生产总值增长趋势分析

国内生产总值（gross domestic product，GDP），指的是一个国家或地区在一定时期内生产活动（最终产品和服务）的总量，是衡量经济规模和发展水平最重要的方法之一。根据国家统计局的数据，我国 1960 年的 GDP 为 1 470.1 亿元，2020 年的 GDP 为 1 015 986.2 亿元。通常情况下，通过折线图来描述随时间变化而变化的数据，折线图非常适合显示相同时间间隔下数据的趋势。1960 ～ 2020 年我国 GDP 的变化趋势如图 2-1 所示。

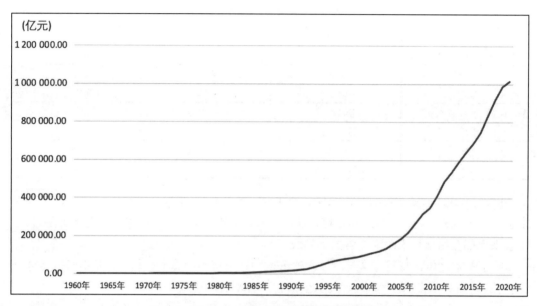

图 2-1　1960 ～ 2020 年中国 GDP 的变化趋势

1960 ～ 1978 年，我国 GDP 从 1 470.1 亿元增长至 3 678.7 亿元。在此期间，我国 GDP 平均每年增长额约为 122.7 亿元：

```
>>> (3678.7 - 1470.1)/(1978-1960)
122.69999999999999
```

值得注意的是，1978 ～ 2020 年，我国 GDP 从 3 678.7 亿元增长至 1 015 986.2 亿元。在此期间，我国 GDP 平均每年增长额约为 24 102.56 亿元：

```
>>> (1015986.2 - 3678.7)/(2020-1978)
24102.559523809523
```

从上述结果可以看出，1978 年 12 月 18 日开始的改革开放使得我国 GDP 开始进入快速增长期。

2.3　常用的数字类型

Python 中有着非常丰富的数字类型，其中整型（int）和浮点型（float）可以处理财经领域中所有数字类型的数据。

2.3.1 整型

整型（即整数）是财经领域经常用到的数字类型，例如股票数量、开户人数、交易天数等。1 000、0、–500 这样的数称为整型数。在 Python 中，整型数用关键字 int 表示（即英文单词 integer 的简写），包括正整数、零和负整数。整型数全部由数字构成，不包括小数部分。

【例 2-3】截至 2020 年 12 月 31 日，在我国证券市场中，银行板块的上市公司数量为 25 家。

利用 Python 进行赋值的代码如下：

```
❶ >>> bank_stocks = 25
❷ >>> type(bank_stocks)
<class 'int'>
```

在上述代码中，标号为❷的代码行利用 type 函数判断变量 bank_stocks 的数据类型，即 int 整数类型。

Python 中的整型数据没有大小限制，支持任意大的数字。整型数共用 4 种进制表示：二进制、十进制、八进制和十六进制。关于进制数的详情请查看附录 B。

2.3.2 浮点型

浮点型（即浮点数）是财经领域最常用的数字类型。例如，股票价格、利率、汇率、收益率、增长率等都属于浮点型。在 Python 中，浮点数用关键字 float 表示，是由整数、小数点和小数构成的数字。例 2-1 中的基准利率 0.003 5 就是一个浮点数：

```
>>> rate = 0.0035
>>> type(rate)
<class 'float'>
```

特别大或者特别小的浮点数在 Python 中用科学计数法表示：

```
>>> 123456780000000000000.0
1.2345678e+20
```

其中，1.234 567 8e+20 表示的值为 $1.234\,567\,8 * 10^{20}$。

浮点数的应用非常灵活，但是也有一些限制：

（1）浮点数可以表示非常大或非常小的数字，但是与整数不同，Python 中的浮点数的取值范围存在限制，这种限制与不同的计算机系统有关。不过，在财经数据处理过程中，通常不会触及这种限制。

（2）浮点数最多可精确到小数点后第 16 位。这个精度对于绝大多数应用来说已经足够了。

（3）当使用算术运算得到浮点数结果时，有时计算并没有那么精确。例如，将浮点数 0.1 和 0.2 相加得到的结果应该是 0.3，但是在 Python 中的运算结果是 0.300 000 000 000 000 04。

所以应该尽量避免直接比较两个浮点数是否相等。

```
>>> 0.1 + 0.2
0.30000000000000004
```

注意：由于浮点数运算的不精确性，在对于金额精度要求较高的应用中，通常会使用"分"而不是"元"作为金额的单位。这样，就可以使用整数来表示金额。例如，用户购买了 1 瓶价格为 1.5 元的矿泉水和 1 盒价格为 5.99 元的牛奶，计算总金额为：

```
>>> (150 + 599) / 100
7.49
```

2.3.3 数字类型的转换

通常来说，两个数字类型的数字进行算术运算时：

（1）两个整数运算，结果为整数（除法运算 "/" 除外，其运算结果为小数）。

（2）两个浮点数运算，结果为浮点数。

（3）整数和浮点数运算，结果为浮点数。

此外，通过内置的数字类型转换函数可以显式地在数字类型之间进行转换：

（1）int(x)，将 x 转换为整数，x 可以是浮点数或字符串。

（2）float(x)，将 x 转换为浮点数，x 可以是整数或字符串。

```
>>> int(10.8)
10
>>> float(10)
10.0
```

2.3.4 案例：股票价格增长率与涨跌幅的计算

增长率（growth rate）也称增长速度，是指一定时期内某一数据指标的增长量与基期数据的比值。例如，招商银行在 2002 年 4 月 9 日上市当日的收盘价为 2.59 元，至 2020 年 12 月 31 日收盘价为 44.35 元，其收盘价折线图如图 2-2 所示。

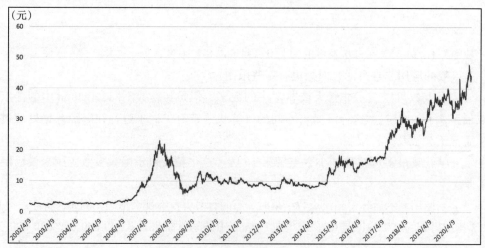

图 2-2 招商银行收盘价变化图

在计算招商银行上市以来至 2020 年 12 月月底的收盘价增长率时，可以将 2002 年
4 月 9 日的收盘价 2.59 元作为该时期期初值，将 2020 年 12 月 31 日收盘价 44.35 元作
为该时期期末值，用期末值除以期初值再减去 1，得到招商银行股票价格在该段时期内的
增长率：

```
>>> stock_beginning_price = 2.59
>>> stock_ending_price = 44.35
>>> (stock_ending_price / stock_beginning_price) - 1
16.123552123552123
```

涨跌幅是对涨跌值的描述，用 % 表示，涨跌幅 = 涨跌值 / 昨收盘 *100%。其中，涨
跌值是当前交易日最新成交价（或收盘价）与前一交易日收盘价相减所产生的数值。因
此，当日最新成交价比前一交易日收盘价高，涨跌幅为正，当日最新成交价比前一交易日
收盘价低，则涨跌幅为负。

例如，招商银行 2020 年 12 月 30 日收盘价为 43.05 元，2020 年 12 月 31 日收盘价为
44.35 元，所以，招商银行 2020 年 12 月 31 日的涨跌幅为：

```
>>> price_20201230 = 43.05
>>> price_20201231 = 44.35
>>> (price_20201231 - price_20201230) / price_20201230
0.030197444831591275
```

2.4　字符串

数据世界中的很大一部分数据是文本，在计算机中字符串被用来表示文本。一个字符
串可以是一个字符、一个单词、一个句子甚至是一整本书。

2.4.1　字符串基本概念

在 Python 中，字符串是用双引号 " " 或者单引号 ' ' 括起来的零个或多个字符，不同
的界定符之间可以相互嵌套。当字符串较长时，也会用三引号编写多行字符串，即以三个
引号（通常是三个单引号，也可以使用三个双引号）开始，并且以相同的三个引号结束。
Python 3.x 对中文更加友好，在统计字符数量或打印输出时，将中文作为一个符号来对
待。同样，也可以用中文来作为变量名。在 Python 中，字符串类型用关键字 str 表示（即
英文单词 string 的简写）。

```
>>> product_type = "金融产品"
>>> type(product_type)
<class 'str'>
>>> financial_sector = '包括："中国银行"、"农业银行"和"工商银行"等'
>>> financial_sector
'包括："中国银行"、"农业银行"和"工商银行"等'
```

字符串中也可以只有数字字符，甚至是表达式：

```
>>> price = '888'
>>> type(price)
<class 'str'>
>>> balance = '1000 + 100'
>>> type(balance)
<class 'str'>
```

如果在一个包含了单引号的字符串中，使用单引号将整个字符串括起来，Python 就会报告语法错误：

```
>>> 'Let's go!'
SyntaxError: invalid syntax
```

这时，除了改用双引号将字符串括起来外，还有一种选择就是使用反斜杠（\）对字符串中的引号进行转义：

```
>>> 'Let\'s go!'
"Let's go!"
```

在这段代码中，Python 将中间的单引号看作是字符串中的字符，而不是字符串的结束标记。

转义字符

在 Python 中，通过反斜杠 \ 来引入特殊的字符编码，例如上例中 \' 引入的单引号，或者不容易通过键盘输入的字符，例如 \n 表示一个换行符，\t 表示一个制表符（通常由 4 个空格组成）：

```
>>> fintech = '金融 \n 科 \t 技 '
```

这个字符串在打印时的显示格式取决于打印的方式，在交互式模式下以转义字符的形式回显：

```
>>> fintech
'金融 \n 科 \t 技 '
```

如果使用 print 函数将其打印出来时，其中的转义字符就会被解释出来：

```
>>> print(fintech)
金融
科      技
```

在 Python 中，有一整套的转义字符，常用的如表 2-3 所示。

表 2-3　Python 常用转义字符

转义字符	意义
\\	反斜杠
\'	单引号
\"	双引号
\n	换行符
\t	水平制表符

（续）

转义字符	意义
\r	回车
\xhh	十六进制值 hh 对应的字符，例如 \x61 表示字符 a
\uhhhh	四位十六进制值对应的 Unicode 字符，例如 \u0061 表示字符 a
\ooo	八进制值 ooo 对应的字符，例如 \141 表示字符 a

字符串是一个字符序列：字符串最左端位置标记为 0，往右边依次递增，最大值为字符长度减去 1。字符串中的编号叫作"索引"。Python 中的编号是双向的，也可以将最右边记为 –1，往左边依此递减，直到字符串开头。

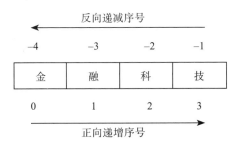

【例 2-4】单个索引辅助访问字符串中的特定位置。

例如，获取"金融科技"字符串中开始的字符和倒数第二个字符：

```
>>> fintech = "金融科技"
>>> fintech[0]    # 单索引值
'金'
>>> fintech[-2]   # 单索引值
'科'
```

【例 2-5】可以通过两个索引值确定一个位置范围，返回这个范围的子串。

例如，获取"大数据风控在金融科技中的应用"字符串中的"金融科技"：

```
>>> desc = "大数据风控在金融科技中的应用"
>>> desc[6:10]       # 获取一定范围内的子串
'金融科技'
```

注意：由于编号从 0 开始，所以"金"字在字符串中的位置是 6；另外，获取到的字符串是位置 10 前面的字符。

【例 2-6】可以省略冒号前面和后面的值，返回从"金"字到最后的子串以及从"控"字到开头的子串：

```
>>> desc = "大数据风控在金融科技中的应用"
>>> desc[6:]      # 省略冒号后面的值，表示取值到最后
'金融科技中的应用'
>>> desc[:5]      # 省略冒号前面的值，表示从开始取值
'大数据风控'
```

2.4.2 字符串与数值类型的转换 str() 函数

在 2.3.2 节中，整型和浮点型的数值可以通过 int 和 float 函数相互转换。对于字符串类型，同样可以通过 str 转换。

【例 2-7】通过 str 函数将整数和浮点数转换成字符串，例如：

```
>>> price = str(10.8)
>>> type(price)
<class 'str'>
>>> price = str(100)
>>> type(price)
<class 'str'>
```

【例 2-8】通过 int 函数将字符串转化为整数，例如：

```
>>> price = int('100')
>>> type(price)
<class 'int'>
```

注意，如果字符串中含有小数点，不能直接转换成整数，例如：

```
>>> price = int('10.8')
Traceback (most recent call last):
  File "<pyshell#210>", line 1, in <module>
    price = int('10.8')
ValueError: invalid literal for int() with base 10: '10.8'
```

【例 2-9】通过 float 函数将字符串转化为浮点数，例如：

```
>>> price = float('10.8')
>>> type(price)
<class 'float'>
```

2.4.3 字符串的拼接与重复

使用加号（+）可以将两个字符串拼接成一个新的字符串。Python 将根据加号两边值的类型决定是进行算术加法运算还是字符串拼接运算。

【例 2-10】利用加号将"金融"和"科技"字符串拼接的 Python 代码如下所示：

```
>>> "金融" + "科技"
'金融科技'
```

【例 2-11】str 函数返回的是字符串形式，其结果也可以和其他字符串进行拼接，例如：

```
>>> "订单总金额为：" + str(10.8 * 2) + "元"
'订单总金额为：21.6元'
```

使用乘号（*）可以将字符串重复指定次数。

【例 2-12】利用乘号将"金融科技"字符串重复 3 遍的 Python 代码如下所示：

```
>>> "金融科技" * 3
'金融科技金融科技金融科技'
```

2.4.4　获取字符串长度 len() 函数

通过使用 Python 的内置函数可以获取字符串的长度，即字符串包含的字符个数。

【例 2-13】利用 len 函数获取"fintech 是金融科技。"字符串长度的 Python 代码如下所示：

```
>>> len('fintech是金融科技。')
13
```

其中，中英文字符和标点符号均为 1 个字符。

提示

当字符串中包含转义字符时，转义字符的长度为 1，例如，字符串 'fintech\n 是金融 \t 科技。'的长度是 15，因为 \n 和 \t 分别是 1 个字符的长度。

2.4.5　字符串格式化 format() 方法

在数据展示和处理过程中，常常需要将多个数据组合成一个字符串进行展示和处理。在 Python 中，可以利用字符串格式化方法 format 在单个步骤中对一个字符串（通常称为模版字符串）执行多个特定类型的替换，从而得到一个新的字符串。当需要格式化文本显示时，使用 format 方法特别方便，其语法格式如下：

```
'…{<参数序号>}…'.format(<逗号分隔的参数列表>)
```

用模板字符串 '…{}…' 中花括号的相对位置（例如 {}）或指定位置（例如 {1}）来确定替换目标及要插入的参数。

【例 2-14】利用 format 方法，将股票代码"600036"和股票名称"招商银行"组合成一个完整的字符串。

Python 代码如下所示：

```
>>> '股票代码:{} 对应的名称是: {}'.format('600036','招商银行')
'股票代码:600036 对应的名称是: 招商银行'
>>> '股票代码:{1} 对应的名称是: {0}'.format('招商银行','600036')
'股票代码:600036 对应的名称是: 招商银行'
```

在该例第一行代码中，花括号里没有序号，Python 利用参数列表中的顺序来替换模板字符串中的花括号；在第二行代码中，花括号里指定了序号，Python 则根据序号来替换，

即将 {1} 替换为参数列表中序号为 1 的参数 '600036'，将 {0} 替换为参数列表中序号为 0 的参数 ' 招商银行 '。（注：参数列表的序号从 0 开始递增。）

在模板字符串的花括号中，除了通过参数序号指定替换的参数外，还可以通过冒号 ":" 分隔，这样可以包含更加复杂的格式控制信息，其语法格式如下：

```
'…{< 参数序号 >:< 格式控制标记 >}….format(< 逗号分隔的参数列表 >)
```

其中，格式控制标记按顺序包括以下 6 个可选部分：

（1）< 填充 >：当指定的长度超过参数本身长度时，用于填充的单个字符。

（2）< 对齐 >：当指定的长度超过参数本身长度时，用于指定对齐方式，'<' 表示左对齐；'>' 表示右对齐；'^' 表示居中对齐。

（3）< 长度 >：指定输出的长度，如果参数长度比 < 长度 > 指定的值大，则使用参数实际长度输出。

（4）<,>：用于指定数字是否使用千分位分隔符，通常用于表示金额的整数或浮点数。

（5）. 精度 >：用于指定浮点数小数部分的位数或字符串的最大输出长度。

（6）< 类型 >：用于指定整数或浮点数的格式规则，对于整数通常有 6 种方式：'b' 表示输出整数的二进制格式，'c' 表示输出整数对应的 Unicode 字符，'d' 表示输出整数的十进制格式，'o' 表示输出整数的八进制格式，'x' 表示输出整数的小写十六进制格式，'X' 表示输出整数的大写十六进制格式；对于浮点数通常有 4 种方式：'e' 表示输出浮点数的小写字母 e 的指数格式，'E' 表示输出浮点数的大写字母 E 的指数格式，'f' 表示输出浮点数的标准浮点数格式，'%' 表示输出浮点数的百分比格式。

【例 2-15】利用 format 方法，将股票代码 "600036"，股票名称 "招商银行"，收盘价 36.84 元，涨跌幅 –1.15%，总市值 9 291 亿元组合成一个完整字符串。

```
>>> print(' 股票代码 :{} 对应的名称是 : {}\n 收盘价为 : {:.2f} 元, \
涨跌幅为 : {:.2%}, 当前总市值为 : {:,} 亿元 '.format('600036',
' 招商银行 ',36.84,-0.0115, 9291))

股票代码 :600036 对应的名称是 : 招商银行
收盘价为 : 36.84 元, 涨跌幅为 : -1.15%, 当前总市值为 : 9,291 亿元
```

在该例中，使用 print 函数输出了 format 方法所生成的完整字符串，因此，正如你所见，字符串中的转义字符 \n 被解释为换行；收盘价 36.84 被格式化成了包含两位小数的数字字符串格式；涨跌幅 –0.011 5 被格式化成了包含两位小数的数字百分比字符串格式；总市值 9 291 亿元被格式化成了用千分位 ',' 分隔的货币字符串格式。

提示

在第一行代码的最后，使用了反斜杠来连接被分隔为两行的一条语句代码。由于 Python 建议使用换行来分隔不同的语句，因此，通常来说，Python 要求将一条语句写在一行中。但有时一条语句太长，Python 也允许在语句内换行，此时，需要在换行处使用反斜杠 \ 将两行代码进行连接。

你可能已经发现了，该例的代码一共包含三行，但在第二行语句中，最后并没有使用反斜杠。这是因为当参数较多时，Python 中允许将圆括号内的不同参数分别写在不同的行，从而提高代码的整洁性。在该例中，format 方法后面的圆括号中有五个参数，在第一个参数后换行，接着输入后面的四个参数。这个特性同样适用于后面章节提到的圆括号（列表和元组）、花括号（字典和集合）中的元素分行输入的情况。

2.4.6　字符串其他常用方法

对于字符串常量或变量，可以使用字符串相关的方法。调用这些方法的形式是：在字符串常量或变量后面加上点 "."，然后使用方法名称去调用相关函数。

【例 2-16】利用 upper 函数，将字符串 "fintech 是金融科技。"中的英文字符转换成大写。

Python 代码如下所示：

```
>>> 'fintech是金融科技。'.upper()
'FINTECH是金融科技。'
```

【例 2-17】利用 replace 函数，将字符串 "fintech 是金融科技。"中的 "f"替换成 "F"，将 "t"替换成 "T"。

Python 代码如下所示：

```
>>> 'fintech是金融科技。'.replace('f','F').replace('t','T')
'FinTech是金融科技。'
```

在该例中，使用了两次 replace 函数，这种连续调用函数的方法在 Python 编程中经常使用，称为链式调用。其调用过程是从左到右依次调用函数：首先执行 'fintech 是金融科技。'.replace('f','F')，得到中间结果 'Fintech 是金融科技。'，再利用中间结果调用 replace('t','T')，得到最终结果 'FinTech 是金融科技。'

更多字符串方法可以查看附录 C。

2.4.7　打印输出 print() 函数

在程序处理过程中或结束后，通常希望将程序的运行结果打印输出。这时要用到打印输出函数 print()。该函数的作用是将输入的参数打印出来，默认打印到屏幕上，其语法格式如下：

```
print(<逗号分隔的需打印参数列表>)
```

【例 2-18】输出股票的代码、名称、开盘价、收盘价及收盘开盘价差。

Python 代码如下所示：

```
>>> openPrice, closePrice = 35.2, 36.2
>>> print(600000,'浦发银行 ', openPrice, closePrice, closePrice - openPrice)
600000 浦发银行 35.2 36.2 1.0
```

在该例中，使用 print 函数输出了 5 个值，其中股票代码为整数，股票名称为字符串，开盘价和收盘价为浮点型变量，收盘开盘价差是表达式的运行结果。从输出结果可以看出，print 函数将每个参数的值通过空格分隔后输出。

2.4.8 获取用户输入 input() 函数

在程序运行过程中，有时需要用户提供更多的信息，程序才能继续运行。这时要用到输入函数 input()。需要注意的是，不论用户输入的是什么数据类型，input() 函数都将其作为字符串来处理。这也就意味着，如果用户输入的数据要作为数值进行运算的话，需要对字符串进行数据类型的转换。

【例 2-19】用户分别输入商品的价格和购买数量，计算需要支付的金额。

Python 代码如下所示：

```
>>> price = float(input("请输入商品价格 :"))
请输入商品价格 :10.8
>>> quantity = int(input("请输入购买数量 :"))
请输入购买数量 :100
>>> price * quantity
1080.0
```

在该例中，第 1 行使用 input() 函数得到用户输入的价格字符串，其中参数值"请输入商品价格"将出现在输入框前面，以提示用户应该输入什么样的数据。用户输入的价格会被 input() 函数返回为字符串类型，考虑到价格通常以元为单位，用户输入的价格一般带有小数部分，故使用 float() 函数将其转换为浮点型后存储到 price 变量中。同理，第 2 行将用户输入的数量利用 int() 函数转换为整数后存储到 quantity 变量中。第 3 行利用 price 和 quantity 相乘得到需要支付的金额。

2.4.9 案例：等额本息还款法每月还款额的计算

房屋贷款是由购房者将房屋作为抵押向贷款银行申请贷款用于购房，银行在合同规定的期限内把所贷出的资金直接划入售房单位在该行的账户上。在银行进行按揭贷款时，通常会要求客户选择还款的方式：等额本金还款法或等额本息还款法。

等额本金还款法（递减法），即每月按照相等的金额（按揭贷款的本金总和 / 贷款月数）偿还贷款本金，每月贷款利息按月初剩余贷款本金计算并逐月结清，两者相加即为每月的还款额度。由于本金越还越少，故每个月利息越来越少，也就是每个月的还款额逐渐减少。此种还款方式适合预计收入会逐步减少的人。

等额本息还款法（等额法），即把按揭贷款的本金总额与利息总额相加，平均分摊到还款期限的每个月当中，每个月还款额是固定的，这样每个月还款额中的本金比重逐月递增，利息比重逐月递减。此种还款方式由于利息不会随本金数额归还而减少，银行资金占用时间长，还款总利息比等额本金还款法要高。但由于每月还款额相同，操作相对简单，方便贷款人安排收支。

在此以等额本息还款法为例，根据用户输入的贷款额度和年限，计算其利用等额本息还款法时每月的还款额。

依据等额本息还款法的规则，可以推导出以下公式：

$$result = \frac{total*rate\_month*(1+rate\_month)^{terms}}{(1+rate\_month)^{terms}-1}$$

其中，*result* 为每月还款额，*total* 为贷款总额，*rate_month* 为银行月利率，*terms* 为贷款总期数（按月算）。

这段代码包含多行语句，因此，可以把代码存储到 Python 的源码文件（后缀为 .py 的纯文本文件）中运行，而不是通过交互式方式输入。利用程序实现该功能代码如下：

```
❶  total = float(input("请输入贷款金额（元）: "))
❷  terms = int(input("请输入贷款期限（月）: "))
❸  rate_year = 0.049    # 年利率为 4.9%
❹  rate_month = rate_year / 12    # 计算月利率
❺  result = (total * rate_month * (1 + rate_month) ** terms) / ((1 +
    rate_month) ** terms - 1)
❻  print("每月应还: ",result)
```

以下是程序执行的一部分结果：

```
请输入贷款金额（元）: 1000000
请输入贷款期限（月）: 360
每月应还: 5307.267206228052
```

程序运行后，第❶行代码会要求用户输入贷款金额，并将用户输入的数据转换为浮点数后存储到 total 变量中，这里以 1 000 000 元为例；第❷行代码会要求用户输入贷款期限，并将用户输入的数据转换为整数后存储到 terms 变量中，这里以 30 年，即 360 个月为例；通常银行给出的利率都是年利率，例如 4.9% 的年利率，故第❸行用 rate_year 变量存储年利率 4.9%；第❹行将年利率转换为月利率后存储在 rate_month 变量中；第❺行是等额本息还款法的运算公式，利用贷款金额 1 000 000 元，贷款期限 360 个月，年利率 4.9%，计算出每月还款额存入 result 变量中；第❻行利用 print() 函数将 result 结果打印输出。

2.5　布尔类型、逻辑运算与关系运算

2.5.1　布尔类型

布尔类型是计算机中最基本的类型，它是计算机二进制世界的体现。Python 中的布尔类型只有两种值：True 和 False。这个数据类型是根据数学家 George Boole 命名的。在

作为 Python 代码输入时，布尔值 True 和 False 不像字符串，两边没有引号，它们总是以大写字母 T 或 F 开头，后面的字母小写。

2.5.2 逻辑运算

在 Python 中有三种逻辑运算：and（且）、or（或）和 not（否）。and 和 or 操作符总是接受两个布尔值（或表达式），所以它们被认为是"二元"操作符。

对于 and 操作符，如果两个布尔值都为 True，and 操作符就将表达式求值为 True，否则求值为 False。

```
>>> True and True
True
>>> True and False
False
```

对于 or 操作符，只要有一个布尔值为真，or 操作符就将表达式求值为 True。如果都是 False，所求值为 False。

```
>>> False or True
True
>>> False or False
False
```

与 and 及 or 不同，not 操作符只作用于一个布尔值（或表达式）。not 操作符求值为相反的布尔值。

```
>>> not True
False
>>> not not False
False
```

2.5.3 关系运算

布尔类型值通常来自关系运算的结果。在基金投资领域，基金经理往往需要根据投资者的风险偏好和投资策略配置相应的证券资产，比如，必须以是主板上市公司、股价波动率低于 20% 等作为投资的限制条件，这些都涉及关系运算。

【例 2-20】股价波动率为 0.25，判断其是否符合投资者股价波动率低于 20% 的限制条件。

Python 代码如下所示：

```
>>> volatility = 0.25
>>> volatility < 0.2
False
```

结果返回 False，表明当前股票的股价波动率不满足投资者的限制条件，不应该加入投资标的中。

Python 中包含各种关系比较的操作符，如表 2-4 所示。

表 2-4　Python 中的关系运算符

运算符	举例	结果	功能说明
<	10 < 8	False	小于
>	10 > 8	True	大于
<=	10 <= 8	False	小于等于
>=	10 >=10	True	大于等于
==	10 == 8	False	等于
!=	10 != 8	True	不等于

注意：在 Python 中使用双等号 "=="来判断是否相等，而单等号 "="表示的是赋值（见 2.1 节），这与数学中的等号有所不同。

Python 表达式支持多个比较运算，这种表达式和数学中的表达方式非常接近。

【例 2-21】两个数的平均数总是在这两个数的较小数和较大数之间。

用 Python 实现这个比较的代码如下所示：

```
>>> x = 10
>>> y = 8
>>> min(x, y) <= (x + y) / 2 <= max(x, y)
True
```

该例中的 min 和 max 是 Python 的内置函数，分别返回的是 x 和 y 中的较小值和较大值。

字符串也可以比较大小，两个字符串的大小比较规则是：从第一个字符开始，如果第一个字符相同则顺次向后比较，直到出现不同的字符为止，以第一个不同字符的 Unicode 值确定大小：

```
>>> "abcd" < "abdd"
True
```

2.6　常用内置函数

Python 中共有 75 个内置函数，这些是 Python 自带的函数，在需要使用时可以直接调用。处理财经数据时常用的 Python 内置函数如表 2-5 所示。

表 2-5　Python 中处理财经数据常用内置函数

函数名称	代码示例	结果	功能描述
abs	x = –10 abs(x)	10	求绝对值
float	float('10.8')	10.8	将整数或者字符串转换为浮点数
int	int(10.8)	10	将浮点数截断小数部分后转换为整数或者将只包含数字的字符串转换化为整数

（续）

函数名称	代码示例	结果	功能描述
len	len(' 金融科技 ')	4	获得字符串、列表、元组、集合或字典的长度（即元素个数）
max	max(10,–10.8,3,58,20.5)	58	获得一组数据中最大值
min	min(10,–10.8,3,58,20.5)	–10.8	获得一组数据中最小值
range	list(range(0,6,2))	[0,2,4]	产生一个可迭代对象，在此列中从 0 开始到 6 之前（不包括 6 ），以步长为 2 产生可迭代对象后，利用 list 函数转换成列表
sum	sum([10,3,–10.8,58])	60.2	获得一组数据的和，在此列中获得列表 [10,3,–10.8,58] 中的数据之和

2.7 导入模块

在利用 Python 处理财经数据时，除了加减乘除等基本算术运算外，还会涉及更加复杂的处理、运算和统计分析功能，这时可以使用 Python 的扩展工具：模块。模块是第三方专门为了解决某些特定问题而编写的工具。Python 本身自带了一些常用的模块，例如，math 模块中具有较为复杂的求解正弦、余弦和平方根等运算（math 模块的详情请查看附录 D），这些模块不需要安装，但是在使用前需要导入。而其他非标准库，例如，数据处理常常用到的 numpy、pandas、scipy 和 matplotlib 则需要安装。Anaconda 中，已经将大量的数据处理常用非标准库集成在一起。因此，在 Anaconda 环境中，这些非标准库也不需要另外安装，而可以直接使用。

Windows 下安装非标准库，需要在命令提示符中输入：

```
pip install 库名
```

Linux 和 Mac OS X 中则是在终端输入上述命令。

导入模块使用 import 关键字，Python 中导入模块有不同的方法：

（1）利用"import 模块名"直接导入整个模块：

```
>>> import math
>>> math.sqrt(4)
2.0
```

（2）利用" import 模块名 as 名称缩写"导入整个模块的同时给该模块取个较短的别名：

```
>>> import numpy as np
>>> np.sqrt(4)
2.0
```

（3）利用" import 模块名 . 子模块名 as 名称缩写"导入某个模块子模块的同时给该子模块取个较短的别名：

```
>>> import matplotlib.pyplot as plt
```

（4）利用"from 模块名 import 函数"导入模块中指定函数：

```
>>> from math import sqrt, exp
>>> sqrt(4)
2.0
```

（5）利用"from 模块名 . 子模块名 import 函数"导入某个模块的子模块中指定函数：

```
>>> from matplotlib.pyplot import plot
```

2.8　综合案例：我国人口增长率变化分析

我国人口数量一直占世界人口较大比例。1850 年我国人口数量约 4.3 亿，占世界人口的 34%。1949 年，我国大陆人口为 5.416 7 亿，大约占世界人口的 22%。由于人口结构原因，我国人口总量仍在持续增长，我国自 1949 年至 2019 年每年年末人口数如表 2-6 所示。

表 2-6　我国人口数量（万人）

年份	总人口	年份	总人口	年份	总人口	年份	总人口	年份	总人口	年份	总人口
1949	54 167	1961	65 859	1973	89 211	1985	105 851	1997	123 626	2009	133 450
1950	55 196	1962	67 296	1974	90 859	1986	107 507	1998	124 761	2010	134 091
1951	56 300	1963	69 172	1975	92 420	1987	109 300	1999	125 786	2011	134 735
1952	57 482	1964	70 499	1976	93 717	1988	111 026	2000	126 743	2012	135 404
1953	58 796	1965	72 538	1977	94 974	1989	112 704	2001	127 627	2013	136 072
1954	60 266	1966	74 542	1978	96 259	1990	114 333	2002	128 453	2014	136 782
1955	61 465	1967	76 368	1979	97 542	1991	115 823	2003	129 227	2015	137 462
1956	62 828	1968	78 534	1980	98 705	1992	117 171	2004	129 988	2016	138 271
1957	64 653	1969	80 671	1981	100 072	1993	118 517	2005	130 756	2017	139 008
1958	65 994	1970	82 992	1982	101 654	1994	119 850	2006	131 448	2018	139 538
1959	67 207	1971	85 229	1983	103 008	1995	121 121	2007	132 129	2019	140 005
1960	66 207	1972	87 177	1984	104 357	1996	122 389	2008	132 802		

根据上表，可画出 1949 年至 2019 年每隔 10 年的人口柱状图（见图 2-3）。

❶　`import matplotlib.pyplot as plt`
❷　`%matplotlib inline`
❸　`years = [1949, 1959, 1969, 1979, 1989, 1999, 2009, 2019]`
❹　`population = [54167, 67207, 80671, 97542, 112704, 125786, 133450, 140005]`
❺　`plt.bar(years, population , tick_label=years);`

在上述代码中，第❶行通过 import 导入数据分析常用 matplotlib 模块中的子模块 pyplot（关于 matplotlib 详情请参见第 13 章）并取别名为 plt。第❷行是一个魔法函数，利用 jupyter notebook 进行行内嵌画图。第❸行构造一个由整数年份组成的列表，列表类似于字符串，同属于序列类型（关于列表详情请参见第 3 章）。第❹行构造一个由整数年份人口数量组成的列表。第❺行利用 plt 中的柱状图函数画出 1949 年至 2019 年每 10 年的人口柱状图。从图中可以看出，我国人口数量在逐渐递增。

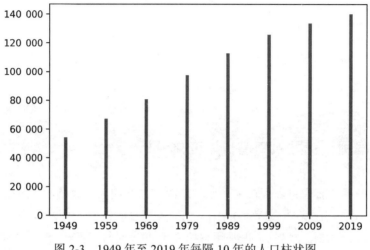

图 2-3 1949 年至 2019 年每隔 10 年的人口柱状图

基于上述结果，计算 1949 年至 2019 年以 10 年为间隔的人口增长率，如图 2-4 所示。

```
❶  rate1 = (67207 - 54167) / 54167
❷  rate2 = (80671 - 67207) / 67207
    rate3 = (97542 - 80671) / 80671
    rate4 = (112704 - 97542) / 97542
    rate5 = (125786 - 112704) / 112704
    rate6 = (133450 - 125786) / 125786
❸  rate7 = (140005 - 133450) / 133450
❹  years_growth_rate = [1959,1969,1979,1989,1999,2009,2019]
❺  pop_growth_rate = [rate1,rate2,rate3,rate4,rate5,rate6,rate7]
❻  plt.xticks(years_growth_rate)
❼  plt.plot(years_growth_rate, pop_growth_rate);
```

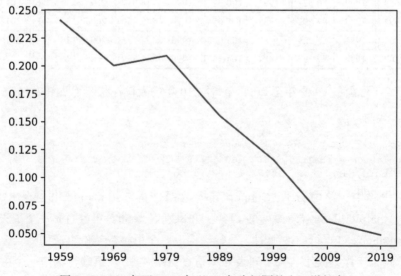

图 2-4 1949 年至 2019 年以 10 年为间隔的人口增长率

在上述代码中，第❶行计算出 1959 年相对于 1949 年的人口增长率并保存至变量 rate1 中。❷至❸之间的代码行进行了类似的计算。第❹行构造了增长率的年份列表。第 ❺行构造了增长率列表。第❻行设置了坐标轴标签展示为对应的年份。第❼行利用 plt 中 的 plot 折线图函数画出增长率的变化曲线。从图 2-4 中可以看出，我国人口增长率总体趋 势是下降的，人口爆炸式的增长得到有效控制。

● 引导案例解析　●——○——●——○——●

根据对引导案例的分析，首先需要输入姓名、日常生活支出、学习用品支出和其 他方面支出等基本信息，接着计算出该月总支出，最后打印出各类支出的占比详情。

程序代码如下：

```
❶ stu_name = input('请输入姓名：')
❷ living_expenses = float(input('请输入日常生活支出（元）：'))
❸ school_things = float(input('请输入学习用品支出（元）：'))
❹ other_expendses = float(input('其他方面支出（元）：'))
❺ total_expenses = living_expenses + school_things + other_expendses
❻ print('=' * 35)
❼ print('以下是{}的支出情况：'.format(stu_name))
❽ print('日常生活支出：{0:.2f}元，占比：{1:.2%}'.format(living_expenses,
                                living_expenses / total_expenses))
  print('学习用品支出：{0:.2f}元，占比：{1:.2%}'.format(school_things,
                                school_things / total_expenses))
  print('其他方面支出：{0:.2f}元，占比：{1:.2%}'.format(other_expendses,
                                other_expendses / total_expenses))
```

以下是程序执行的结果：

```
请输入姓名：小明
请输入日常生活支出（元）：800
请输入学习用品支出（元）：700
其他方面支出（元）：500
===================================
以下是小明的支出情况：
日常生活支出：800.00元，占比：40.00%
学习用品支出：700.00元，占比：35.00%
其他方面支出：500.00元，占比：25.00%
```

在这段代码中，标号为❶的代码行利用 input() 函数将输入的姓名存储在变量 stu_ name 当中；标号为❷❸❹的代码行分别得到日常生活支出、学习用品支出和其他方 面支出金额，由于 input() 函数得到的数据类型为字符串，因此利用 float 函数将输入 的字符串类型值转换成浮点数类型值，以便进行算术运算；标号为❺的代码行将存储 在变量 living_expenses 中的日常生活支出、变量 school_things 中的学习用品支出和 变量 other_expendses 中的其他方面支出利用加法表达式累加后，得到该月总支出并 存储在变量 total_expenses 中。标号为❻的代码行利用字符串和整数的乘法运算规则 得到 35 个等号构成的字符串并打印；第❼行将 format 函数返回的带有姓名的字符串 打印出来；第❽行则打印各类支出的情况。

● 小 结 ●━○━●━○━●

在本章中，利用财经案例对 Python 中的基本操作进行了讲解。首先，介绍如何利用变量收集数据，接着讲解了如何利用表达式处理数据，随后讨论了财经领域非常常见的两种数字类型：整型和浮点型，然后对于常用的字符串类型进行了表述，此后介绍了后续程序设计中经常用到的布尔类型、逻辑运算与关系运算，此外还讨论了财经领域常用的 Python 内置函数，最后讲解了导入模块的方法。

● 练 习 ●━○━●━○━●

1. 以下哪些变量符合 Python 命名规则？

   rate, 123days, stock name, us$_amount, stock_list, Rate_2020

2. 在 Python 的整数运算中，运算符 / 的运算结果是_____类型，运算符 // 的运算结果是_____。

3. 将值转换为整数的函数是_____，将值转换为浮点数的函数是_____。

4. 在 Python 中，用于包围字符串字面值的符号有哪些？

5. 字符串 "Python\t 与金融" 的长度是_____？

6. 下面表达式运行结果是什么？

   123 + 456

   "123" + '456'

   123 * 3

   '123' * 3

7. 为什么下面这个表达式会导致错误？如何修复？

   " 我今天买了 " + 10 + " 本书！ "

8. 编写程序，输入身份证号码，输出出生日期，格式为：yyyy 年 mm 月 dd 日。

9. 在 Python 中，导入模块的方法有哪些？

10. 在 2.4.9 案例中，我们介绍了等额本金法，即每月按照相等的金额（按揭贷款的本金总和 / 贷款月数）偿还贷款本金，每月贷款利息按月初剩余贷款本金计算并逐月结清，两者相加为每月的还款额。每月还款额的计算公式为：

$$result = \frac{total}{terms} + outstanding\_mount * rate\_month$$

其中，$result$ 为当前月应还款额，$total$ 为贷款总额，$terms$ 为贷款总期数（按月算），$outstanding\_mount$ 为当前月剩余本金，$rate\_month$ 为贷款月利率。

现以 4.9% 为年利率，编写程序，要求用户输入贷款总额及贷款总期数（按月算）后，打印出用户第一个月应还款金额。

第 3 章

列表和元组

学习目标 ●━○━●━○━●

- 掌握序列类型的基本概念
- 熟悉序列类型的通用操作
- 掌握列表类型的基本概念
- 熟悉列表类型的基本操作
- 掌握元组类型的基本概念
- 熟悉元组类型的基本操作
- 理解列表与元组的异同点
- 灵活运用列表和元组解决实际问题

引导案例 ●━○━●━○━●

　　在利用整数、浮点数、字符串、变量和表达式等 Python 基础知识编写程序展示出自己日常生活支出、学习用品支出和其他方面支出的占比情况后，小明想进一步改进程序。小明想记录每个月学习用品中支出最多的三项明细，由于每个月支出的变化，这三项学习用品支出的名称和金额都会变化。最后，输入其中一项的名称后，打印出该项的金额和占比。

　　通过以上描述可知，小明需要记录的是会变化的三项学习用品支出情况，记录的明细情况种类数量也可能变化，分别利用变量记录每一项明细的名称和金额已经不能满足这个需求。

　　因此，需要用到新的数据类型，以在一个变量上存储多个项目的名称及金额。在学习本章后，请你编写程序帮助小明对学习用品支出明细进行记录和分析。

在财经领域，通常需要处理的不是单个数据，而是一组相关数据，例如 1978 年至 2020 年的 GDP 数据，一只股票在某天的开盘价、收盘价、最高价和最低价等。利用简单数据类型（例如浮点型）来存储和处理这些数据，无法体现数据之间的关系，并且操作变得复杂。

Python 中提供了多种组合数据类型，用来存储一组数据，包括字符串、列表、元组、字典以及集合。由于它们可以包含多个值，这样编写程序来处理大量数据就变得更加容易。如果把整型、浮点型、布尔类型这些数据类型看作是原子的话，那么组合数据类型就是分子。

在组合数据类型中，字符串、列表和元组中的元素按照先后顺序组织在一起，因此又统称为序列类型，它们有许多共同的方法和属性；字典类型体现的是键和值之间的映射关系，因此又称为映射类型；集合中的元素没有顺序关系，因此称为无序类型。如图 3-1 所示。

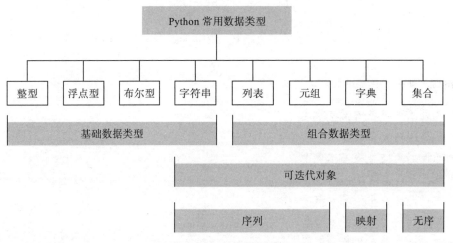

图 3-1 Python 常用数据类型

第 2 章已经对字符串进行了讲解，本章主要介绍另外两种序列类型：列表和元组。

3.1 序列类型概述

在使用程序处理数据时，不仅需要对单个数据进行处理，更多的情况下，需要对一组数据进行批量处理，例如：

- 统计一组问卷调查结果。
- 给定一组工资基本信息，计算应纳税所得额。
- 给定一组 GDP，计算每年的增长率。

Python 中的序列类型正是用于处理这些具有先后顺序的相关数据的。Python 中常用的序列类型包括：

- 字符串（str）：由按照一定顺序组合在一起的字符构成，例如："金融科技"和"科技金融"就是两个不同的字符串。
- 列表（list）：包含 0 个或多个不同类型元素的可变序列类型，用方括号将元素包含在一起，例如：['10933',' 李斯 ',40,[12000.00,400.00]]。
- 元组（tuple）：包含 0 个或多个不同类型元素的不可变序列类型，用圆括号将元素包含在一起，例如：(('600000',' 浦发银行 ',11.48),('600036',' 招商银行 ',36.81))。

3.2　通用序列类型操作

所有序列类型都可以进行一些特定的操作，包括索引、分片、连接、重复、成员资格检查、计算元素出现次数等。在第 2.6 节中，在 Python 中处理财经数据常用的内置函数 len、max 和 min 也同样适用于序列类型的数据。

3.2.1　索引

序列类型是一个元素向量，元素之间存在先后关系，所有元素都有序号（有时也称为偏移量或索引）。类似于字符串，列表和元组也有正向序号和负向序号，正向序号从左向右，由 0 开始递增，直到序列长度（元素个数）减 1；反向序号从右向左，由 –1 开始递减，直到序列元素个数的负数值。一个负数序号和序列长度相加，会得到对应的正数序号，如图 3-2 所示。

图 3-2　序列类型的序号

序列中的元素可以通过序号进行访问，例如：

```
>>> empInfo = ['10933',' 李斯 ',40,[12000.00,400.00]]
>>> empInfo[0]
'10933'
```

通过序号获取序列中特定位置的元素，就是索引。可以使用负数进行索引：

```
>>> empInfo[-4]
'10933'
```

还可以混合使用，例如，图 3-2 中的最后一个元素本身是一个列表，可以通过正向序号 3 获取，如果希望获取该元素中的最后一个值，可以通过两个方括号获取，例如：

```
>>> empInfo[3][-1]
400.0
```

【例 3-1】根据用户输入的序号，打印出对应的股票信息。

这段代码包含多行语句，为了便于编写和调试，可以把代码存储到 Python 的源码文件（后缀为 .py 的文本文件）中，利用 IDLE 或其他 IDE 运行，而不是通过交互式输入。

程序代码如下所示：

```
❶  # 用二维列表存储股票信息
❷  stock_list = [['600000','浦发银行',11.52,11.54,11.61,11.40],
                 ['600036','招商银行',37.27,36.84,37.44,36.52],
                 ['600048','保利地产',16.87,16.61,16.93,16.45],
                 ['000001','平安银行',14.73,14.49,14.68,14.40],
                 ['000063','中兴通讯',41.24,40.98,41.59,40.67],
                 ['300142','沃森生物',60.40,64.65,65.59,59.55]]
❸  stock_index_str = input('请输入股票的序号: ')
   # 将输入的数字字符串转换为整数
❹  stock_index_number = int(stock_index_str)
   # 将输入的序号减1，获得正确的索引，从而得到对应股票信息的子列表
❺  stock_info = stock_list[stock_index_number - 1]
   # 利用正向序号获取股票前四项信息
❻  print('代码: {} 名称: {}'.format(stock_info[0], stock_info[1]))
❼  print('开盘价: {:.2f}元，收盘价: {:.2f}'.format(stock_info[2], stock_info[3]))
   # 利用负向序号获取股票后两项信息
❽  print('最高价: {:.2f}元，最低价: {:.2f}'.format(stock_info[-2], stock_info[-1]))
```

以下是程序执行的一部分结果：

```
请输入股票的序号: 2
代码: 600036 名称: 招商银行
开盘价: 37.27元，收盘价: 36.84
最高价: 37.44元，最低价: 36.52
```

在该例中，标号为❶的代码行以 # 开头，是注释语句，用注释语句在关键处进行说明，便于对程序的理解。程序在执行时，将忽略注释语句；标号为❷的代码行定义变量 stock_list 用于存储一个包含股票信息的二维列表，列表中的每个元素是一只股票的基本信息构成的子列表；标号为❸的代码行执行时要求用户输入一个序号，该序号存储在 stock_index_str 中，其数据类型为字符串；由于字符串无法作为数字序号来获取列表中的元素，因此，标号为❹的代码行将 stock_index_str 的值转化为整数类型的值，存储在 stock_index_number 中；标号为❺的代码行获取股票信息时，由于序列类型的正向索引从 0 开始，因此，为了得到正确的索引号，需要减 1 后再作为序号；标号为❻和❼的代码行通过正向序号获取股票子列表的前四项信息；标号为❽的代码行利用负向序号获取股票后两项信息。

在使用索引时，注意序号不能超过允许的范围，即正向序号的取值范围是 0 到序列长度减 1，负向序号的取值范围是 −1 到序列长度的负数值。如果使用超出范围的序号，将会触发 IndexError 的异常，导致程序无法执行。例如：

```
>>> empInfo = ['10933','李斯',40,[12000.00,400.00]]
```

```
>>> empInfo[5]
Traceback (most recent call last):
  File "<pyshell#36>", line 1, in <module>
empInfo[5]
IndexError: list index out of range
```

在上面的这段代码中，empInfo 的元素个数是 4，也就是说正向序号的取值范围是 0 到 3，负向序号的取值范围是 -1 到 -4。但代码中使用超出范围的序号 5 来进行索引，触发了 IndexError 的异常。

当发生错误时，Python 中的异常被自动触发。如果不进行处理，程序将终止运行，并返回与异常相关的信息。例如，上面这段代码的最后一行 IndexError: list index out of range，表明发生了一个 IndexError 的异常，即列表的索引超出了范围。

在编写程序过程中，你会遇到各种异常。学会解读和处理异常是程序设计重要的基本技能之一。

3.2.2　分片

在使用序列类型数据的过程中，常常会遇到需要获取其中一部分数据的情况。这时可以使用分片，它是索引的一种扩展方式，返回的是序列类型数据中的一个片段，而不是一个单独的元素。例如，获取字符串 "fintech 是金融科技" 中的子串 "fintech"。

当方括号中的索引变成由冒号分隔的一对序号时，Python 将返回一个包含这对序号所标识的连续内容的新对象。注意：分片的内容包含了冒号左边序号所指向的元素，不包含冒号右边序号所指向的元素。

1. 分片操作

如果把序号放在每个元素前，可以更形象地理解分片操作，如图 3-3 所示：

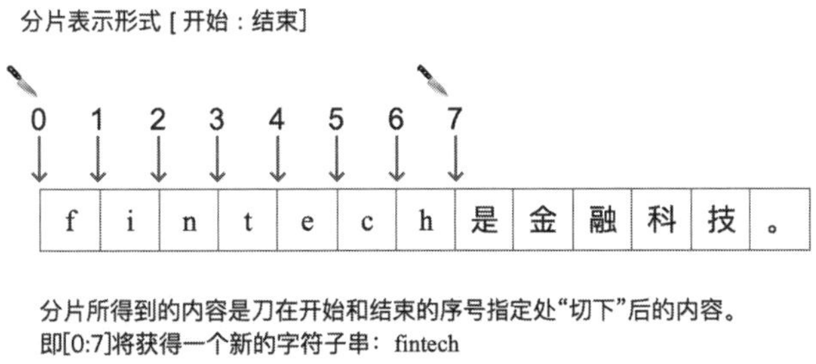

图 3-3　序列类型分片

从图 3-3 中可以看出，分片所得到的内容包含了冒号左边序号指向的字符 "f"，但是没有包含冒号右边序号指向的字符 "是"。

假设 s 为字符串 "fintech 是金融科技。"，对于分片，有以下一些需要注意的地方：

● 包含左边界，不包含右边界。

- s[:] 获得包含所有字符的新字符串，缺省的左边界为 0，右边界为序列长度减 1。
- s[0:7] 获得新字符串 "fintech"，即序号为 0 直到序号为 7 之前的所有字符。
- s[8:] 获得新字符串 "金融科技。"，即从序号 8 到最后的所有字符。
- s[:3] 获得新字符串 "fin"，即从开头直到不包括序号为 3 之间的所有字符。
- s[:-1] 获得新字符串 "fintech 是金融科技"，即从开头直到不包括最后一个字符之间的所有字符。

2. 步长

在分片时，除了可以指定左边界和右边界的序号外（或者不指定而使用缺省值），还可以增加第三个值，即步长。步长和右边界之间也是使用冒号分隔，在不指定步长的情况下，步长默认值为 1。步长将会加到每次提取元素的序号上，作为下次需要提取元素的序号，以此类推。因此，分片的完整形式为：

```
s[ 开始 : 结束 : 步长 ]
```

该形式表示：提取 s 中的元素，从 "开始" 序号直到 "结束" 序号减 1，每隔 "步长" 个元素取一次。例如：

```
>>> s = 'fintech 是金融科技。'
>>> s[1:7:2]
'itc'
```

步长也可以是负数，即以相反的顺序来获取元素。例如：

```
>>> s[::-1]
'。技科融金是 hcetnif'
>>> s[-2:7:-2]
' 技融 '
```

当步长为正数时，Python 会从序列的左边开始向右提取元素，此时分片的左边界要小于右边界；当步长为负数时，会从序列的右边开始向左提取元素，此时分片的左边界要大于右边界。若不遵守这一规则，将获得不包含任何元素的空序列。例如：

```
>>> s[1:7:-2]
''
>>>s[-2:7:2]
''
```

3.2.3 使用连接 "+" 和重复 "*"

在第 2 章中我们知道，使用加号 "+" 可以将两个字符串连接成一个新的字符串。对于两个类型相同的序列，可以使用加号进行连接，从而得到一个新的该类型序列。

```
>>> stock_name = ['600000',' 浦发银行 ']
>>> stock_price = [11.52,11.54,11.61,11.40]
>>> stock_info = stock_name + stock_price
>>> print(stock_info)
['600000', ' 浦发银行 ', 11.52, 11.54, 11.61, 11.4]
```

```
>>> print(stock_name)
['600000', '浦发银行']
>>> print(stock_price)
[11.52, 11.54, 11.61, 11.4]
```

从上面的代码可以看出，将两个列表连接在一起后，构成新的列表 stock_info，而参与连接的列表 stock_name 和 stock_price 本身在连接后没有改变。

同样地，乘号"*"既可以用于字符串的重复，也可以用于其他的序列类型，序列类型的值和一个整数 n 相乘，得到将该序列类型值重复 n 次的新的对象：

```
>>> ['600000', '浦发银行'] * 3
['600000', '浦发银行', '600000', '浦发银行', '600000', '浦发银行']
>>> ('600036','招商银行') * 2
('600036', '招商银行', '600036', '招商银行')
```

3.2.4　使用 in 和 not in 判断

通过运算符 in 可以判断某个元素是否在序列中，如果元素在序列中，in 表达式返回 True，否则返回 False。运算符 not in 则正好相反。

通过运算符 in 和 not in 可以判断某个字符串是否在另外一个字符串中。通常对于广告类的邮件，都会要求加上"<广告>"这样的字符串，因此，可以通过邮件标题判断一封邮件是不是广告邮件：

```
>>> email_subject = '<广告>休息一下，看看有没有感兴趣的产品'
>>> '<广告>' in email_subject
True
>>> '<广告>' not in email_subject
False
```

3.2.5　使用 count 计算元素出现次数

当需要计算某个元素在序列中出现的次数时，使用序列的 count 方法可以很轻松地完成这个任务。

例如，我们每天将当天下跌的股票代码添加到一个列表中，当需要统计某只股票在统计期内下跌的天数时，就可以用到这段代码：

```
>>> stock_down_list = ['600000','600036','000001','600036',
                       '600000','300142','600036']
>>> stock_down_list.count('600036')
3
```

3.3　最灵活的序列类型：列表

列表（list）是 Python 中最灵活的序列类型。它与字符串中仅能包含字符不一样，列表中可以包含任何数据类型，它的元素可以是：整数、浮点数、字符串、布尔值、列表以及后面需要学习的元组、集合、字典等。与字符串不同，列表是可以修改的，也就说可以在列表中添加元素，或从列表中删除元素或者修改列表中的某个元素。

我们知道，字符串使用一对单引号或双引号来标记字符串的起止。在 Python 中，使用一对方括号 [] 来表示列表。列表中的值也称为元素（或者表项）。元素之间用逗号分隔。

由于列表是可变的数据类型，因此列表有许多专用的方法，如表 3-1 所示。

表 3-1　列表常用函数或方法

函数或方法	描述
ls[i] = x	替换列表 ls 第 i 数据项为 x
ls[i: j] = lt	用列表 lt 替换列表 ls 中第 i 到 j 项数据（不含第 j 项，下同）
ls[i: j: k] = lt	用列表 lt 替换列表 ls 中第 i 到 j 以 k 为步长的数据
del ls[i: j]	删除列表 ls 第 i 到 j 项数据，等价于 ls[i: j]=[]
del ls[i: j: k]	删除列表 ls 第 i 到 j 以 k 为步的数据
ls += lt 或 ls.extend(lt)	将列表 lt 元素增加到列表 ls 中
ls *= n	更新列表 ls，其元素重复 n 次
ls.append(x)	在列表 ls 最后增加一个元素 x
ls.pop(i)	将列表 ls 中第 i 项元素取出并删除该元素
ls.copy()	生成一个新列表，复制 ls 中所有元素
ls.insert(i, x)	在列表 ls 第 i 位置增加元素 x
ls.clear()	删除 ls 中所有元素
ls.remove(x)	将列表中出现的第一个元素 x 删除
ls.sort()	列表 ls 中元素排序
ls.reverse()	列表 ls 中元素反转
ls.index(x)	找出某个值第一个匹配项的索引位置

3.3.1　创建列表

在实际应用中，列表通常都是通过用户输入、文件读取或网络获取等方式动态产生的。在利用列表存储这些数据前，需要首先创建列表。在 Python 中，通常用 list 函数或方括号 [] 来创建列表。

1. list() 函数

类似 int 函数转换整数、float 函数转换浮点数以及 str 函数转换字符串一样，使用 list 函数可以将括号中的参数转换为列表：

```
>>> list('招商银行')
['招', '商', '银', '行']
```

参数可以是字符串、元组、字典或者集合，但不能是整数、浮点数或布尔值：

```
>>> list(10.8)
Traceback (most recent call last):
  File "<pyshell#63>", line 1, in <module>
list(10.8)
TypeError: 'float' object is not iterable
```

这里出现 TypeError 的异常，表示 float 对象是不能被迭代的。也就是说，在 list 函数只能将可迭代对象转换为列表。

> **可迭代对象**
>
> 可迭代对象是 Python 语言中较新的概念，它实际保存的是序列或者可以一次产生一个结果的对象，关于可迭代对象的话题已经超出本书范围。在本书中涉及的可迭代对象包括：字符串、列表、元组、字典、集合、文件以及 range 函数返回结果等。

2. 方括号

使用方括号 [] 创建列表时，需要在列表中列出所有元素：

```
>>> ['招商银行']
['招商银行']
>>> ['招','商','银','行']
['招', '商', '银', '行']
```

3. 空列表

可以使用 list 函数和方括号 [] 创建空列表：

```
>>> list()
[]
>>> []
[]
```

3.3.2 列表基本操作

除了上一节提到的序列类型操作外，由于列表是可变的，因此列表有些专用的方法：元素修改、元素删除和分片赋值。这些方法都是在列表原位置进行修改，也就是改变了列表本身的值，而不是创建新的列表。

1. 元素修改

在列表创建后，可以通过元素赋值的方式修改列表中的元素。当需要修改列表中的某个元素时，需要通过序号明确修改的元素的位置：

```
>>> stock_info = ['600000', '浦发银行', 11.52, 11.54, 11.61, 11.4]
>>> stock_info[4] = 12.00
>>> stock_info
['600000', '浦发银行', 11.52, 11.54, 12.0, 11.4]
```

2. 元素删除

可以使用 Python 的内置函数 del 删除列表中的一个或多个元素：

```
>>> stock_info = ['600000', '浦发银行', 11.52, 11.54, 11.61, 11.4]
>>> del stock_info[1]
>>> stock_info
['600000', 11.52, 11.54, 11.61, 11.4]
>>> del stock_info[1:3]
>>> stock_info
['600000', 11.61, 11.4]
```

3. 分片赋值

Python 支持列表的分片赋值，这使得仅仅用一步操作就可以将列表中的整个片段替换掉。

```
>>> stock_info = ['600000', '浦发银行', 0, 0, 0, 0]
>>> stock_info[2:] = [11.52, 11.54, 11.61, 11.4]
>>> stock_info
['600000', '浦发银行', 11.52, 11.54, 11.61, 11.4]
```

在分片赋值的时候，赋值符号两边的长度可以不一致。当分片长度小于右边列表长度时，原列表长度会增加；反之，原列表长度会减少。因此，分片赋值可以理解为两步：首先删除赋值符号左边指定的分片，然后在删除的位置插入赋值符号右边的列表。

利用这个特性，可以通过分片赋值实现列表元素的删除和插入：

```
>>>stock_info = ['600000', '浦发银行', 11.52, 11.54, 11.61, 11.4]
>>>stock_info[2:5] = []
>>>stock_info
['600000', '浦发银行', 11.4]
>>>stock_info[2:2] = [11.52, 11.54, 11.61]
>>>stock_info
['600000', '浦发银行', 11.52, 11.54, 11.61, 11.4]
```

3.3.3　列表常用方法

1. extend() 方法

使用 extend 方法，可以一次在列表的末端插入多个元素。这是一个对列表进行原地修改的方法。extend 方法会循环地访问传入的参数（可迭代对象），并把每次访问产生的元素逐个添加到列表末端：

```
>>> stock_info = ['600000', '浦发银行']
>>> stock_price = [11.52, 11.54, 11.61, 11.4]
>>> stock_info.extend(stock_price)
>>> stock_info
['600000', '浦发银行', 11.52, 11.54, 11.61, 11.4]
```

请注意，这与 3.2.3 节中的加号"＋"连接符不同，加号连接符会产生一个新的列表，不会改变加号两边的列表值。而 extend 方法是在原有列表（调用者）末端添加元素，这会改变原有列表。因此可以使用加号的增强符"＋="来实现与 extend 类似的功能：

```
>>> stock_info = ['600000', '浦发银行']
>>> stock_price = [11.52, 11.54, 11.61, 11.4]
```

```
>>> stock_info += stock_price
>>> stock_info
['600000', '浦发银行', 11.52, 11.54, 11.61, 11.4]
```

2. append() 方法

append 方法与 extend 类似，也可以在列表末端添加元素。不同的是，使用 append 方法会直接把传入的参数（可以是任何类型）添加到尾部而不是遍历它。也就是说，append 方法每次仅仅会添加一个元素：

```
>>> stock_info = ['600000', '浦发银行']
>>> stock_price = [11.52, 11.54, 11.61, 11.4]
>>> stock_info.append(stock_price)
>>> stock_info
['600000', '浦发银行', [11.52, 11.54, 11.61, 11.4]]
```

请仔细观察这段代码与 extend 部分的代码，使用 append 方法将 stock_price 这个列表作为一个元素添加到了 stock_info 列表中。因此，这里 stock_info 最终的长度是 3 而不是 6（使用 extend 方法后的列表长度）。

3. pop() 方法

使用 pop 方法可以移除并返回指定列表中某个位置的元素。pop 方法通过唯一的参数指定需要移除并返回元素的位置，如果不指定，默认移除并返回最后一个元素。

在实际应用中，常常会遇到先进先出（first-in-first-out，FIFO）的队列操作。例如，先获取到的数据先处理、先收到的邮件先回复等。利用 pop 方法和 append 方法就可以快速实现这种队列，如图 3-4 所示。

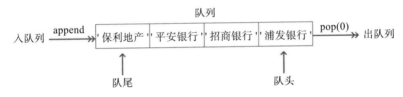

图 3-4　先进先出队列

【例 3-2】编写程序，要求用户输入股票名称，按照先进先出的规则打印出股票名称。

程序代码如下：

```
❶ stock_list = []
❷ stock_name = input('请输入股票名称：')
  stock_list.append(stock_name)
  stock_name = input('请输入股票名称：')
  stock_list.append(stock_name)
  stock_name = input('请输入股票名称：')
  stock_list.append(stock_name)
  stock_name = input('请输入股票名称：')
❸ stock_list.append(stock_name)
  print('-' * 35)
```

```
❹ print(stock_list.pop(0))    #pop移除并返回第1次输入的股票名称
   print(stock_list.pop(0))    #pop移除并返回第2次输入的股票名称
   print(stock_list.pop(0))    #pop移除并返回第3次输入的股票名称
❺ print(stock_list.pop(0))    #pop移除并返回第4次输入的股票名称
```

以下是程序执行的一部分结果：

```
请输入股票名称：浦发银行
请输入股票名称：招商银行
请输入股票名称：平安银行
请输入股票名称：保利地产
------------------------------------
浦发银行
招商银行
平安银行
保利地产
```

在该例中，标号为❶的代码行创建了一个空列表，并赋值给 stock_list，用于存储用户输入的股票名称；标号为❷和❸之间的代码行重复 4 遍要求用户输入股票名称，并将股票名称用列表的 append 方法添加到 stock_list 的末端（这里重复 4 遍的代码，在后面章节学习了循环后将更容易实现）；标号为❹和❺之间的代码行重复 4 遍利用列表的 pop 方法移除并返回当前列表中位置为 0 的元素。

栈结构

在数据结构中，还有一种与队列类似的结构——栈结构。不同的是，栈结构是后进先出（last-in-first-out，LIFO）。可以利用列表的 append 方法和 pop 方法实现这种结构的操作。

---

4. copy() 方法

copy 方法会生成一个新的列表，复制调用者的所有元素。在 Python 中，赋值语句也能达到类似的效果，那为什么还需要 copy 方法呢？我们来看一个实例。

【例 3-3】使用列表 stock_info 来存储股票基本信息，列表 stock_day1、stock_day2 等用于存储股票的基本信息和每天的交易信息（开盘价、收盘价、最高价、最低价）。

代码看起来应该是这样的：

```
stock_info = ['600000','浦发银行']
stock_day1 = stock_info    # 将基本信息赋值给stock_day1
stock_day1.extend([11.52,11.54,11.61,11.40])    # 在stock_day1添加第1天的交易信息
stock_day2 = stock_info    # 将基本信息赋值给stock_day2
stock_day2.extend([11.54,11.98,12.11,11.20])    # 在stock_day2添加第2天的交易信息
print(stock_day1)
print(stock_day2)
```

以下是程序执行的结果：

```
['600000', '浦发银行', 11.52, 11.54, 11.61, 11.4, 11.54, 11.98, 12.11, 11.2]
['600000', '浦发银行', 11.52, 11.54, 11.61, 11.4, 11.54, 11.98, 12.11, 11.2]
```

　　从最终的结果发现，这段代码并没有实现我们所希望的功能，最终的 stock_day1 和 stock_day2 两个列表包含了两天的交易数据。那为什么会出现这样的错误呢？这实际上与 Python 的内在实现机制有关。

　　在 Python 中，变量和对象被保存在不同的部分，通过连接相关联，这种连接称为引用。通过 stock_day1 = stock_info 直接赋值的形式，实际上是把 stock_info 的引用赋值给了 stock_day1。从图 3-5 中可以看出，此时 stock_info 和 stock_day1 引用的是相同的列表对象。同理，stock_day2 也指向该对象。这就使得对 stock_info、stock_day1 和 stock_day2 的修改实际上是对相同列表对象的修改。因此有了例 3-3 的结果。

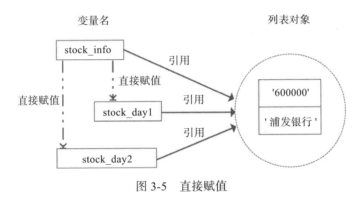

图 3-5　直接赋值

　　那如果我们希望赋值后的 stock_day1 和 stock_day2 相互独立怎么办呢？这时就要使用到列表的 copy 方法：

```
    stock_info = ['600000','浦发银行']
❶   stock_day1 = stock_info.copy()    # 利用 copy 复制后再赋值
    stock_day1.extend([11.52,11.54,11.61,11.40])    # 第 1 天的交易信息
❷   stock_day2 = stock_info.copy()    # 利用 copy 复制后再赋值
    stock_day2.extend([11.54,11.98,12.11,11.20])    # 第 2 天的交易信息
    print(stock_day1)
    print(stock_day2)
```

以下是程序执行的结果：

```
['600000', '浦发银行', 11.52, 11.54, 11.61, 11.4]
['600000', '浦发银行', 11.54, 11.98, 12.11, 11.2]
```

　　这段程序对例 3-3 的代码进行了修改，在标号为❶和❷的代码行将直接列表赋值改为先将 stock_info 列表复制后再赋值。从程序运行结果可以看出，修改后的代码运行结果正是我们所期望的：stock_day1 和 stock_day2 分别存储不同交易日的交易信息。改用 copy 方法后 Python 内部存储结构如图 3-6 所示。

　　从图 3-6 可以看出，列表的 copy 方法会首先将 stock_info 指向的列表对象进行复制，创建新的列表对象，然后把新列表对象的引用赋值给 stock_day1，这样 stock_info 和 stock_day1 指向不同的列表对象。同理，stock_day2 也指向另外一个新的列表对象。这样 stock_day1 和 stock_day2 指向的是相互独立的列表对象，因此能保存不同交易日的交易信息。

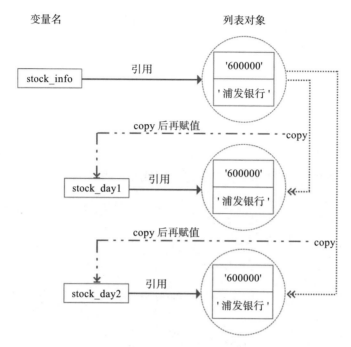

图 3-6　copy 后再赋值

类似的情况也会出现在其他可变的数据类型中，例如字典和集合。

关于对象和引用的说明

　　对象和引用是程序设计中非常重要的概念，但这两个概念已经超出本书范围。需要进一步了解的读者可以查阅相关参考资料。

---

5. sort() 方法

列表另外一个常见的方法是 sort，它用于对列表进行原位置排序。也就是说，列表调用 sort 方法后，其中的元素位置有可能发生变化。在默认情况下，Python 会将列表中的值以升序的形式重新排列。

可以通过设置 sort 方法的 reverse 参数，将该参数设置为 True 后再排序，则 Python 会以降序而不是升序重新排列元素：

```
>>> stock_list = ['600000','600036','000001','300142','600048']
>>> stock_list.sort()  # 默认升序排列
>>> stock_list
['000001', '300142', '600000', '600036', '600048']
>>> stock_list.sort(reverse=True)  # 降序而不是升序排列
>>> stock_list
['600048', '600036', '600000', '300142', '000001']
```

sort 方法会比较列表中的每个元素，然后按照大小顺序进行排列。因此，调用 sort 方法的列表要保证列表中的元素之间是可以相互比较的。在上面的代码中，列表中的元素类型均为字符串，字符串之间的比较是通过对应位置字符的编码来比较的。如果列表中的元素是不可比较大小的不同数据类型，将会触发异常：

```
>>> stock_list = ['600000','600036','000001','600048','300142',100.8]
>>> stock_list.sort()
Traceback (most recent call last):
  File "<pyshell#105>", line 1, in <module>
stock_list.sort()
TypeError: '<' not supported between instances of 'float' and 'str'
```

在这段代码中，由于列表 stock_list 中最后一个元素是浮点数 100.8，无法和其他字符串元素进行大小比较，因此触发 TypeError 异常。

6. 其他常用方法

通过 insert 方法可以将元素插入列表指定的位置，insert 需要两个参数，第 1 个参数指定需要插入的位置，第 2 个参数指定需要插入的元素，例如，将股票名称'保利地产'插入 stock_name 列表序号为 2 位置的代码为：

```
>>> stock_name = ['浦发银行','招商银行','平安银行']
>>> stock_name.insert(2,'保利地产')
>>> stock_name
['浦发银行', '招商银行', '保利地产', '平安银行']
```

通过 clear 方法可以清空列表中的所有元素：

```
>>> stock_name = ['浦发银行','招商银行','平安银行']
>>> stock_name.clear()
>>> stock_name
[]
```

通过 remove 方法可以移除列表中的某个元素，当元素在列表中重复出现时，仅移除第 1 次出现的值：

```
>>> stock_name = ['浦发银行','招商银行','平安银行','招商银行']
>>> stock_name.remove('招商银行')
>>> stock_name
['浦发银行', '平安银行', '招商银行']
```

通过 reverse 方法可以将列表中的元素反向存储：

```
>>> stock_name = ['浦发银行','招商银行','平安银行']
>>> stock_name.reverse()
>>> stock_name
['平安银行', '招商银行', '浦发银行']
```

通过 index 方法找出列表某个值第一个匹配项的索引位置：

```
>>> stock_name = ['浦发银行','招商银行','平安银行']
>>> stock_name.index('招商银行')
1
```

3.3.4　案例：复利计算

复利和单利是两个相对的经济概念。单利的计算不把利息计入本金，而复利是按时间长短计算出来的利息并入本金中的重复计算。复利就是复合利息，把整个借贷期限划分成多个时间段（例如按照月或者年划分），前一时间段按本金计算出来的利息加入本金中，作为下一时间段计算利息的本金基数。复利的力量是巨大的。

复利终值是指本金在约定的期限内获得利息后，将利息加入本金再计息，逐期滚算到约定期末的本金之和。

复利现值是指在计算复利的情况下，要达到未来某一特定的资金金额，现在必须投入的本金。

编写程序实现复利现值计算，假定平均的年回报率是3%，存入年限为5年，当用户输入复利终值后，按照复利终值计算现在需投入的本金是多少？每年的本息金额是多少？

实现复利计算的程序代码如下：

```
❶ final_amt = float(input('请输入复利终值: '))
❷ amt_list = [final_amt]
❸ rate = 0.03
❹ pre_amt = amt_list[-1] / (1 + rate)
❺ amt_list.append(pre_amt)
   pre_amt = amt_list[-1] / (1 + rate)
   amt_list.append(pre_amt)
   pre_amt = amt_list[-1] / (1 + rate)
   amt_list.append(pre_amt)
   pre_amt = amt_list[-1] / (1 + rate)
❻ amt_list.append(pre_amt)
❼ amt_list.reverse()
   print('-' * 35)
❽ print('需投入本金为: {:.2f}元'.format(amt_list[0]))
   print('第2年本息余额: {:.2f}元'.format(amt_list[1]))
   print('第3年本息余额: {:.2f}元'.format(amt_list[2]))
   print('第4年本息余额: {:.2f}元'.format(amt_list[3]))
   print('第5年本息余额: {:.2f}元'.format(amt_list[4]))
```

以下是程序执行的结果：

```
请输入复利终值: 30000
-----------------------------------
需投入本金为: 26654.61元
第2年本息余额: 27454.25元
第3年本息余额: 28277.88元
第4年本息余额: 29126.21元
第5年本息余额: 30000.00元
```

在这段代码中，标号为❷的代码行利用❶代码行用户输入并转换为浮点数后的复利终值构建列表 amt_list，该列表用于存储每期的本息余额；第❹行利用列表最后一个值（下一年的本息余额）和利率3%计算当前年份的本息余额；第❺行将计算出来本息余额通过列表 append 方法追加到列表末端，便于后面的计算，这样做的目的是将每年的计算方式统一，便于利用程序设计中的循环结构实现，在学习循环结构前，我们重复4次这样的代码，直至标号❻的代码行；第❼行将列表反向存储，使得列表中的数据更能体现时间序列的特征；第❽行开始打印列表中每个代表不同期末余额的值。

利用后面章节的循环结构，这段代码可以更加简洁，也能实现更强大的功能。

3.4　不可变的序列类型：元组

这部分要讲解的最后一个序列类型是元组（tuple）。所有在 3.2 节中介绍的通用序列类型操作均适用于元组。元组与列表、字符串相似，但也有不同之处，如表 3-2 所示。

表 3-2　序列类型比较

类型	有序	可变	包含元素
字符串	√	×	字符
列表	√	√	任意类型
元组	√	×	任意类型

元组和列表一样，可以包含任意类型的元素。不同之处在于元组创建后，不能在原位置修改。与列表使用方括号 [] 不同，元组使用圆括号 () 表示。

3.4.1　创建元组

在 Python 中，创建列表通常用 tuple 函数或圆括号 ()。

1. tuple 函数

与 list 函数类似，tuple 可以将参数中的可迭代对象转换成元组：

```
>>> tuple('浦发银行')
('浦', '发', '银', '行')
>>> tuple(['浦发银行', '招商银行', '保利地产', '平安银行'])
('浦发银行', '招商银行', '保利地产', '平安银行')
```

2. 圆括号

使用圆括号 () 创建列表时，需要在列表中列出所有元素：

```
>>> ('浦发银行', '招商银行', '保利地产', '平安银行')
('浦发银行', '招商银行', '保利地产', '平安银行')
```

直接使用圆括号 () 将得到一个空的元组：

```
>>> ()
()
```

3.4.2　多重赋值

在 Python 中，允许一次给多个变量赋值，称为多重赋值。可以使用元组和列表实现多重赋值：

```
>>> stock_code, stock_name = ('600000', '浦发银行')
>>> stock_code
'600000'
>>> stock_name
```

```
'浦发银行'
>>> p_open, p_close, p_high, p_low = [11.52, 11.54, 11.61, 11.4]
>>> p_open
11.52
>>> p_high
11.61
```

在使用多重赋值时，赋值符号左边的变量数量和右边的元组或列表的长度必须相同，否则将会触发 ValueError 的异常：

```
>>> p_open, p_close, p_high, p_low = [11.52, 11.54, 11.61]
Traceback (most recent call last):
    File "<pyshell#148>", line 1, in <module>
p_open, p_close, p_high, p_low = [11.52, 11.54, 11.61]
ValueError: not enough values to unpack (expected 4, got 3)
```

3.4.3 元组特性

由于元组和列表极其相似（除了元组是不可变的）。因此，关于元组的操作可以参照列表。在列表操作中，除了对列表进行原地修改的方法，其他方法都可以应用在元组中，例如索引、分片、连接和重复等，与列表不同的是，在元组中使用这些方法，会返回新的元组，而不是列表。当然，元组也有独有的特性。

1. 单个元素的元组

在 Python 的表达式中，可以使用圆括号把表达式括起来（例如改变运算优先级）。因此，如果仅仅使用圆括号把一个值括起来，Python 会认为是表达式，得到的不会是元组类型，而是值本身的类型，例如，下面代码得到的是一个浮点数而不是元组：

```
>>> x = (10.8)
>>> type(x)
<class 'float'>
```

所以，如果确实希望得到一个包含单个元素的元组，需要在这一单个元素后面加上一个逗号，与表达式区分开来：

```
>>> x = (10.8,)
>>> x
(10.8,)
>>> type(x)
<class 'tuple'>
```

2. 可以省略的圆括号

在不引起二义性的情况下，可以省略圆括号：

```
>>>stock_info = '600000', '浦发银行', 11.52, 11.54, 11.61, 11.4
>>>stock_info
('600000', '浦发银行', 11.52, 11.54, 11.61, 11.4)
>>> type(stock_info)
<class 'tuple'>
```

但是，如果出现在一个函数调用，或者其他表达式内时，不能省略圆括号。实际上，从代码的可读性来说，不建议省略。

3. 不可变性

不可变性也是元组和列表最大的区别。如果试图修改元组的某个元素，将会触发 TypeError 的异常：

```
>>> bank_name = tuple(['浦发银行','招商银行','保利地产','平安银行'])
>>> bank_name[1] = '农业银行'
Traceback (most recent call last):
    File "<pyshell#150>", line 1, in <module>
bank_name[1] = '农业银行'
TypeError: 'tuple' object does not support item assignment
```

元组的不可变性仅指的是不可以改变元组的顶层元素。如果元组中的元素本身是可变的（例如，元组中的某个元素是列表），Python 允许修改其内容：

```
>>> rate_info = (['活期存款',0.0030],['整存整取一年',0.0195],
                 ['整存整取二年',0.0240],['整存整取三年',0.0280])
>>> rate_info[1][1] = 0.0200
>>> rate_info
(['活期存款', 0.003], ['整存整取一年', 0.02], ['整存整取二年', 0.024], ['整存整
    取三年', 0.028])
```

3.4.4　为什么需要元组

在许多地方都可以用元组代替列表，但元组的方法函数与列表相比要少一些：元组没有 extend、append、insert、remove、clear 和 pop 等方法。因为一旦创建元组便无法修改。既然列表更加灵活，那为什么不在所有地方都使用列表呢？主要原因如下：

- 元组可以作为字典的键或集合的元素，但列表不行。因为列表是可变的。
- 函数中利用元组传递参数或作为返回值，可以有效地避免被意外修改。
- 相对于列表，使用元组存储数据时，访问的速度更快。

● **引导案例解析**　●—○—●—○—●

根据对引导案例的分析，每个月学习用品支出最多的三项会有所变化。最后，打印出的是指定种类的金额和占比，利用两个可变的列表按顺序分别存储名称和金额，这样便于利用名称的位置得到对应的金额。

程序代码如下：

```
❶ name_list = []
  amount_list = []
  print('请输入支出最多的三项学习用品，名称和金额用逗号分隔：')
❷ tmp_str = input('第 1 项学习用品支出：')
  name, amount = tmp_str.split(',')
  name_list.append(name)
```

```
      amount_list.append(float(amount))
      tmp_str = input('第2项学习用品支出: ')
      name, amount = tmp_str.split(',')
      name_list.append(name)
      amount_list.append(float(amount))
      tmp_str = input('第3项学习用品支出: ')
      name, amount = tmp_str.split(',')
      name_list.append(name)
❸     amount_list.append(float(amount))
❹     search_name = input('请输入需要查询的学习用品种类名称: ')
❺     search_idx = name_list.index(search_name)
❻     total_amount = sum(amount_list)
❼     search_amount = amount_list[search_idx]
      print('-' * 40)
❽     print('学习用品中{}支出了{:.2f}元, 占比: {:.2%}'.format(search_name,
                              search_amount, search_amount / total_amount))
```

以下是程序执行的结果:

```
请输入支出最多的三项学习用品, 名称和金额用逗号分隔:
第1项学习用品支出: 参考书籍,210
第2项学习用品支出: 打印资料,200
第3项学习用品支出: 文具,150
请输入需要查询的学习用品种类名称: 打印资料
----------------------------------------
学习用品中打印资料支出了200.00元, 占比: 35.71%
```

在这段代码中，标号为❶的代码行创建用于存储名称的空列表 name_list，紧接其后的代码行创建的是用于存储金额的空列表 amount_list；标号为❷和❸的代码行中，首先得到每项学习用品的名称和金额，接着将名称添加到名称列表 name_list 和金额列表 amount_list 中，如此重复三次；标号为❹的代码行获取需要查询的学习用品种类名称；标号为❺的代码行通过列表的 index 方法得到该名称在 name_list 中的序号 search_idx，该序号在 amount_list 中对应的是该学习用品的支出金额；标号为❻的代码行计算出学习用品总支出金额；第❼行利用 search_idx 获得指定学习用品的支出金额；第❽行开始打印支出的情况。

● 小 结 ●—○—●—○—●

在本章中，对 Python 中的列表和元组这两种重要的组合数据类型进行了介绍。字符串、列表和元组均属于序列类型。

本章首先介绍了序列类型的基本概念和通用的序列类型操作，包括使用方括号 [] 索引和分片、使用加号 + 连接、使用乘号 * 重复、使用 in 和 not in 进行成员资格判定以及使用 count 计算元素出现次数等。接着对列表这种最灵活的序列类型进行了深入讨论。列表使用方括号 [] 将元素包裹，作为一种可变数据类型，大量应用于程序数据处理过程中。除了序列类型通用操作，列表还支持单元素和分片赋值，使用 extend、append 和 insert 方法添加元素，使用 del、pop、remove 和 clear 方法删除元素，使用 sort 进行排序以及使用 reverse 反向存储元素。最后介绍了元组这种不可变的序列类型。作为一种与列表相似的不可变序列类型，元组具有独特的性质和不可替代性。

● 练 习 ●—○—●—○—●

1. Python 中的序列类型包括哪些?

2. 序列类型的正向索引和反向索引指的是什么?

3. 假设列表 s 有 10 个元素，从 s 中获取所有下标为偶数的元素，构成新的列表 t，使用的语句是_____。

4. 假设有列表 s=['10933',' 李斯 ', 40, [12000.00,400.00]]，则 s[int('3'*2)//11] 的值是_____。

5. 列表的 extend 方法和 append 方法的区别是什么?

6. 在什么情况下，需要使用列表的 copy 方法生成新列表后赋值，而不是直接赋值?

7. 编写代码，实现后进先出（LIFO）的栈结构。

8. 如果元组中只有一个整数值 42，如何输入该元组?

9. 字符串、列表和元组的相同点和区别是什么?

第 4 章 ●—○—●—○—●

控制结构

学习目标 ●—○—●—○—●

- 掌握语句和代码块的基本概念
- 熟练运用条件表达式
- 掌握 if 分支结构的语法及应用
- 掌握 while 循环结构的语法及应用
- 掌握 break 和 continue 语句的用法
- 灵活运用控制结构解决实际问题

引导案例 ●—○—●—○—●

现在小明已经可以利用 Python 编写程序来了解自己每个月生活费的支出情况了。但从前期的学习过程中，小明感觉到程序还有很大的提升空间。目前虽然可以记录学习用品中任意三项的明细情况，但通常来说需要记录的明细数量可能超过三项。如果有任意多项需要记录，目前的程序是没有办法满足需求的。小明希望可以通过特殊的输入来告诉计算机结束明细的输入。

通过以上描述及第 3 章中引导案例解析程序可以知道，每次输入明细的处理过程都是一样的：首先通过 input 函数得到名称和金额的输入信息，然后利用 split 函数分别获得名称和金额，最后将名称和金额分别按顺序存储到两个列表中。这样相同的处理过程重复多次，在程序设计中，可以通过循环结构来实现这种操作。另外，在某个特殊的情况下，应该结束明细的输入，这里需要通过分支结构进行判断。

通过学习本章，你将可以帮助小明改进他的程序。

到目前为止，我们已经学习了整型、浮点型、布尔型、字符串、列表和元组这些重要的数据类型。在本章，我们要学习一个重要的概念：控制结构。

如果把数据看作"材料"，语句看作处理这些材料的"事务"。那么，控制结构就是决定怎么组织这些事务的方式。控制结构为我们用程序解决问题画出了框架图。

从前面章节可以看到，Python 会一条一条地执行程序中的语句，这是一种常见的控制结构，既顺序结构。然而，在处理事务的过程中，并不仅仅是按顺序执行，有时需要根据不同条件做出选择，即分支结构；有时需要根据条件重复执行一些语句，即循环结构。

控制结构在我们的日常生活中随处可见。例如，当你想买一本书时，面临的流程可能如图 4-1 所示。按照箭头构成的路径，从开始到结束。

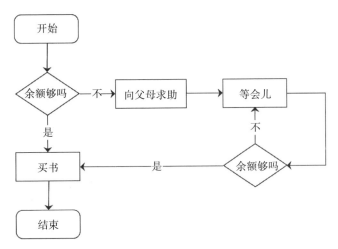

图 4-1　处理"买书"的流程图

4.1　语句和代码块

程序是由语句和表达式构成的。例如：

❶　sale_amt = 100 * 1.08
❷　print(sale_amt)

❶是一条赋值语句，将表达式 100 * 1.08 的计算结果赋值给变量 sale_amt。❷是一条函数调用语句，将变量的值打印出来。

还有一些语句不仅仅由一行代码构成，例如分支和循环语句，在选择不同的分支或者循环条件满足的情况下，有时需要执行多行代码。这样的语句称为复合语句。

在 Python 中，使用行终止来表明一条语句的结束，而不是分号（虽然也可以使用分号将多条语句写在一行，但是不建议这么做）。那对于复合语句中的多行代码怎么明确标识呢？

缩进的作用

为了标明复合语句中代码块开始和结束的位置，不同种类的语言采用不同的方法，例如，在 C 和 Java 等语言中，使用花括号 {} 来做标记，也有些语言使用 begin/end。

在 Python 中，要求使用缩进来标识代码块。相同层级的代码必须以垂直对齐的方式来组织，即相同的缩进。这种方式更加简洁，也使得 Python 程序统一、整齐并具有更强的可读性。

Python 对于缩进的数量没有严格规定，比较常见的是使用 4 个空格或者 1 个制表符。但最好不要在同一段代码中混合使用空格和制表符，这样可能会引起语法错误。实际上，在绝大部分 Python 开发环境 IDE 中，当输入嵌套代码块时，代码行都会自动缩进，在代码块结束后，按 backspace 键就可以回到上一层的缩进。

Python 的复合语句首行总是使用冒号 ":" 结尾。输入冒号后回车，新的代码行将自动缩进，以便于输入代码块中的语句。因此，复合语句的一般形式如下所示。

```
首行语句:
    内嵌代码块
```

本章介绍的分支语句和循环语句就是典型的复合语句。

4.2 条件表达式

控制语句的开始部分通常是"条件表达式"。分支语句通过条件表达式确定选择执行的代码块，循环语句通过条件表达式决定是否执行循环体中的代码块。通常来说，条件表达式的结果为一个布尔值，即 True 或者 False，例如关系运算或者逻辑运算的表达式。控制语句根据条件是 True 还是 False 决定做什么。

由于在 Python 中，所有对象都有一个固有的布尔真 / 假值。因此，在表达式的结果不是布尔值的情况下，需要当作条件表达式使用时，总是可以对应到一个布尔真 / 假值。

当表达式的最终值是表 4-1 中的某个值时，会被认作是假值。

表 4-1　Python 中的假值对象

对象类型	对象值
布尔值	False
null 类型	None
整型	0
浮点型	0.0
空字符串	'' 或 ""
空列表	[]
空元组	()
空字典	{}
空集合	set()

除了表 4-1 所列出来的值，其他的值都会被认作是真值。

4.3 if 分支结构

Python 中的选择操作是通过 if 分支结构来实现的。这是我们讨论的第一种复合语句。分支结构是程序根据条件判断结果而选择不同执行路径的一种运行方式，包括单分支结构和双分支结构，如图 4-2 所示。由双分支结构还可以组合成多分支结构。

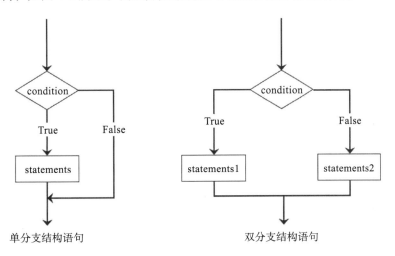

图 4-2 分支结构语句

4.3.1 单分支结构：if 语句

如图 4-2 左图所示，单分支结构的条件为真值 True 时，执行代码块，然后执行后续代码；而条件为假值 False 时，跳过代码块，继续执行后续代码。

单分支结构的语法如下所示。

```
if condition:
    statements
```

由 if 关键字开始，后面紧跟着条件表达式 condition，表达式后面的冒号"："表示这是一个复合语句，下一行开始的代码需要缩进，直到代码块结束。代码块（statements）中的语句在条件表达式为真值 True 时执行。

【例 4-1】商品价格不应该为负数。因此，在用户输入商品价格的时候，如果出现负数，则自动更正为 0。

程序代码如下所示：

❶　price = float(input('请输入商品价格: '))

```
❷  if price < 0:
❸      price = 0
❹      print(' 输入价格有误, 已更正为 0 元 ')
❺  print(' 商品价格是: {:.2f} 元 '.format(price))
```

当用户输入的价格为 –10.8 元时, 条件表达式 price< 0 为真值 True。因此, ❷ if 语句的代码块 (子句) 被执行。从缩进可以看出, ❸ 和 ❹ 增加缩进对齐, 而 ❺ 减少了缩进与 if 语句对齐。因此, if 语句的代码块是语句 ❸ 和 ❹。价格变量 price 的值会被修改为 0, 并打印出修改信息。if 语句 (即 ❷、❸ 和 ❹ 代码行) 执行完毕后, 接着执行后面的 ❺ 代码行。

```
请输入商品价格: -10.8
输入价格有误, 已更正为 0 元
商品价格是: 0.00 元
```

当用户输入的价格为 10.8 元时, 条件表达式 price < 0 为假值 False, 因此不会执行 if 语句的代码块。而是直接执行 if 语句后面的 ❺ 代码行。

```
请输入商品价格: 10.8
商品价格是: 10.80 元
```

4.3.2 双分支结构: else 子句

在更多的情况下, 需要根据条件表达式选择执行哪个代码块, 如图 4-2 右图所示。此时, 需要在 if 语句中加上 else 子句, 用来处理条件表达式为 False 时的情况。else 子句需减少缩进, 与对应的 if 对齐, 以表示代码块 statements 1 的结束。else 子句不包含条件, 但必须以冒号 ":" 结尾。

```
if condition:
    statements1
else:
    statements2
```

【例 4-2】身份号码中含有丰富的信息, 其中倒数第 2 位代表性别。倒数第 2 位为奇数代表男性, 偶数代表女性。编写代码, 根据用户输入的身份证号码判定性别。

程序代码如下所示:

```
❶  idCard = input(' 请输入身份证号码: ')
❷  genderFlag = int(idCard[-2])
❸  if genderFlag % 2:
❹      print(" 男 ")
❺  else:
❻      print(" 女 ")
```

以下是程序执行的一部分结果:

```
请输入身份证号码: 520125197907167561
男
```

在 if 语句的首行 ❸ 中, 条件表达式为 genderFlag % 2。当用户输入的身份证号码为 "520125197907167561" 时, genderFlag % 2 的值为整数 0。从表 4-1 可知, 整数 0 会被认作是假值 False。因此会执行 else 所引导的代码块❻。

4.3.3 多分支结构：elif 子句

当有多个条件需要进行判断时，需要用到 elif 子句。elif 可以看作是 else 和 if 的缩写，即"否则如果"。因此紧跟 elif 关键字后面的是条件表达式和冒号"："，当该条件表达式为真值 True 时，执行其所引导的代码块，否则继续后面的 elif 子句的条件判断或者 else 子句所引导的代码块。

```
if condition1:
    statements1
elif condition2:
    statements2
else:
    statements3
```

【例 4-3】输入身份证号码后，为了确保输入的是正确的 18 位号码，需要首先对身份证号码的长度进行判断。

程序代码如下所示：

```
idCard = input('请输入身份证号码：')
if len(idCard) != 18:
    print("身份证号码长度不是 18 位。")
elif int(idCard[16]) % 2:
    print("男")
else:
    print("女")
```

可以在 if 语句中嵌入更多的 elif，以实现更多的条件判断。程序在遇到第一个为真值的条件表达式时，执行其后的代码块，并且忽略后面的 elif 和 else，如果所有条件表达式均为假值，则执行 else 后的代码块。也可以在分支结构中嵌套分支结构来实现同样的功能。此时需要特别注意不同级别代码的缩进量，下面这段代码是对例 4-3 的改写，在 else 子句中嵌套了另外一个双分支结构。

```
idCard = input('请输入身份证号码：')
if len(idCard) != 18:
    print("身份证号码长度不是 18 位。")
else:
    genderFlag = int(idCard[-2])
    if genderFlag % 2:
        print("男")
    else:
        print("女")
```

4.3.4 三元表达式：if/else

对于简单的双分支结构语句，Python 还提供了一个更为简洁的表达形式，即三元表达式，其将 if/else 语句放在一行代码里。语法如下：

```
True_expression if condition else False_expression
```

三元表达式的语法规则为：当条件表达式 condition 的结果为真值 True 时，整个表达式的结果为 if 关键字前的真值表达式 True_expression 的值；当条件表达式 condition 的结果为假值 False 时，整个表达式的结果为 else 关键后的假值表达式 False_expression 的值。如果是把表达式的值赋值给变量 a 的话，三元表达式等价于以下双分支结构语句。

```
if condition:
    a = True_expression
else:
    a = False_expression
```

利用三元表达式，【例 4-2】可以改写成如下形式：

```
❶    idCard = input('请输入身份证号码：')
❷    genderFlag = int(idCard[-2])
❸    gender = "男" if genderFlag % 2 else "女"
❹    print(gender)
```

在代码行❸的三元表达式中，当 genderFlag % 2 的值为 1（被认作是真值 True）时，三元表达式的结果为 if 前面的表达式，即字符串"男"，否则结果为 else 后面的表达式，即字符串"女"。三元表达式的结果最终赋值给变量 gender。

三元表达式简洁地表达了简单的双分支结构，并且可以在一些仅能使用表达式而不是复合语句的地方替代双分支结构语句，例如作为函数的参数。但是，过度地使用三元表达式将降低程序的可读性，特别是在较为复杂的情况下，双分支结构语句会是一种更好的选择。

4.3.5　案例：汇率换算

汇率指的是两种货币之间兑换的比率，也可以看作是一个国家的货币对另一种货币的价值。具体是指某国货币与另外一个国家货币的比率或比价，或者说是用某国货币表示的另外一个国家货币的价格。汇率会因利率、通货膨胀、国家的政治和每个国家的经济等而变动。汇率是由外汇市场决定的。

汇率变动对国家进出口贸易有着直接的调节作用。在一定条件下，通过使本国货币对外贬值，即让汇率下降，会起到促进出口、限制进口的作用；反之，本国货币对外升值，即汇率上升，则起到限制出口、增加进口的作用。

编写程序，根据用户的输入，计算人民币和美元之间的换算金额，实现以下功能：

- 用户输入 ¥ 开头的人民币金额时，输出换算后的美元金额。
- 用户输入 $ 开头的美元金额时，输出换算后的人民币金额。
- 假定 100 美元换算人民币金额为 692.3 元，即美元兑人民币的汇率为 6.923。

程序代码如下所示：

```
❶  exchange_rate = 6.923
❷  amount_str = input(' 请输入兑换金额 ( 美元以 $ 开头，人民币以 ¥ 开头 ):')
❸  if amount_str[0] == '$':
❹      amount = float(amount_str[1:]) * exchange_rate
❺      print('{} 可以兑换人民币 {:.2f} 元 '.format(amount_str,amount))
❻  elif amount_str [0] == '¥':
❼      amount = float(amount_str[1:]) / exchange_rate
❽      print('{} 可以兑换 {:.2f} 美元 '.format(amount_str,amount))
❾  else:
❿      print(' 输入格式错误。')
```

以下是程序执行的结果：

```
请输入兑换金额 ( 美元以 $ 开头，人民币以 ¥ 开头 ):$100
$100 可以兑换人民币 692.30 元
```

以❸为首行的 if 语句对用户输入的字符串首字母进行判断，确保在首字母是"¥"或者"$"的情况下才进行对应转换，否则提示输入格式错误；当❸的条件表达式 amount_str[0] == '$' 为真时，代表用户输入的是美元金额，希望换算为人民币，执行❹❺构成的代码块；在该代码块中利用❹的表达式 float(amount_str[1:]) * exchange_rate，将美元金额换算为人民币金额并在❺打印出来，if 语句结束；如果用户输入的字符串首字母不是"$"，则 if 语句会继续检查后续❻ elif 的条件表达式 amount [0] == '¥'，如果该条件为真，执行❼❽构成的代码块，将人民币换算成美元并打印，if 语句结束；当❸❻的条件表达式都是假时，执行❾ else 引导的代码块❿，打印提示信息，if 语句结束。

4.4 while 循环结构

当希望代码块在满足条件的情况下重复执行时，需要用到循环结构。

Python 中有 while 和 for 两种循环结构，适用于不同场景。当条件表达式为真值时，while 循环将执行其代码块。for 循环将在下一节中介绍。这两种循环结构可以相互替换。

while 循环的一般形式如下。

```
while condition:
    statements
```

while 语句是 Python 中一种通用的循环结构。只要头部行的条件表达式 condition 结果为真值，就会进入循环体，执行代码块 statements，执行完后返回头部行再次计算并判断此时条件表达式的结果。如果结果为真值，再次进入循环体；否则，跳过循环体代码块，执行后续代码。

因此，如果条件表达式开始就是假，循环体中的代码块一次也不会执行；如果条件表达式一直是真，代码块会永远地执行下去，直到用户停止执行为止（又称为永真循环或死循环）。

```
while 1 == 1:
    print(' 一直打印，直到按 Ctrl+c 停止执行。')
```

while 语句看起来和 if 语句类似。不同之处是它们的行为。if 子句结束时，程序继续执行 if 语句之后的语句。但在 while 子句结束时，程序执行跳回 while 语句开始处，重新判断条件是否成立。

【例 4-4】在超市购物结算时，收银员逐一扫描商品上的条码，记录购买的商品和数量，最终累加出总的金额。每个人购买的商品数量不一样，在开始扫码时，收银员也不清楚有多少个商品。因此扫码记录不断地重复，直到按下确认按钮。这就是一个循环的过程，在这种不太确定循环次数的场景中，最好使用 while 循环。

用程序模拟实现这一收银过程的代码如下：

```
❶   total_amt = 0
❷   goods_str = input('请输入商品数量和单价（用逗号隔开，直接回车结束）: ')
❸   while len(goods_str) > 0:
❹       goods_info_list = goods_str.split(',')
❺       total_amt += int(goods_info_list[0]) * float(goods_info_list[1])
❻       goods_str = input('请输入商品数量和单价（用逗号隔开，直接回车结束）: ')
❼   print('需支付金额: {:.2f} 元 '.format(total_amt))
```

以下是程序执行的结果：

```
请输入商品数量和单价（用逗号隔开，直接回车结束）: 10,10.8
请输入商品数量和单价（用逗号隔开，直接回车结束）: 5,6.0
请输入商品数量和单价（用逗号隔开，直接回车结束）: 2,8.5
请输入商品数量和单价（用逗号隔开，直接回车结束）:
需支付金额: 155.00 元
```

在这段代码中，❶初始化了总金额变量 total_amt，❷将收银员输入的第一个商品数量和金额存储到 goods_str 变量中，❸是循环结构语句的首行，通过对 goods_str 的长度进行判断，只有长度大于 0 时才会进入循环体，执行代码块（❹❺❻行）。在循环体中，❹对刚刚输入的商品信息利用逗号进行拆分，存储到 goods_info_list 中，❺将商品数量和单价转换成数字类型并相乘后累加到 total_amt 中，接着❻要求输入新的商品数量和金额，循环体执行结束，回到首行❸进行条件判断。因此，如果收银员在❻直接回车，goods_str 是空字符串，长度为 0，条件表达式 len(goods_str) > 0 结果为假值，就不再进入循环体，而是执行❼，打印出总的支付金额。

4.5　for 循环结构

Python 中的另外一种循环语句是 for 循环结构。通常，for 循环用于遍历序列（字符串、列表和元组等）或任何可迭代对象内的元素，是一个通用的迭代器。

for 循环的一般形式如下。

```
for item in iterable_obj:
    statements
```

其执行过程是：按顺序取出可迭代对象 iterable_obj 中的一个元素，赋值给循环变量 item，然后执行循环体中的代码块 statements；循环体执行结束后，返回到 for 语句的首行，将可迭代对象中的下一个元素赋值给循环变量，继续执行代码块；如此反复执行，直到可迭代对象中的所有元素都被使用一遍，循环结束。这个过程称为遍历。

【例 4-5】几何平均收益率是将各单个期间的收益率相乘，然后开 n 次方。几何平均收益率使用了复利的思想，即考虑了资金的时间价值。这个平均收益指标优于算术平均收益率，因为它引入了复利，即通过对时间进行加权来衡量最初投资价值的复合增值率，从而克服了算术平均收益率有时会出现的上偏倾向。几何平均收益率的计算公式为：

$$\bar{R} = \sqrt[n]{\prod_{i=1}^{n}(1+R_i)} - 1$$

其中，$\bar{R}$ 是几何平均收益率，R_i 是每期收益率。

已知招商银行在 2020 年 7 月 20 日至 2020 年 7 月 24 日的每日涨跌幅（收益率）分别为：1.19%、–0.43%、–0.40%、–0.84% 和 –1.00%。编写程序，计算招商银行这几天的几何平均收益率。

程序代码如下所示：

```
❶  return_list = [0.0119, -0.0043, -0.004, -0.0084, -0.01]
❷  total = 1.0
❸  for r in return_list:
❹      total = total * (1 + r)
❺  return_avg = total ** (1 / len(return_list)) - 1
❻  print('招商银行几何平均收益率为：{:.2%}'.format(return_avg))
```

以下是程序执行的结果：

招商银行几何平均收益率为：–0.30%

在上述代码中，把集合平均收益率的连乘 $\prod_{i=1}^{n}(1+R_i)$ 转换成了❸❹的 for 循环语句，将列表 return_list 中的元素逐一赋值给循环变量 r，并进行累积运算。

在 Python 中，变量可以通过多重赋值的方式进行赋值，这种方式同样可以用在 for 循环的遍历中。

```
stock_list = [['600000','浦发银行'],['600036','招商银行'],
              ['600048','保利地产'],['000001','平安银行']]
for code, name in stock_list:
    print(code, name)
```

以下是程序执行的结果：

```
600000 浦发银行
600036 招商银行
600048 保利地产
000001 平安银行
```

4.6   break、continue 和 else 语句

对于循环语句，还有一个更加完整的表达形式，即可以在循环语句中加入 break、

continue 和 else 语句。

　　while 循环的完整表达形式如下。

```
while condition1:
    statements1
    if condition2:
        break                # 结束循环语句
    if condition3:
        continue             # 结束当前循环，回到首行判断条件表达式 1
    statements2
else:
    statements3              # 如果没有执行 break，则执行
```

for 循环的完整表达形式如下。

```
for item in iterable_obj:
    statements1
    if condition2:
        break                # 结束循环语句
    if condition3:
        continue             # 结束当前循环，回到首行遍历可迭代对象 iterable_obj 中下一个元素
    statements2
else:
    statements3              # 如果没有执行 break，则执行
```

　　从以上形式可以看出，对于 while 和 for 循环语句来说：

- 当循环体中由于条件表达式 condition2 的值为 True 而执行 break 语句时，循环将结束，不再执行循环体中剩余的语句，直接跳出当前循环继续执行后面的语句。
- 当循环体中由于条件表达式 condition3 的值为 True 而执行 continue 语句时，本次循环将结束，不再执行循环体中剩余的语句，而是直接回到首行，判断是否需要再次执行循环体。
- 当循环结束后，如果循环语句运行过程中没有执行 break 语句（while 循环是由于条件表达式 condition1 为 False 而结束的，for 循环是由于可迭代对象中没有下一个元素而结束的，即循环正常结束），则执行 else 子句所引导的代码块 statements3。

　　【例 4-6】股票代码和名称按照相同的顺序分别存储在两个元组中。编写程序，根据输入的股票代码找出股票名称。如果直接回车（输入空字符串），则结束程序。

　　程序代码如下所示：

```
❶  stock_code = ('600000', '600036', '600048', '000001')
❷  stock_name = ('浦发银行', '招商银行', '保利地产', '平安银行')
❸  while True:
❹      search_code = input('请输入股票代码: ')
❺      if len(search_code) == 0:
❻          break
❼      if search_code not in stock_code:
❽          print('代码没有在股票池中。')
❾          continue
❿      print('{} 的股票名称是: {}'.format(search_code,
                          stock_name[stock_code.index(search_code)]))
```

以下是程序执行的结果：

```
请输入股票代码：600108
代码没有在股票池中。
请输入股票代码：600000
600000 的股票名称是：浦发银行
请输入股票代码：
```

在这个例子中，❶❷利用两个元组按顺序存储了对应的股票代码和名称信息；❸是 while 循环语句的首行，由于条件表达式为 True，该类循环又称为永真循环。对于这类循环，需要在循环体中使用 break 语句强制结束，否则循环将一直执行；❺的 if 分支语句对输入的股票代码长度进行判断，条件表达式 len(search_code) == 0 在 search_code 为空字符串时结果为 True，执行❻，即 break 语句，整个循环将结束；❼的 if 分支语句在 stock_code 元组中查找输入的股票代码，当没有找到时，search_code not in stock_code 为 True，执行❽❾代码块，continue 语句使得循环体中后续语句❿不执行，而是回到首行❸判断条件表达式，从而开始一轮新的循环；当❼在 stock_code 中找到输入的股票代码时，跳过❽❾代码块，执行❿，根据 index 方法返回的序号获得股票名称并打印。

在有些场景中，需要根据循环结束的原因（正常结束还是因为执行 break 而结束）做出不同的操作。在其他程序设计语言中，通常使用一个标记变量来实现。在 Python 循环中加入 else 子句，使得程序编写更加方便。

【例 4-7】素数，又称为质数，指的是除了 1 和它本身外，不能被任何整数整除的数，例如 5 就是素数。编写程序，找出 50 以内的素数。

程序代码如下所示：

```
❶    result = []
❷    for i in range(2,51):
❸        for j in range(2, i):
❹            if i % j == 0:
❺                break
❻        else:
❼            result.append(i)
❽    print(result)
```

以下是程序执行的结果：

```
[2, 3, 5, 7, 11, 13, 17, 19, 23, 29, 31, 37, 41, 43, 47]
```

根据素数的定义和题目要求，需要对序列 2 ~ 50 的所有整数进行判断该数是不是素数，因此❷的 for 循环对 range(2,51) 所产生的 2 ~ 50 的整数序列进行了遍历；在循环体中嵌套了子循环，即❸至❼，这是因为对于每一个需要判断的整数 i，都要检查从 2 开始，至该整数 i 之前的所有数是否可以被 i 整除，只要找到一个数可以被 i 整除，则整数 i 不是素数，无须继续后面的判断，使用❺ break 终止❸所引导的内部循环；因此，break 没有执行的原因只有一个：2 至 i–1 中没有找到整数可以被 i 整除，即 i 是素数；此时❸所引导内部循环的❻ else 子句的代码块❼将被执行，将 i 添加到结果列表 result 中。

注意

for 循环语句和 if 语句都可以有 else 子句。因此，判断 else 子句是哪个语句的子句，需要看 else 子句与哪条语句的首行缩进对齐。例如在【例 4-7】中，❻与内循环首行❸的 for 对齐，而不是与❹的 if 对齐，因此，❻的 else 是❸所引导的循环语句的子句。

从例 4-7 可以看出，当存在循环嵌套时，break 语句仅会跳出最近所在的循环。同样地，continue 语句也是跳到最近所在循环的首行。

4.7 循环的应用

4.7.1 使用 range 函数遍历

还有一种遍历方式是利用序号（偏移量），此时需要将包含列表序号的可迭代对象放在 for 循环首行的 in 关键字后面，通常利用 range 函数来实现。

range 函数会得到一个按需产生整数元素的可迭代对象，其语法结构有两种形式：

❶ `range(stop)`
❷ `range(start, stop, [step])`

其中，❶只有一个参数，会产生一个从 0 开始，到 stop 之前（即 stop−1）结束的可迭代对象；❷可以有两到三个参数，start 设置开始的值，stop 设置截止的值（不包括 stop），第三个参数 step 是可选的，设置的是步长（默认步长是 1）：

```
>>> range(5)
range(0, 5)
>>> list(range(5))
[0, 1, 2, 3, 4]
>>> list(range(1,10,2))
[1, 3, 5, 7, 9]
```

因此，利用 range 函数，可以把【例 4-5】改写为：

```
return_list = [0.0119, -0.0043, -0.004, -0.0084, -0.01]
total = 1.0
for i in range(0, 5):
    total = total * (1 + return_list[i])
return_avg = total ** (1 / len(return_list)) - 1
print(' 招商银行几何平均收益率为: {:.2%}'.format(return_avg))
```

4.7.2 列表推导式

Python 中隐含了许多的彩蛋。著名的"Python 之禅"中提到：Simple is better than complex，也就是说 Python 代码崇尚的是简洁胜于复杂，优美的代码应当是简洁的，不要有复杂的内部实现。这一理念在 Python 语言设计之初就深入骨髓。

推导式是从可迭代对象中快速简洁地创建数据类型的一种方法。它使得你用优美简短的代码就能实现循环甚至条件判断。使用推导式的代码被认为更像 Python 代码，或者说这样的代码更 Pythonic。

利用推导式可以得到列表、字典、集合以及生成器。这一节将重点介绍列表推导式，其他类型推导式将在后续章节介绍。

列表推导式会产生一个新的列表，其语法形式如下所示：

```
[expr for item in iterable_obj]
```

其中，for 关键字前的 expr 是一个表达式，是对每一个 item 需要做的操作，expr 的结果构成新列表的一个元素；for 和 in 关键字构成一个循环，将可迭代对象 iterable_obj 中的每一元素赋值给 item 变量。

【例 4-8】用户输入或者从文件读取的数据通常都是字符串类型，如果需要进行数学运算，需要将字符串转换为数字类型后再运算。编写程序，将输入的销售数量进行累加。

程序代码如下所示：

```
❶   amt_str = input('请输入销售数量（用逗号隔开）: ')
❷   amt_str_list = amt_str.split(',')
❸   amt_int_list = [int(amt) for amt in amt_str_list]
❹   print('总销售数量为: {} 件'.format(sum(amt_int_list)))
```

以下是程序执行的结果：

```
请输入销售数量（用逗号隔开）: 8,20,20,60
总销售数量为: 108 件
```

代码中❷所得到的是一个由数字字符串构成的列表；❸利用列表推导式，将 amt_str_list 中的每个元素（字符串）取出赋值给 amt 变量后，由表达式 int(amt) 将字符串转换为整数，构成新列表的一个元素。因此，amt_int_list 中的元素是 amt_str_list 列表中对应字符串的整数值。

列表推导式也可以加上 if 关键字，对原可迭代对象中的元素进行判断，符合条件的元素在使用 expr 表达式运算后加入新列表中：

```
[expr for item in iterable_obj if condition]
```

对于例 4-8 来说，为了防止输入的销售数量是负数，可以对代码进行以下改造：

```
❶   amt_str = input('请输入销售数量（用逗号隔开）: ')
❷   amt_str_list = amt_str.split(',')
❸   amt_int_list = [int(amt) for amt in amt_str_list if '-' not in amt]
❹   print('总销售数量为: {} 件'.format(sum(amt_int_list)))
```

以下是程序执行的结果：

```
请输入销售数量（用逗号隔开）: 8,10,-20,30,60
总销售数量为: 108 件
```

从运行结果可以看出，虽然在输入过程中误输入了 –20，但是最终结果计算时未

把 -20 计算进来，结果为 8 + 10 + 30 + 60，即 108 件。这是因为在❸的列表推导式中，对 amt 进行了判断，只有当负号"-"不在 amt 字符串中时，才会使用 int(amt) 表达式运算并构成新列表的一个元素，而"-20"这个字符串明显不符合这个条件。实际上，❸的代码可以等价为以下代码：

```
amt_int_list = []
for amt in amt_str_list:
    if '-' not in amt:
        amt_int_list.append(int(amt))
```

使用列表推导式的一行代码，代替了这四行代码，使得代码更加简洁。当然，列表推导式还能实现更加复杂的结构，例如嵌套循环。但是，这种简洁的代价就是使得代码的可读性严重下降。因此，当有循环嵌套或者循环体本身比较复杂时，不建议使用列表推导式，使用循环语句使得代码逻辑更加清晰，便于理解。

4.7.3 并列遍历：zip 函数

在获取数据时，有时可能会分开获取，将数据存储在不同的列表或元组中，例如将股票代码、名称和收盘价分别存储在三个不同的列表。不同列表中相同序号对应的元素又是相关的，例如同一只股票的信息。这样当我们展示或者处理数据时，就需要使用同一个序号，在三个不同的列表中获取元素。

Python 中提供了一个非常有用的函数：zip 函数。这个函数可以将这些序列并排的元素配对成元组后，组成一个新的可迭代对象。其语法格式如下：

```
zip(*iterables)
```

参数 iterables 是多个序列，星号"*"代表 iterables 可以收集任意数量的序列，关于星号的使用，将在后续章节详细讲述。例如，下面的代码就是将两个元组和一个列表中对应的元素配成元组后，构成新的可迭代对象。在 for 循环中每次将一个元素（一只股票的代码、名称和收盘价构成的元组）赋值给变量 item：

```
stock_code = ('600000', '600036', '600048', '000001')
stock_name = ('浦发银行', '招商银行', '保利地产', '平安银行')
close_price = [11.54, 36.84, 16.61, 14.49]
for item in zip(stock_code, stock_name, close_price):
    print('{1}的代码是: {0}, 收盘价: {2:.2f}元'.format(item[0], item[1], item[2]))
```

以下是程序执行的结果：

```
浦发银行的代码是: 600000, 收盘价: 11.54元
招商银行的代码是: 600036, 收盘价: 36.84元
保利地产的代码是: 600048, 收盘价: 16.61元
平安银行的代码是: 000001, 收盘价: 14.49元
```

当各个参数长度不一致时，zip 函数会以最短序列的长度为准。

4.7.4 简单循环的替身：map 函数

在利用程序处理数据、解决问题时，经常需要对序列中的每个元素做一个相同的操作，并且把其结果收集起来。

例如，例 4-8 中❸的列表推导式，就对 amt_str_list 列表中的每个元素都应用了 int 函数进行转换。

在 Python 中，可以利用 map 函数简化这类代码。其语法格式如下：

```
map(func, *iterables)
```

map 函数有两个参数，func 是一个函数，也就是对序列中元素进行的操作。例如，例 4-8 的代码可以进行如下改写：

```
❶  amt_str = input('请输入销售数量（用逗号隔开）: ')
❷  amt_str_list = amt_str.split(',')
❸  amt_int_map_obj = map(int, amt_str_list)
❹  print('总销售数量为: {} 件'.format(sum(amt_int_map_obj)))
```

在以上代码的第❸行中，将 int 函数应用在 amt_str_list 每个元素中，会得到对应的整数值，构成可迭代对象中的一个元素。需要特别说明的是，map 所返回的是一个可迭代的 map 对象，而不是列表。如果希望得到一个列表，需要使用 list 函数，例如：

```
>>> map(abs,[10,-20,8,-9])
<map object at 0x7f9270114250>
>>> list(map(abs,[10,-20,8,-9]))
[10, 20, 8, 9]
```

4.7.5 序号和元素都需要时应用 enumerate 函数

在使用循环时，我们可以通过 range 函数生成序号，然后通过序号取得可迭代对象中的每个元素。有时，我们序号和元素都需要，例如一个排序后的商品销售列表，需要打印商品名称和排名。在 Python 中，通过 enumerate 函数可以将代码写得更加简洁。

enumerate 函数的语法格式如下：

```
enumerate(iterable, start=0)
```

enumerate 函数会产生一个可迭代对象，对象中的每个元素是由 iterable 中元素的序号和元素值构成的元组。这样，利用 for 循环遍历 enumerate 函数的结果时，就可以同时得到序号和元素了。

```
goods_list = [['华为笔记本', 1000], ['联想笔记本', 800], ['苹果笔记本', 600]]
for idx, goods in enumerate(goods_list):
    print('第 {} 名 {} 销量:{} 台'.format(idx + 1, goods[0], goods[1]))
```

以下是程序执行的结果：

```
第 1 名华为笔记本销量:1000 台
第 2 名联想笔记本销量:800 台
第 3 名苹果笔记本销量:600 台
```

由于序号 idx 的值是从 0 开始的，所以，作为排名打印时使用的是 idx+1。这是因为 enumerate 函数的第 2 个参数 start 的默认值为 0，如果设置为 1，这样元组中的序号就从 1 开始了。

```
list(enumerate(goods_list, start=1))
```

以下是程序执行的结果：

```
[(1, [' 华为笔记本 ', 1000]), (2, [' 联想笔记本 ', 800]), (3, [' 苹果笔记本 ', 600])]
```

提示

　　函数的参数默认值指的是在定义函数时指定的值，如果调用函数时没有给出该参数的值，则使用该默认值作为参数的值。关于这一点，将在后续函数章节中详细讲述。

4.8　案例：等额本金还款

贷款的还款方式分为等额本息还款和等额本金还款。等额本息还款是指借款人每月以相等的金额偿还贷款本息。等额本金还款是在还款期内把贷款数总额等分，每月偿还同等数额的本金和剩余贷款在该月所产生的利息，这样由于每月的还款本金额固定，而利息越来越少，借款人起初还款压力较大，但是随时间的推移每月还款数越来越少。

等额本息还款所还的利息高，但前期还款压力不大，适合一般的工薪族。等额本金还款所还的利息低，但前期还款压力大，适合经济收入较好的家庭。

编写程序，根据用户输入的贷款金额和贷款期限，假设年利率为 4.35%，利用等额本金还款方式，计算每个月的还款金额（包含的本金、利息）及剩余金额。

程序代码如下所示：

```
❶  loan_amt = float(input(' 请输入贷款金额 :'))
❷  loan_month = int(input(' 请输入贷款期限（月）:'))
❸  month_rate = 0.0435 / 12
❹  repaid_amt = 0
❺  loan_amt_per_month = loan_amt / loan_month
❻  for i in range(1, loan_month + 1):
❼      interest_amt = (loan_amt - repaid_amt) * month_rate
❽      amt_for_month = loan_amt_per_month + interest_amt
❾      repaid_amt = repaid_amt + loan_amt_per_month
❿      print(' 第 {} 个月须还 :{:.2f}, 其中本金 {:.2f}, 利息 {:.2f}。本金余额 :{:.2f}'.format(
        i,amt_for_month,loan_amt_per_month,interest_amt,loan_amt - repaid_amt))
```

以下是程序部分执行的结果：

```
请输入贷款金额 :1000000
请输入贷款期限（月）:360
第 1 个月须还 :6402.78, 其中本金 2777.78, 利息 3625.00。本金余额 :997222.22
第 2 个月须还 :6392.71, 其中本金 2777.78, 利息 3614.93。本金余额 :994444.44
```

......
第 359 个月须还 :2797.92, 其中本金 2777.78, 利息 20.14。本金余额 :2777.78
第 360 个月须还 :2787.85, 其中本金 2777.78, 利息 10.07。本金余额 :0.00

由于给出的年利率为 4.35%，计算时是按月来算利息，因此❸将利息转换为月利息；每个月还款的本金累加到 repaid_amt 变量中，❹初始化为 0；由于是等额本金还款方式，因此❺根据贷款金额和贷款期限计算出每个月应还的本金金额；❻ for 循环语句计算从第 1 个月到 loan_month 个月每个月的贷款还款情况；在 for 循环的代码块中，❼计算的是当前月份的利息，即等于总贷款金额 loan_amt 减去已还款金额 repaid_amt 后乘以月利率 month_rate；所以❽计算的当前月份应还款金额应该等于每个月还的等额本金 loan_amt_per_month 加上当月利息 interest_amt；❾非常重要，将当前月份还的本金累加到 repaid_amt 中去，这样下个月计算时本金就会减少。

● 引导案例解析 ●—○—●—●—○

根据对引导案例的分析，结合本章的学习，利用 while 循环结构和 if 分支结构对第 3 章引导案例改进，使得程序支持任意项明细情况的输入。

程序代码如下：

```
    name_list = []
    amount_list = []
    print('请输入学习用品支出情况，名称和金额用逗号分隔，直接回车结束输入。')
    print('-' * 65)
❶  i = 1
❷  while True:
❸      tmp_str = input('第 {} 项: '.format(i))
❹      if len(tmp_str) == 0:
❺          break
❻      name, amount = tmp_str.split(',')
❼      name_list.append(name)
❽      amount_list.append(float(amount))
❾      i += 1
    print('-' * 65)
    search_name = input('请输入需要查询的学习用品种类名称: ')
    search_idx = name_list.index(search_name)
    total_amount = sum(amount_list)
    search_amount = amount_list[search_idx]
    print('-' * 65)
    print('学习用品中 {} 支出了 {:.2f} 元，占比: {:.2%}'.format(search_name,
                        search_amount, search_amount / total_amount))
```

以下是程序执行的结果：

请输入学习用品支出情况，名称和金额用逗号分隔，直接回车结束输入。

第 1 项 (名称和金额用逗号分割): 参考书籍 ,210
第 2 项 (名称和金额用逗号分割): 打印资料 ,200
第 3 项 (名称和金额用逗号分割): 文具 ,150
第 4 项 (名称和金额用逗号分割): 电子资料 ,120
第 5 项 (名称和金额用逗号分割): 教材 ,30
第 6 项 (名称和金额用逗号分割):

```
请输入需要查询的学习用品种类名称：电子资料
---------------------------------------------------------------
学习用品中电子资料支出了 120.00 元，占比：16.90%
```

这段代码是对第 3 章中引导案例解析代码的改进，在这里仅对改进部分进行解释，其他部分请参考 3.5 节。

在这段代码中，标号为❶的代码行创建的整数变量 i 用于记录当前输入的序号；由于输入的项目数量不确定，因此标号为❷的代码行中使用 while 循环结构，其循环条件为布尔值 True，表示这是一个"永真循环"，对于这种循环，需要在循环体中有相应的退出机制，否则将无法退出该循环；标号为❸的代码行得到输入的支出名称和金额；标号为❹的代码行对输入的字符串长度进行判断，如果直接回车，则 tmp_str 字符串长度为 0，表示输入结束，通过标号为❺的代码行 break 语句退出循环；标号为❻的代码行通过逗号分隔后得到名称和金额的列表，并利用多重赋值方法分别将名称和金额赋值给 name 和 amount 变量；第❼行代码分别将名称添加到 name_list 列表中；❽将输入的字符串类型 amount 转换为浮点类型后添加到 amount_list 列表中。

● 小 结 ●━━○━━●━━○━━●

本章首先介绍了利用缩进表示 Python 中复合语句中的代码块，这种方式使得代码更加整洁易读。接着对 if 分支结构进行了深入介绍，涉及单分支语句，else 子句的双分支语句和 elif 子句的多分支语句，以及简单双分支结构更加简洁的表示形式：三元表达式 if/else。随后深入探索了 Python 的循环语句 while 和 for，针对这两个语句的语法和特点进行了介绍，并对终止循环的 break 语句、结束本次循环的 continue 语句和循环正常结束时使用的 else 子句进行了讲解。最后介绍了几个循环中常见的应用，包括 range 函数、列表推导式、zip 函数、map 函数和 enumerate 函数。

● 练 习 ●━━○━━●━━○━━●

1. Python 中的复合语句使用什么方式标记代码块？

2. 在循环结构中，while 和 for 循环有什么区别？

3. break 和 continue 语句有什么区别？

4. 在分支语句和循环语句中都可以使用 else 子句，它们分别在什么情况下执行？

5. 描述一下函数 range、zip、map 和 enumerate 的作用。

6. 在日常生活中，经常需要将成绩的百分制形式转换为等级制。编写程序，完成该转换。对应关系如表 4-2 所示。

表 4-2 成绩等级关系表

等级	成绩（百分制）
优秀	>=85
良好	75 ～ 84
及格	60 ～ 74
不及格	<60

7. 在数学中，斐波那契数列是一个著名的数列。该数列的生成规则是：数列第一个和第二个数为 1，其他每个数都是它前面两个数之和。因此，该数列前几个数是 1、1、2、3、5、8、13。编写程序，用户输入整数 n 的值，打印出不大于 n 的所有斐波那契数。

8. 用户输入一组数字，数字直接用逗号隔开，如果用户输入为空，提示错误信息，否则输出这组数字中的最大值。

9. 在 Python 中，random 模块用于生成随机数。其中的函数 randint(a,b) 用于生成一个指定范围内的整数，其中参数 a 是上限，b 是下限。编写程序，随机生成一个包含 20 个整数的列表，元素为 1 ～ 50 的数。将偶数位的数字降序排列，奇数位的数字升序排列。

第 5 章 ●—○—●—○—●

字典和集合

- 掌握字典类型的基本概念和操作
- 熟悉字典类型的常用方法
- 掌握集合类型的基本概念和操作
- 熟悉集合类型的常用方法
- 灵活运用字典和集合类型解决实际问题

引导案例 ●—○—●—○—●

　　目前在记录学习用品支出情况时，使用了两个列表进行记录。这就要求两个列表中存储的顺序是一致的。如果顺序错乱，得到的结果将是错误的。联想到平时查询英汉字典时，通过一个英文单词，就可以得到对应的中文解释。也就是说在字典中，英文单词及其中文解释是一一对应的配对关系，不用担心位置错乱带来的麻烦。小明非常好奇，在Python 程序中能否利用类似英汉字典这种结构来记录学习用品的支出情况？这样存储和查询时将更加方便，效率更高。

　　另外，在使用第 4 章引导案例解析给出的程序时，小明必须先把该月的明细进行加总后再输入，这样非常不方便。小明希望能直接输入每次的支出名称和金额，并将对于相同名称的支出金额进行累加。

　　通过以上描述可知，小明希望通过改用新的组合数据类型来存储学习用品支出明细，以方便存储和查询。同时，小明还需要改进输入方式，让程序可以自动将同一类别的支出累加起来。

　　通过对本章的学习，你需要编写程序帮助小明改进他的程序。

学习了整型、浮点型、布尔型、字符串、列表和元组等数据类型以及分支和循环结构后，我们已经能通过程序解决大部分问题了。然而，有些问题虽然使用列表或元组能解决，效率却不高。在有些情况下，我们需要使用其他的数据类型来提高处理效率。

本章将探索 Python 中另外两种重要的内置数据类型：字典和集合。

5.1　字典及基本操作

使用列表存储的数据，可以通过序号这样的数字索引来获取其中的数据。例如，可以使用两个列表来存储股票代码和收盘价：

```
>>> stock_code = ['600000', '600036', '600048', '000001']
>>> close_price = [11.54, 36.84, 16.61, 14.49]
```

当需要查看代码为 600036 的收盘价时，首先需要在 stock_code 列表中查找到 600036 的索引序号 1，然后通过 close_price[1] 来获取收盘价。这样做比较麻烦，并且在最坏的情况下，需要遍历整个 stock_code 列表后才能得到这个索引序号（例如需要查找的股票代码是最后一个）。

```
>>> close_price[stock_code.index('600036')]
36.84
```

当股票数量较多时，这并不是一种最优的解决方案。在这种情况下，顺序并不是那么重要，更重要的是两个列表记录的股票代码和收盘价是一一对应的。此时，我们会想到常用的英汉字典。在查询单词"python"时，不需要从头开始查看每个单词，只需要按照特定规则直接定位到"python"即可。为什么不使用更有意义的股票代码作为索引呢？这样就可以直接通过股票代码来查找收盘价。在 Python 中，字典就是这样一种数据类型。通过特定的键（key），查找对应的值（value）。键和值之间是一一对应的映射关系。字典是 Python 中唯一内置的、核心的映射类型。

Python 中与列表使用一对中括号"[ ]"来标识不同，字典通过一对花括号"{ }"来标识。字典与列表、元组不同，其每个元素由键和值两个部分构成，键和值之间用冒号":"隔开。不同键值对使用逗号隔开。

```
{<键 1>:<值 1>, <键 2>:<值 2>, …, <键 n>:<值 n>}
```

使用字典，可以方便地存储股票的代码和收盘价，并维护它们之间的映射关系：

```
>>> stock_dic = {'600000':11.54, '600036':36.84, '600048':16.61, '000001':14.73}
```

相对于列表和元组，字典有以下一些属性：

● 字典是无序的。

与列表和元组不一样，字典中的元素没有特定的顺序。元素是随机排列的，以便实现快速查找。

- 字典是可变的。

字典本身是可变的，可以添加和删除键值对，也可以在原位置上修改键的值。

- 字典的键必须是不可变类型。

为了实现根据键快速查找，Python 中的字典要求键必须可以被哈希（可以看作是字典为了查找而制定的内部规则，就像英汉字典按照字母顺序排列一样）。而只有不可变的布尔型、整型、浮点型、元组和字符串才能被哈希。因此，字典的键必须是这些不可变类型。而字典的值可以是任意类型。

- 字典的键不能重复。

字典的键必须保证互不相同。一个字典的键不能映射两个值。但是，不同的键映射的值可以是相同的。

- 通过键而不是索引序号来获取值。

与列表和元组通过索引序号获取元素不一样，字典通过键来获取值。不能指定获取某个键值对，只能通过特定的键来获取值。

```
>>> stock_dic['600036']
36.84
```

哈希算法

哈希算法可以将一个数据转换为一个标志，这个标志和源数据的每一个字节都有十分紧密的关系。该算法还具有一个特点，就是很难找到逆向规律。使用哈希算法可以提高存储空间的利用率，提高数据的查询效率，也可以做数字签名来保障数据传递的安全性。

Python 中的内置函数 hash 可以得到对象的哈希值，例如 hash('600036') 得到的哈希值是 –8 251 364 782 140 656 240、hash((108,109)) 得到的哈希值是 3 712 972 296 606 303 656。但是，由于列表是可变的，取列表的哈希值时，会触发 TypeError 的异常。

5.1.1 创建字典

字典可以通过一对花括号"{}"或者 dict 函数来创建。

使用花括号创建字典的方法是：将字典的每个键和对应的值之间用冒号"："隔开，每个键值对之间用逗号"，"隔开，整个字典用一对花括号括起来，也可以直接使用一对花括号创建一个空字典。

```
>>> stock_dic = {'600000':'浦发银行','600036':'招商银行',
                 '600048':'保利地产','000001':'平安银行'}
>>> stock_dic
{'600000': '浦发银行', '600036': '招商银行', '600048': '保利地产', '000001': '平安银行'}
>>> empty_dic = {}
>>> empty_dic
{}
```

使用 dict 函数创建字典时，可以将由键值元组构成的序列作为参数。

```
>>> stock_dic = dict([('600000', '浦发银行'), ('600036', '招商银行'),
                      ('600048', '保利地产'), ('000001', '平安银行')])
>>> stock_dic
{'600000': '浦发银行', '600036': '招商银行', '600048': '保利地产', '000001': '平安银行'}
>>> empty_dic = dict()
>>> empty_dic
{}
```

5.1.2　访问字典的值

字典最主要的用法是查找与特定键相对应的值，可通过索引符号来实现。一般来说，字典中键值对的访问模式如下，采用中括号格式。

< 变量 > = < 字典变量 >[< 键 >]

通过键来获取值时，键必须是存在的，否则将触发 KeyError 的异常。这很像列表和元组中的"越界"IndexError 的异常信息。

```
>>> stock_dic['600036']
'招商银行'
>>> stock_dic['600108']
Traceback (most recent call last):
    File "<pyshell#37>", line 1, in <module>
    stock_dic['600108']
    KeyError: '600108'
```

由于字典是无序的，因此不能像列表那样切片。

```
>>> stock_dic['600000':'600048']
Traceback (most recent call last):
    File "<pyshell#38>", line 1, in <module>
    stock_dic['600000':'600048']
    TypeError: unhashable type: 'slice'
```

5.1.3　修改字典的值

当键存在时，可以通过类似列表元素赋值的方式，给字典的键赋值来修改键所对应的值。

```
>>> stock_dic['600000'] = '上海浦发银行'
>>> stock_dic
{'600000': '上海浦发银行', '600036': '招商银行', '600048': '保利地产', '000001': '平安银行'}
```

5.1.4　添加键值对

当键不存在时，也可以为它赋值，这样 Python 会自动为该字典添加新的键值对。字典的这种修改和添加方式，保证了在字典中不会存在重复的键。

```
>>> stock_dic['000063'] = '中兴通讯'
>>> stock_dic
```

```
{'600000': '上海浦发银行', '600036': '招商银行', '600048': '保利地产', '000001':
'平安银行', '000063': '中兴通讯'}
```

5.1.5 删除键值对

通过 Python 的内置函数"del"可以删除字典中的键值对。在删除时应给出需要删除的键，如果只给出字典变量本身，则会删除整个字典变量。

```
>>> del stock_dic['600000']
>>> stock_dic
{'600036': '招商银行', '600048': '保利地产', '000001': '平安银行', '000063': '中兴通讯'}
>>> del stock_dic
>>> stock_dic
Traceback (most recent call last):
    File "<pyshell#46>", line 1, in <module>
    stock_dic
    NameError: name 'stock_dic' is not defined
```

5.2 字典的常用方法

字典有些操作和序列类型相似。例如，可以通过 len() 函数获取字典的长度，即键值对的个数，也可以通过 in 来判断键是否在字典当中，还可以通过 copy() 方法进行复制。除此之外，字典还有多种特定的方法，如表 5-1 所示。

表 5-1 字典的常用方法

方法	描述
d.keys()	返回包含所有键的可迭代对象
d.values()	返回包含所有值的可迭代对象
d.items()	返回包含所有键值对构成元组的可迭代对象
d.get()	键存在则返回对应值，否则返回默认值
d.setdefault()	键存在则返回对应值，否则添加键值对，并返回值
d.pop()	键存在则返回对应值，并删除键值对，否则返回默认值
d.popitem()	以元组 (key,value) 形式随机返回并删除键值对
d.clear()	删除所有键值对

5.2.1 keys()、values() 和 items() 方法

keys()、values() 和 items() 这三个方法返回类似列表的值，分别对应字典的键、值和键值对。这些方法返回的值不是真正的列表，它们不能被修改，因此没有 append() 等列表方法。但这些数据类型（dict_keys、dict_values 和 dict_items）是可迭代的，因此可以用于 for 循环。

```
>>> stock_dic = {'600000': '浦发银行', '600036': '招商银行',
```

```
'600048': '保利地产', '000001': '平安银行'}
>>> stock_dic.keys()
dict_keys(['600000', '600036', '600048', '000001'])
>>> stock_dic.values()
dict_values(['浦发银行', '招商银行', '保利地产', '平安银行'])
>>> for k, v in stock_dic.items():
        print('{}的代码是{}'.format(v, k))
浦发银行的代码是 600000
招商银行的代码是 600036
保利地产的代码是 600048
平安银行的代码是 000001
```

在对字典的键进行遍历时，使用 " for k in stock_dic" 和 " for k in stock_dic.keys()" 是一样的，通常会使用更简洁的前者。

5.2.2　避免键不存在错误的方法 get() 和 setdefault()

在字典中访问不存在的键，会触发 KeyError 的异常错误。因此，在访问一个键的值之前，需要检查该键是否存在于字典中，这样做很麻烦。

```
>>> if '600036' in stock_dic:
        print(stock_dic['600036'])
招商银行
```

字典的 get() 方法可以让我们放心地通过键取值，而不用 if 语句进行判断。

```
get(key, default=None)
```

该方法有两个参数：要取得其值的键，以及该键不存在时返回的备用值。

```
>>> stock_dic = {'600000': 11.54,  '600036': 36.84, '600048': 16.61, '000001': 14.73}
>>> stock_dic.get('600036', 0)
36.84
>>> stock_dic.get('600108', 0)
0
>>> stock_dic
{'600000': 11.54, '600036': 36.84, '600048': 16.61, '000001': 14.73}
```

还有一个类似的方法 setdefault()，该方法也可以根据键取值。不同的是，如果键不存在，这个键值对会被添加到字典中。

```
setdefault(key, default=None)
```

方法 setdefault() 常常用于为字典中不存在的键设置默认值。该方法的第一个参数是要检查的键，第二个参数是该键不存在时需要设置的值。该方法最终会把键对应的值返回。

```
>>> stock_dic.setdefault('600036', 0)
36.84
>>> stock_dic
{'600000': 11.54, '600036': 36.84, '600048': 16.61, '000001': 14.73}
>>> stock_dic.setdefault('600108', 0)
0
>>> stock_dic
{'600000': 11.54, '600036': 36.84, '600048': 16.61, '000001': 14.73, '600108': 0}
```

5.2.3　pop()、popitem() 和 clear() 方法

字典的 pop() 方法用于通过键获取值，同时删除键值对。

```
pop(k[,v])
```

该方法返回 k 对应的值。如果 k 不存在，则返回第二个参数 v。如果没有设置第二个参数，则触发 KeyError 的异常错误。

```
>>> stock_dic
{'600000': 11.54, '600036': 36.84, '600048': 16.61, '000001': 14.73}
>>> stock_dic.pop('600036')
36.84
>>> stock_dic
{'600000': 11.54, '600048': 16.61, '000001': 14.73}
```

字典的 popitem() 方法获取的是键值对。由于字典是无序的，因此不能指定获取哪个键值对，popitem 会随机返回并删除一个键值对。

```
>>> stock_dic.popitem()
('000001', 14.73)
>>> stock_dic
{'600000': 11.54, '600048': 16.61}
```

字典的 clear() 方法用于清除字典中所有的键值对。与前面两种方法不同的是，clear() 方法不会返回值。

```
>>> stock_dic.clear()
>>> stock_dic
{}
```

5.2.4　字典的格式化字符串

在第 2 章中我们看到，可以通过参数的顺序号来指定模板字符串占位符中所使用的值。如果数据存储在字典中，也可以通过字典的键来指定占位符替换的值。这种方式更加清晰。

```
>>> stock_info = {'code':'600000','name':' 浦发银行 ','price':11.54}
>>> print('{name} 的代码是 {code}, 收盘价为 :{price:.2f}'.format(**stock_info))
浦发银行的代码是 600000, 收盘价为 :11.54
```

在模板字符串中使用了字典的键：name、code 和 price。在生成的字符串中，利用字典 stock_info 对应的值替换了相应键的占位符。在这里，参数 stock_info 前面的两个星号 "**" 代表对参数进行解包。关于参数解包的内容将在后续函数章节中详细描述。

5.2.5　字典嵌套

字典的值可以是任意类型。因此，可以在字典的值中嵌套列表、元组或者字典。

```
>>> stock_info = {'600000':{'name':' 浦发银行 ','price':11.54},
                  '600036':{'name':' 招商银行 ','price':36.84}}
```

```
>>> stock_info['600036']['name']
'招商银行'
```

代码中首先通过键"600036"获取包含名称和价格的字典，然后通过"name"获取字典中股票的名称。

5.2.6　字典推导式

将两个列表生成字典，可以使用 dict 和 zip 函数结合。

```
>>> stock_code = ['600000', '600036', '600048', '000001']
>>> close_price = [11.54, 36.84, 16.61, 14.49]
>>> stock_dic = dict(zip(stock_code, close_price))
>>> stock_dic
{'600000': 11.54, '600036': 36.84, '600048': 16.61, '000001': 14.49}
```

与列表类似，字典也可以使用推导式来生成。字典推导式利用每次迭代收集表达式的键和值结果，并将该键值对添加到新的字典中。语法形式如下：

```
{ key_expression : value_expression for expression in iterable }
```

其语法与列表推导式类似，不同的是在表达式处使用的是键值对，并且使用字典的标识符花括号"{}"而不是列表的方括号"[]"。

```
>>> stock_dic = {code: price for code, price in zip(stock_code, close_price)}
>>> stock_dic
{'600000': 11.54, '600036': 36.84, '600048': 16.61, '000001': 14.49}
```

字典推导式也可以加上 if 语句进行数据的过滤。

```
{ key_expression : value_expression for expression in iterable if condition}
```

例如，生成仅包含沪市 A 股股票数据的字典，即股票代码以"60"开头。

```
>>> stock_dic = {code: price for code, price in zip(stock_code, close_price)
                          if code.startswith('60')}
>>> stock_dic
{'600000': 11.54, '600036': 36.84, '600048': 16.61}
```

5.3　案例：人事统计

字典是一个非常有用的数据类型，适用于存储带有标签的数据，以及需要通过名称直接查询的结构。字典将元素赋值给有意义并便于记忆的键，使其能包含更多的信息，例如，现有如表 5-2 所示的人员数据、编写程序、统计各部门的人数以及使用不同电子邮箱服务器的人数。

当人员不断变动时，由于无法确定出现在名单中的部门个数，因此无法通过给每个部门定义变量来统计人数。因此，通过字典来记录统计信息是最佳方式，将部门作为字典的键，部门中的人数作为键对应的值。使用不同电子邮箱服务器人数的统计也是一样。

表 5-2 部门人员信息

编号	姓名	部门	电子邮箱
10932	张珊	管理	zhans@163.com
10933	李思	软件	lisi@qq.com
10934	王武	财务	wangwu@hotmail.com
10935	赵柳	财务	zhaoliu@163.com
10936	钱棋	人事	qianqi@qq.com
10941	张明	管理	zhangming@qq.com
10942	赵敏	人事	zhaomin@163.com
10945	王红	培训	wanghong@hotmail.com
10946	李萧	培训	lixiao@hotmail.com
10947	孙科	软件	sunke@163.com
10948	刘利	软件	liuli@qq.com

程序代码如下所示:

```
❶ employee_list = [['10932','张珊','管理','zhans@163.com'],
                   ['10933','李思','软件','lisi@qq.com'],
                   ['10934','王武','财务','wangwu@hotmail.com'],
                   ['10935','赵柳','财务','zhaoliu@163.com'],
                   ['10936','钱棋','人事','qianqi@qq.com'],
                   ['10941','张明','管理','zhangming@qq.com'],
                   ['10942','赵敏','人事','zhaomin@163.com'],
                   ['10945','王红','培训','wanghong@hotmail.com'],
                   ['10946','李萧','培训','lixiao@hotmail.com'],
                   ['10947','孙科','软件','sunke@163.com'],
                   ['10948','刘利','软件','liuli@qq.com']]
❷ dept_dic = {}
❸ for employee in employee_list:
❹     dept_dic[employee[2]] = dept_dic.get(employee[2], 0) + 1
❺ email_dic = {}
❻ for employee in employee_list:
❼     email_provider = employee[3].split('@')[1]
❽     email_dic[email_provider] = email_dic.get(email_provider, 0) + 1
   print('不同部门的人数:')
❾ for k, v in dept_dic.items():
       print('{}: {}人'.format(k, v))
   print()
   print('使用不同电子邮箱的人数:')
❿ for k, v in email_dic.items():
       print('{}: {}人'.format(k, v))
```

以下是程序执行的结果:

```
不同部门的人数:
管理: 2人
软件: 3人
财务: 2人
人事: 2人
培训: 2人

使用不同电子邮箱的人数:
163.com: 4人
qq.com: 4人
hotmail.com: 3人
```

通常来说，员工的数据可能来自文件或者互联网。在这里，❶利用二维列表存储员工数据。❷和❺分别定义了两个空字典，用于存储部门和电子邮箱的统计信息。在❸循环语句中，遍历员工二维列表。循环体中❹通过 dept_dic.get(employee[2], 0) 获取当前员工的部门（即 employee[2]）在部门字典 dept_dic 中的当前值，如果部门不存在，则返回 0，然后在当前值基础上加 1，更新部门字典键 employee[2] 对应的值。因此，对于❹来说，如果当前员工的部门不在字典 dept_dic 中，则增加以 employee[2] 为键、1 为值的键值对，如果存在则更新键 employee[2] 对应的值，即加 1；❻引导的循环体也做了类似的操作，对 email_dic 的数据进行了更新；❾和❿分别对两个统计的字典键值对进行了打印。

5.4 集合及基本操作

相对于字典来说，集合（set）是一种 Python 2.4 才引入的新类型。集合类型与数学中集合的概念是一致的。它是由 0 个或多个唯一的、不可变的元素构成的无序组合。

和字典一样，集合也是通过一对花括号"{}"来标识的。不同的是，集合中的元素不是键值对。我们可以把集合看作是去掉了值，仅仅保留键的字典（虽然实际上并不是这样）。

集合中的元素是不可重复的，常常用于检查某个元素是否存在。元素类型只能是整型、浮点型、字符串和元组等不可变类型。和字典一样，集合是无序的。因此，没有索引和位置的概念，不能分片，并且集合显示元素的顺序是任意的，这与 Python 的版本有关。

```
>>> {10, 10.8, '招商银行', (37.27,36.84)}
{(37.27, 36.84), 10, 10.8, '招商银行'}
```

集合的元素不能是可变类型，例如列表、字典或者集合本身。

```
>>> {10, 10.8, '招商银行', [37.27,36.84]}
Traceback (most recent call last):
  File "<pyshell#105>", line 1, in <module>
    {10, 10.8, '招商银行', [37.27,36.84]}
TypeError: unhashable type: 'list'
```

虽然集合中的元素必须是不可变类型，但是集合本身是可变的，可以添加、删除和清空集合元素。

5.4.1 创建集合

可以使用 set() 函数创建一个集合，或者用花括号将一系列以逗号隔开的元素包裹起来创建。使用 set() 函数时，传入一个可迭代对象作为参数即可。

```
>>> set(['浦发银行','招商银行','农业银行','建设银行'])
{'建设银行', '浦发银行', '招商银行', '农业银行'}
>>> {'600000', '600036', '601288', '601939'}
{'600036', '601939', '600000', '601288'}
```

需要注意的是，字典和集合都使用花括号进行标识。而集合是一种新引入的类型。因此，在 Python 中使用"{}"创建的是空字典，而不是空集合。创建空集合应该使用 set() 函数。

```
>>> set()
set()
>>> type({})
<class 'dict'>
```

5.4.2 利用集合去重

集合的重要特征之一就是元素不重复。因此，当使用 set() 函数将其他可迭代对象转换为集合时，该函数会自动过滤掉重复元素。

```
>>> set('好好学习，天天向上')
{'向', '，', '学', '上', '天', '习', '好'}
>>> {'浦发银行', '招商银行', '农业银行', '建设银行', '招商银行', '农业银行'}
{'建设银行', '浦发银行', '招商银行', '农业银行'}
```

5.4.3 交集、并集、差集和补集

除了判断成员资格和去重外，集合还有四个常用的操作：交集（&）、并集（|）、差集（−）、补集（^），操作逻辑与数学定义相同。A、B 两个集合的运算示意图如图 5-1 所示，阴影部分是运算结果。

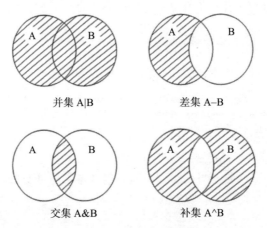

图 5-1　集合基本操作符

并集 A|B 的结果是两个集合去重后所有元素的新集合；差集 A–B 的结果是在集合 A 中出现，但是没有在集合 B 中出现的元素构成的新集合；交集 A&B 的结果是在集合 A 和 B 中都出现的元素构成的新集合；补集 A^B 的结果是仅在集合 A 或者仅在集合 B 中出现的元素构成的新集合。

```
>>> stock_name_set1 = {'建设银行', '浦发银行', '招商银行', '农业银行'}
>>> stock_name_set2 = {'工商银行', '中国银行', '招商银行', '农业银行'}
>>> stock_name_set1 | stock_name_set2
```

```
{'建设银行', '浦发银行', '招商银行', '工商银行', '中国银行', '农业银行'}
>>> stock_name_set1 - stock_name_set2
{'建设银行', '浦发银行'}
>>> stock_name_set1 & stock_name_set2
{'招商银行', '农业银行'}
>>> stock_name_set1 ^ stock_name_set2
{'建设银行', '浦发银行', '工商银行', '中国银行'}
```

5.5　集合的常用方法

集合也可以通过内置函数 len() 得到元素个数，通过 in 检查某个元素是否存在，通过 copy() 方法复制集合。除此之外，还有一些特有的方法，如表 5-3 所示。

表 5-3　集合的常用方法

方法	描述
.add(x)	如果 x 不存在，将 x 添加到集合中
.clear()	移除集合中的所有元素
.pop()	随机返回并删除集合中的一个元素
.discard(x)	移除集合中的 x；如果 x 不存在，不报错
.remove(x)	移除集合中的 x；如果 x 不存在，触发 KeyError 异常

5.5.1　添加元素

与列表、字典一样，集合是可变类型。可以往集合中添加元素。通过集合的 add() 方法来实现。如果元素本身在集合中，则不添加。

```
>>> bank_name = {'建设银行', '浦发银行', '招商银行', '农业银行'}
>>> bank_name.add('工商银行')
>>> bank_name
{'建设银行', '浦发银行', '招商银行', '工商银行', '农业银行'}
>>> bank_name.add('浦发银行')
>>> bank_name
{'建设银行', '浦发银行', '招商银行', '工商银行', '农业银行'}
```

5.5.2　删除元素

集合中有多个删除元素的方法。由于集合本身是无序的，因此通过 pop() 方法会随机返回一个元素，并将该元素从集合中删除，如果是空集合，则会触发 KeyError 异常；discard() 和 remove() 方法可以将指定的元素从集合中移除，与 pop() 方法不同，这两个方法不会将移除的元素返回，区别在于当需要移除的元素不在集合中时，discard() 方法不报错，而 remove() 方法会触发 KeyError 错误；clear() 方法会移除集合中的所有元素。

```
>>> bank_name = {'建设银行', '浦发银行', '招商银行', '农业银行'}
>>> bank_name.pop()
'建设银行'
```

```
>>> bank_name
{'浦发银行', '招商银行', '农业银行'}
>>> bank_name.discard('中国银行')
>>> bank_name.remove('中国银行')
Traceback (most recent call last):
    File "<pyshell#122>", line 1, in <module>
    bank_name.remove('中国银行')
    KeyError: '中国银行'
>>> bank_name.remove('招商银行')
>>> bank_name
{'浦发银行', '农业银行'}
>>> bank_name.clear()
>>> bank_name
set()
```

5.5.3 集合推导式

与作为可变类型的列表、字典一样，集合也可以使用推导式的方式生成。与字典推导式类似，集合推导式使用的也是花括号" {}"。不同的是，集合推导式在 for 关键字前的表达式结果是一个元素，而不是键值对。语法形式如下：

```
{expression for item in iterable if condition}
```

将可迭代对象 iterable 中的每个元素赋值给 item 后，当条件表达式 condition 为 True 时，利用表达式 expression 进行处理，得到的结果构成新集合的元素。

```
>>> stock_code = ['600000', '600036', '600048', '000001']
>>> sh_stock_code = {'sh_' + item for item in stock_code if item.startswith('60')}
>>> sh_stock_code
{'sh_600048', 'sh_600036', 'sh_600000'}
```

5.6 案例：股票涨跌统计

收集到银行板块部分股票两天的涨跌情况，具体数据如表 5-4 所示。

表 5-4 银行股涨跌

第 1 天		第 2 天	
股票名称	涨跌幅	股票名称	涨跌幅
招商银行	1.24%	兴业银行	2.31%
兴业银行	1.11%	浦发银行	1.02%
宁波银行	0.36%	建设银行	0.20%
上海银行	0.33%	农业银行	0.20%
浦发银行	0.00%	工商银行	0.00%
工商银行	−0.71%	中国银行	−0.65%
中国银行	−0.78%	宁波银行	−1.02%
农业银行	−0.80%	招商银行	−2.03%
建设银行	−0.86%	上海银行	−2.13%

请根据以上数据，进行以下统计：

- 至少有 1 天上涨的股票。
- 第 1 天跌了，第 2 天涨了的股票。
- 第 1 天跌了，第 2 天没有跌的股票。
- 仅在第 1 天或第 2 天涨了的股票。

```
❶ stock_day1 = [('招商银行', 0.0124), ('兴业银行', 0.0111), ('宁波银行', 0.0036),
               ('上海银行', 0.0033), ('浦发银行', 0.0000), ('工商银行', -0.0071),
               ('中国银行', -0.0078), ('农业银行', -0.0080), ('建设银行', -0.0086)]
❷ stock_day2 = [('兴业银行', 0.0231), ('浦发银行', 0.0102), ('建设银行', 0.0020),
               ('农业银行', 0.0020), ('工商银行', 0.0000), ('中国银行', -0.0065),
               ('宁波银行', -0.0102), ('招商银行', -0.0203), ('上海银行', -0.0213)]
❸ day1_rise = {name for name, pct in stock_day1 if pct> 0}
❹ day1_fall = {name for name, pct in stock_day1 if pct< 0}
❺ day2_rise = {name for name, pct in stock_day2 if pct> 0}
❻ day2_fall = {name for name, pct in stock_day2 if pct< 0}
  print('至少有 1 天上涨的股票: ')
❼ for name in day1_rise | day2_rise:
      print(name, end=' ')
  print('\n\n第 1 天跌了，第 2 天涨了的股票: ')
❽ for name in day1_fall & day2_rise:
      print(name, end=' ')
  print('\n\n第 1 天跌了，第 2 天没有跌的股票: ')
❾ for name in day1_fall - day2_fall:
      print(name, end=' ')
  print('\n\n仅在第一天或第 2 天涨了的股票: ')
❿ for name in day1_rise ^ day2_rise:
      print(name, end=' ')
```

以下是程序执行的结果：

```
至少有 1 天上涨的股票:
上海银行 浦发银行 招商银行 宁波银行 兴业银行 农业银行 建设银行

第 1 天跌了，第 2 天涨了的股票:
农业银行 建设银行

第 1 天跌了，第 2 天没有跌的股票:
农业银行 工商银行 建设银行

仅在第 1 天或第 2 天涨了的股票:
上海银行 浦发银行 招商银行 宁波银行 农业银行 建设银行
```

在代码中，❶❷分别将股票两天的涨跌情况存储在两个二维列表中；为得到统计信息，首先❸❹❺❻通过集合推导式分别将两天中涨和跌的股票名称放在四个集合中；"至少有 1 天上涨的股票"即两天上涨股票的并集，❼循环语句把 day1_rise | day2_rise 并集的结果打印出来；"第 1 天跌了，第 2 天涨了的股票"即第 1 天跌了的集合 day1_fall 与第 2 天涨了的集合 day2_rise 的交集 day1_fall & day2_rise；"第 1 天跌了，第 2 天没有跌的股票"是从第 1 天跌了的股票集合 day1_fall 中去除第 2 天跌了的股票，即差集 day1_fall - day2_fall；"仅在第一天或第 2 天涨了的股票"是在两天涨了的股票的并集中，去除两天都涨了的股票，即补集 day1_rise ^ day2_rise。

5.7 组合数据类型比较

到目前为止，我们已经学习了 Python 中常见的几种组合数据类型：字符串、列表、元组、字典和集合，如表 5-5 所示。它们之间有许多的相同点和不同点。

表 5-5 组合数据类型比较

类型	标识符	可变	有序	元素
字符串	" 或 ""	×	√	字符
列表	[]	√	√	任意类型
元组	()	×	√	任意类型
字典	{}	√	×	键值对，键为不可变类型且不重复
集合	{}	√	×	任意不可变类型，不重复

● **引导案例解析** ●━◦━━◦━━●

根据对引导案例的分析，结合本章的学习，利用组合类型字典对第 4 章引导案例进行改进。在字典中，学习用品的名称作为键，支出金额作为值，并且在输入学习用品支出情况时，对相同名称的学习用品支出金额进行累加。

程序代码如下：

```
❶ exp_dic = {}
   print('请输入学习用品支出情况，名称和金额用逗号分割，直接回车结束输入。')
   print('-' * 35)
   i = 1
   while True:
       tmp_str = input('第 {} 项：'.format(i))
       if len(tmp_str) == 0:
           break
       name, amount = tmp_str.split(',')
❷     exp_dic.setdefault(name, 0)
❸     exp_dic[name] = exp_dic[name] + float(amount)
       i += 1
❹ total_amount = sum(exp_dic.values())
   print('-' * 35)
   print('你在学习用品中的总支出为：{:.2f} 元 '.format(total_amount))
   print('=' * 65)
   search_name = input('请输入需要查询的学习用品种类名称：')
   print('-' * 35)
❺ if search_name in exp_dic:
❻     print('学习用品中 {} 支出了 {:.2f} 元，占比：{:.2%}'.format(search_name,
                                   exp_dic[search_name],
                                   exp_dic[search_name] / total_amount))
   else:
❼     print('学习用品中，没有 {} 的支出 '.format(search_name))
```

以下是程序执行的结果：

```
请输入学习用品支出情况，名称和金额用逗号分割，直接回车结束输入。
-----------------------------------
```

```
第 1 项：参考书籍 ,210
第 2 项：打印资料 ,200
第 3 项：文具 ,150
第 4 项：打印资料 ,100
第 5 项：电子资料 ,120
第 6 项：教材 ,30
第 7 项：
-----------------------------------
你在学习用品中的总支出为：810.00 元
================================================================
请输入需要查询的学习用品种类名称：打印资料
-----------------------------------
学习用品中打印资料支出了 300.00 元，占比：37.04%
```

这段代码是对第 4 章中引导案例解析代码的改进。在这里仅对改进部分进行解释，其他部分请参考 4.9 节。

在这段代码中，标号为❶的代码行定义了空字典 exp_dic，用于记录学习用品中的支出明细；在获得某项支出的名称和金额后，标号为❷的代码行利用字典 setdefault() 方法设置 exp_dic 字典的键和值，如果字典中没有该项明细，则将明细名称为键、0 为值的键值对添加到字典中，如果名称已经存在于字典的键中，则保留其原有值；标号为❸的代码行则将字典 exp_dic 中该明细对应的金额（通过 name 获取）加上当前输入金额后，重新赋值给字典中该明细对应金额，这样就实现了相同明细名称的金额累加，例如在示例中"打印资料"的两次输入分别为 200 元和 100 元，最终看到的"打印资料"支出为 300 元；标号为❹的代码行将字典 exp_dic 中的所有值（支出金额）进行求和；标号为❺的代码行判断输入的学习用品种类名称是否在字典 exp_dic 的键当中，如果存在，则利用标号为❻的代码行打印出具体信息，否则利用标号为❼的代码行告知该明细不在本月的学习用品支出中。

● **小　结** ●—○—●—○—●

本章首先介绍了字典这种非常有用的数据结构，它是一种键与值之间的映射关系，适用于存储带有标签的数据，以及需要通过名称直接查询的结构；然后对字典常用的方法进行了讲解，包括 keys()、values()、items()、get()、setdefault()、pop()、popitem() 和字典推导式等；接着分析了集合这种含有唯一不可变元素的数据结构，和字典、列表一样，它本身是可变的，适用于数据去重、成员资格检查和一些统计操作，例如交集、并集、差集和补集等；最后探索了集合的常用方法，通过 add() 添加元素，通过 pop()、discard()、remove() 和 clear() 移除元素以及集合推导式。

● **练　习** ●—○—●—○—●

1. 字典和集合有哪些相同点和不同点？
2. 对字典的键赋值会发生什么？
3. 字典的 keys()、values() 和 items() 方法返回的分别是什么？如果要得到对应的列表，应该怎么做？

4. 字典的 get() 和 setdefault() 方法有哪些相同点和不同点？

5. set('600000') 的结果是什么？

6. 简述两个集合 A、B 的并集、差集、交集和补集。

7. 现有字典 stock_info = {' 招商银行 ':0.0124,' 兴业银行 ': 0.0111,' 宁波银行 ':0.0036,' 上海银行 ':0.0033,' 浦发银行 ':0.0000,' 工商银行 ': –0.0071,' 中国银行 ': –0.0078,' 农业银行 ': –0.0080,' 建设银行 ': –0.0086}，筛选出含有下跌股票名称集合的集合推导式形式是 _____。

8. 假设员工的姓均为姓名中的第 1 个字。编写程序，统计 5.3 案例人员列表中的姓氏包含的人数。

9. 编写程序实现一个简单的成绩管理系统。首先让用户不断输入姓名和成绩，直到输入为空时止。接着让用户输入姓名，查找并打印出成绩，对于不存在的姓名，给出提示，直到输入为空时止。

第6章

代码打包：函数

学习目标 ●—○—●—○—●

- 了解函数的作用
- 掌握函数定义和调用的方法
- 熟悉函数参数的概念和应用
- 熟悉局部变量和全局变量的概念及区别
- 掌握匿名函数的概念和应用
- 掌握递归函数的概念和应用
- 灵活运用函数解决实际问题

引导案例 ●—○—●—○—●

　　通过前面5章的学习和应用，小明已经开始迫不及待地设计更加完整的生活费管理程序了。小明希望这个管理程序不仅仅能输入、输出和查询学习用品的明细情况，而且能包括日常生活和其他支出的明细情况。他还希望能够在每次发生支出时就可以马上运行这个管理程序记录，并把输入的支出情况保存下来，这样在月底就可以进行更多的查询和分析。

　　小明发现，这样的设计功能是完善的，但是程序也变得非常复杂。有些功能也是重复的。例如，在每次输入明细前都需要打印出生活费的类别代号，以便通过代号来实现类别的输入。打印生活费类别的代码几乎都是一样的，只是在不同的位置使用而已。在每个位置都输入这些代码将使得本来就非常复杂的程序变得更加臃肿。

　　因此，小明决定暂时放一放明细管理的问题，继续学习，找到解决程序功能划分和减少代码冗余的办法。

通过以上描述可知，小明要对生活费管理程序进行功能的划分，以便对程序更好地管理。并且希望具有相同功能的代码不要重复出现，从而减少代码的冗余，也使程序逻辑结构更加清晰。

通过对本章的学习，请你编写程序帮助小明实现生活费管理程序中的一个小功能，即打印生活费类别。实现这个功能将有助于小明最后实现完整的生活费管理程序。

我们已经学习了 Python 中的核心数据类型以及一些基础语句。利用它们可以解决许多问题，例如等额本金还款方式的利息计算等。然而当遇到更大型的问题时，这样写程序也许会很麻烦。我们不得不把代码复制到每个需要计算利息的地方，也许有些地方需要选择另外一种等额本息的还款方式。

为了解决这一问题，程序设计提供了代码打包的功能：函数。利用函数可以将一些相关的语句组合在一起，例如利息计算的代码，从而让它们可以在程序中多次执行。在设计程序时，使用函数可以将复杂的任务进行分解。每个函数负责解决系统中的一个问题。因此，函数对于程序设计有以下两个重要作用。

● 任务分解。

将复杂任务分解成多个相对独立的部分，对每个部分进行抽象化，得到针对某一问题通用的解决方案，然后用函数包裹这些代码。例如，在等额本金还款方式的利息计算过程中，不同的贷款金额、期限和利率可以使用变量来代替。在使用该函数时，只要确定这三个值，就能计算出不同情况下的利息。

● 代码重用。

利用函数将代码打包后，可以在系统的多处使用。在使用过程中不再关注针对具体问题的解决方案。一次编写后，可以在多处使用，减少了代码冗余，也使得代码维护更加容易。

在前面的章节中，我们一直在使用系统内置函数。例如，在需要输入的时候，只需要使用 input() 函数，而不需要关心具体的实现细节。本章主要学习如何创建和使用自定义函数。

6.1 定义和调用函数

就像使用内置函数一样，自定义函数也是通过表达式进行调用，有时需要传入一些值，得到返回结果。因此，为了便于调用，在定义函数时需要给出函数名称；为了方便传入值，需要提供一些变量来存储这些值。

Python 中使用 def 语句创建函数，其一般的格式如下所示：

```
def name(arg1, arg2, ...,argN):
    statements
```

关键字 def 后面的 name 就是函数名，在相应的代码处给出该名称进行函数调用。函数名实际上就是变量名，因此其命名规则和第 2.1 节中的变量命名一样；圆括号中的 arg1、arg2 和 argN 等是函数的参数（有时称为形参，即形式参数），用于传入值，例如贷款金额、年限和利率等。参数可以是 0 个或者多个，需要注意的是，即使是 0 个参数，也需要圆括号；在圆括号后面是冒号"："，代表接下来缩进的代码块 statements 属于该函数，称为函数体。

```
❶ >>> def repeator(s, n):
❷         result = s * n
❸         print(result)
```

上面这段代码定义了一个简单函数。❶作为函数的首行（函数头部），在关键字 def 后面给出了函数名 repeator，在圆括号的参数列表中给出了两个参数 s 和 n。紧接的冒号标识着接下来缩进的代码块为函数体，包含❷❸两行代码。从函数体可以看出，该函数的功能是：❷将形参 s 和 n 相乘后赋值给 result，并在❸中打印出来。

这段代码仅仅是对函数的定义，并没有调用执行。这条定义语句运行后会新建一个名为 repeator 的变量名，其类型为 function，即函数。

```
>>> type(repeator)
<class 'function'>
```

与内置函数一样，定义完函数后，可以通过函数名调用执行。

```
>>> repeator('金融科技', 3)
金融科技金融科技金融科技
```

在调用函数时，根据函数头部要求，传入两个参数：字符串"金融科技"和整数"3"。这两个是形参 s 和 n 的实际值，因此称为实参。实参会按位置顺序依次赋值给 s 和 n。然后执行 result = s * n，将字符串"金融科技"重复三遍构成新的字符串后赋值给 result，最后打印出来。函数体执行完毕，函数调用结束。

在很多情况下，函数需要将计算的结果返回到调用处。在这类函数的函数体中，通常包含一条 return 语句：

```
def name(arg1, arg2, ...,argN):
    statements
    return value
```

return 语句不一定出现在函数体的最后，而是可以在任何位置。只要执行到 return 语句，函数就结束，将 value 返回到调用处。实际上，即使在创建函数时，没有在函数体中添加 return 语句，Python 也会默默地在函数体最后添加一条 return None。也就是说，没有定义 return 语句的函数，返回值就是空值 None。通常情况下，None 会被忽略。

也就是说，对于 repeator 函数来说，其返回值为 None。如果把 repeator 函数的调用结果存到 ret_val 变量中，再把 ret_val 打印出来，就可以看到函数的返回值。

```
>>> ret_val = repeator('金融科技', 3)
金融科技金融科技金融科技
>>> print(ret_val)
None
```

下面的代码对 repeator 函数进行改造，对重复后的字符串不在函数体中打印，而是返回到调用处，由调用者来处理。

```
❶ >>> def repeator2(s, n):
❷        result = s * n
❸        return result
❹ >>> ret_val = repeator2('金融科技', 3)
```

从上面代码可以看到，与调用 repeator 不同，在调用 repeator2 函数时并不会输出，这是因为在函数 repeator2 中，将函数 repeator 的❸改成了 return result，也就是说，调用执行函数时，不会在函数体中将重复后的字符串打印出来，而是返回到调用处，即❹的赋值符号"="右侧。因此，重复后的字符串会赋值给 ret_val。

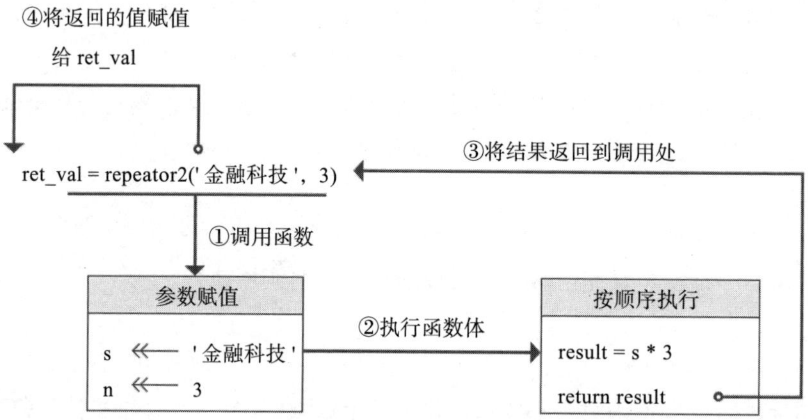

图 6-1　函数调用过程

图 6-1 描述了❹的函数调用过程。在程序执行到❹时，会在函数调用处暂停，等待函数 repeator2 的返回值；①函数调用时，首先将参数按照位置顺序赋值；然后②按照顺序执行函数体；当执行到 return 语句时，③将 return 关键字后的值返回到函数调用处；④得到函数的返回值后，继续执行❹，即将返回值赋值给 ret_val。这样在❹后续的语句中就可以使用变量 ret_val，即函数返回值。例如，打印或者按照特定步长打印等。

```
>>> print(ret_val)
金融科技金融科技金融科技
>>> print(ret_val[0::4])
金金金
```

在 Python 中，还允许在函数中返回多个值。只需将返回值以逗号隔开，放在 return 关键字后面即可。实际上，返回的是由这些值构成的元组。因此，也可以通过元组解包的方式在调用处赋值给多个变量。

```
>>> def calculator(m, n):
        return m+n, m-n, m*n, m/n
>>> i, j = 10, 8
>>> result1, result2, result3, result4 = calculator(i, j)
>>> print('{}和{}的加减乘除运算结果是: {}, {}, {}, {}'.format(i, j,
                                result1, result2, result3, result4))
```

10和8的加减乘除运算结果是：18, 2, 80, 1.25

在这里总结一下函数调用的四个步骤：

（1）程序执行到函数调用时，在调用处暂停，等待函数执行完毕；

（2）将实参赋值给函数的形参；

（3）执行函数体中的语句；

（4）调用结束后，回到调用前暂停处继续执行，如果函数体中执行了 return 语句，return 关键字后的值会返回到暂停处，供程序使用，否则函数返回 None 值。

6.2　案例：个人所得税计算器

所谓个人所得税（personal income tax），是以个人（自然人）取得的各项应税所得为对象征收的一种税，是调整征税机关与自然人（居民、非居民个人）之间在个人所得税的征纳与管理过程中所发生社会关系的法律规范的总称。

根据最新税法规定，居民个人的综合所得，以每一纳税年度的收入额减除 6 万元（起征点为每月 5 000 元）以及专项扣除、专项附加扣除和依法确定的其他扣除后的余额，为应纳税所得额。

个人综合所得适用 7 级超额累进税率，即把征税对象的数额划分为若干等级，对每个等级部分的数额分别规定相应税率，分别计算税额，各级税额之和为应纳税额。也就是说征税对象数额超过某一等级时，仅就超过部分，按高一级的税率计算征税额。因此，通常应交所得税计算公式为：

$$应交所得税 = 应税所得 * 适用税率 - 速算扣除数$$

其中，速算扣除数是按全额累进方法计算出的税额比按超额累进方法计算出的税额多，即有重复计算的部分，如表 6-1 所示。

表 6-1　综合所得 7 级超额累进税率及速算扣除表

级数	全年应纳税所得额	适用税率	速算扣除数
1	不超过 36 000 元的部分	3%	0
2	超过 36 000 至 144 000 元的部分	10%	2 520
3	超过 144 000 至 300 000 元的部分	20%	16 920
4	超过 300 000 至 420 000 元的部分	25%	31 920
5	超过 420 000 至 660 000 元的部分	30%	52 920
6	超过 660 000 至 960 000 元的部分	35%	85 920
7	超过 960 000 的部分	45%	181 920

编写程序，实现个人所得税计算器。用户输入全年综合所得以及各项扣除之和后，计算出应纳税额和税后收入。

程序代码如下所示：

```
❶ def getTaxRateAndDeduction(tax_income):
❷     if tax_income <= 36000:
            tax_rate, deduction = 0.03, 0
        elif tax_income <= 144000:
            tax_rate, deduction = 0.1, 2520
        elif tax_income <= 300000:
            tax_rate, deduction = 0.2, 16920
        elif tax_income <= 420000:
            tax_rate, deduction = 0.25, 31920
        elif tax_income <= 660000:
            tax_rate, deduction = 0.30, 52920
        elif tax_income <= 960000:
            tax_rate, deduction = 0.35, 85920
        else:
            tax_rate, deduction = 0.4, 181920
        return tax_rate, deduction
❸ def getTaxAmt(year_income, reduce_amt):
❹     tax_income = year_income - reduce_amt - 60000
❺     if tax_income < 0:
            return 0
        else:
❻            rate, deduction_amt = getTaxRateAndDeduction(tax_income)
❼            tax = tax_income * rate - deduction_amt
            return tax
❽ user_year_income = float(input('请输入全年综合所得：'))
  print('各项扣除之和是指专项扣除、专项附加扣除和依法确定的其他扣除之和。')
❾ user_reduce_amt = float(input('请输入全年各项扣除之和：'))
❿ user_tax = getTaxAmt(user_year_income, user_reduce_amt)
  print('全年应纳税额为：{:.2f}元 \n 全年税后收入为：{:.2f}元 '.format(user_tax,
                                              user_year_income - user_tax))
```

以下是程序执行的结果：

```
请输入全年综合所得：1000000
各项扣除之和是指专项扣除、专项附加扣除和依法确定的其他扣除之和。
请输入全年各项扣除之和：24000
全年应纳税额为：234680.00 元
全年税后收入为：765320.00 元
```

依据案例要求，❶定义函数 getTaxRateAndDeduction，函数功能是：根据形参应纳税所得额 tax_income 的值，利用❷ if 条件语句获取适用的税率和速算扣除数，并在 if 语句结束后将两个值返回。❸定义函数 getTaxAmt：根据形参全年综合所得 year_income 和全年各项扣除之和 reduce_amt，❹计算出应纳税所得额，❺ if 条件语句对应纳税所得额进行判断，如果小于 0，表示没有达到纳税额度，返回全年应纳税额为 0，否则❻调用函数 getTaxRateAndDeduction 获得适用的税率和速算扣除数，再通过❼计算出全年应纳税额后，将该值返回。

至此，代码定义了两个函数，但并未执行它们。❽❾分别输入全年综合所得以及各项扣除之和后，❿调用函数 getTaxAmt，进行参数赋值，执行函数，得到全年应纳税额，并在最后输出。

6.3　函数参数

参数是函数获得数据的主要方式。利用参数，函数可以处理不同的数据。

6.3.1　参数传递

参数的传递过程，实际上是一个赋值的过程。在调用函数时，调用者的实际参数自动赋值给函数的形式参数变量。

```
>>> def avg(m, n):
        return (m + n) /2
>>> avg(10, 8)
9.0
```

在这里，代码 avg(10, 8) 在调用函数时，将 10 赋值给 m，8 赋值给 n。在函数体中计算 10 与 8 的平均数并返回。

6.3.2　不可变和可变类型参数

目前我们所学习的不可变类型包括：整型、浮点型、字符串和元组，可变类型有：列表、字典和集合等。这些都可以作为参数的类型。但参数在函数中使用时，这两种类型的表现有所不同。

```
❶ >>> def priceChanger(p):
❷         p = p + 10
❸         print('改变后的价格: {:.2f}'.format(p))
❹ >>> price = 10.8
❺ >>> priceChanger(price)
   改变后的价格: 20.80
❻ >>> print(price)
     10.8
```

在这段代码中，price 是不可变的浮点型。当❺调用函数时，price 赋值给函数的形参 p。在函数中，❷将 p 的值增加了 10。从❸的打印结果可以看到，在函数体中，p 的值已经改变。函数执行完后，❻打印 price 的值时，可以看到依然是 10.8。

在使用可变参数时，函数体中可以改变参数的元素。

```
❶ >>> def contentChanger(name_list):
❷         name_list[0], name_list[1] = name_list[1], name_list[0]
❸         print('函数中的 name_list:', name_list)
❹ >>> bank_name = ['农业银行', '建设银行']
❺ >>> contentChanger(bank_name)
函数中的 name_list: ['建设银行', '农业银行']
❻ >>> print('调用函数后的 bak_name:', bank_name)
调用函数后的 bak_name: ['建设银行', '农业银行']
```

在上面的代码中，❹创建的 bank_name 为可变的列表类型。❺调用函数时，bank_name 赋值给函数 contentChanger 的形参 name_list。在函数中，不是对 name_list 赋值，而是改变其元素，将两个元素互换。从❸的打印结果可以看出，name_list 的银行名称顺序已经改变。函数执行完后，在❻打印 bank_name 时，其值也被改变了。

因此，在使用可变类型参数时需要特别注意，如果在函数中修改了参数的元素，这种修改会影响调用者的变量。如果想消除这种影响，类似于第 3.3.3 节列表常用方法中所描述的，可以使用列表 copy 方法或者使用分片操作创建新列表。

```
>>> bank_name = ['农业银行', '建设银行']
>>> contentChanger(bank_name.copy())
函数中的 name_list: ['建设银行', '农业银行']
>>> print('调用函数后的 bak_name:', bank_name)
调用函数后的 bak_name: ['农业银行', '建设银行']
>>> contentChanger(bank_name[:])
函数中的 name_list: ['建设银行', '农业银行']
>>> print('调用函数后的 bak_name:', bank_name)
调用函数后的 bak_name: ['农业银行', '建设银行']
```

由于可变类型元素常常会不经意地修改元素。因此，在传递参数值时尽量使用不可变的元组，而不是列表。除非程序有意需要利用这种相互影响的改变。

6.3.3　位置参数

位置参数是调用函数为形参赋值的一种默认方式。实参与形参按照从左到右的位置顺序依次赋值。

```
>>> def myMinus(num1, num2):
        return num1 - num2
>>> myMinus(10, 8)
2
```

在这里，调用函数 myMinus 时，实参 10 和 8 依据位置顺序分别赋值给了形参 num1 和 num2。

位置参数的形式十分常见，但是当参数数量较多时，按顺序记住每个参数的含义并不是那么容易。赋值顺序改变将得到不同的结果。

```
>>> myMinus(8, 10)
-2
```

6.3.4　关键字参数

为了避免位置参数赋值带来的混乱，Python 允许调用函数时通过关键字参数的形式指定形参与实参的对应关系。调用者使用 name=value 的形式来指定函数中的哪个形参接受某个值。关键字参数起到了数据标签的作用。

```
>>> myMinus(num1=10, num2=8)
2
>>> myMinus(num2=8, num1=10)
2
```

这样，实参赋值给形参不再受位置顺序的影响。可以明确每个参数的作用，使得参数含义更加清晰明了。

位置参数和关键字参数是调用函数时，对形参赋值的两种方式，与函数定义无关。

6.3.5　指定默认参数值

在函数定义时，可以为参数指定值。这样当函数调用者没有提供对应参数值时，就可以使用指定的默认值。这个特性使得被指定了默认值的参数成为可选参数，即调用时可以有对应实参，也可以没有。

指定默认参数值在 Python 的函数中广泛存在。例如，打印函数 print，在查看其帮助时，其函数的部分描述如下：

```
>>> help(print)
Help on built-in function print in module builtins:

print(...)
print(value, ..., sep=' ', end='\n', file=sys.stdout, flush=False)

    Prints the values to a stream, or to sys.stdout by default.
    Optional keyword arguments:
    file:  a file-like object (stream); defaults to the current sys.stdout.
    sep:   string inserted between values, default a space.
    end:   string appended after the last value, default a newline.
    flush: whether to forcibly flush the stream.
```

可以看到，print 函数的 sep、end、file 和 flush 参数都指定了默认值。所以在调用 print 函数时，可以不指定这几个参数的值，Python 会使用默认值，例如 sep 默认使用空格，这也是为什么当我们打印多个值时，每个值之间用空格连接。

```
>>> print('中国银行','农业银行','工商银行','建设银行')
中国银行 农业银行 工商银行 建设银行
```

如果调用时指定了 sep 参数的值，则会使用该值来连接每个打印的值。

```
>>> print('中国银行','农业银行','工商银行','建设银行',sep='_')
中国银行_农业银行_工商银行_建设银行
```

在定义函数时，为形参指定默认值，就可以让该形参在调用时变为可选。例如，在 myMod 函数的头部指定形参 y 的默认值为 2。

```
>>> def myMod(x, y=2):
        return x % y
```

调用 myMod 函数时，可以传入两个数，分别按照位置赋值给 x 和 y，从而求得这两个数的余数。也可以只传入一个数，按照位置赋值给 x，而 y 使用默认值 2，这样得到这个数和 2 的余数。

```
>>> myMod(15,4)
3
>>> myMod(15)
1
```

6.3.6 任意数量参数

有些时候，希望函数能够处理任意数量的值。例如，内置的 print 函数允许一次打印出多个值，或者编写函数找出多个数的最大值、最小值和平均值等。

Python 允许在定义函数时使用单星号"*"来收集位置参数，双星号"**"收集关键字参数。

1. 使用单星号"*"收集位置参数

单个星号将一组可变数量的位置参数组合成参数值的元组。在函数内部可以通过访问元组中的每个元素来使用参数。

```
❶ >>> def priceAvg(*prices):
❷         total_price = 0
❸         for p in prices:
❹             total_price += p
❺         return total_price / len(prices)
❻ >>> priceAvg(10.0, 20.0, 30.0)
   20.0
```

在❶定义函数时，星号使得形参 prices 可以收集❻调用函数时的位置参数的实参 10.0、20.0 和 30.0。此时的 prices 是元组类型，函数体中❸的 for 循环将元组中的每个元素取出后累加到 total_price 中，最后❹返回平均值。

【例 6-1】在一些竞赛中，为了取得一个相对公平的数值，通常选手的最终得分是去掉一个最高分和一个最低分后的平均分。编写函数，输入选手的姓名以及各个评委给出的分数，打印出选手姓名和最终得分。

程序代码如下所示：

```
❶ def finalScore(name, *scores):
      if len(scores) < 3:
          print('{} 的评分不足 3 个。'.format(name))
      else:
          max_score = max(scores)
          min_score = min(scores)
          score_list = list(scores)
          score_list.remove(max_score)
          score_list.remove(min_score)
      print('{} 的最终得分为 :{:.1f} 分 '.format(name,sum(score_list)/len(score_list)))
❷ finalScore(' 宋俊 ', 10, 8.5)
❸ finalScore(' 张宁 ', 9.9, 10, 8.5, 9.0, 9.2, 10)
```

以下是程序执行的结果：

```
宋俊的评分不足 3 个。
张宁的最终得分为 :9.5 分
```

在例 6-1 中，❶定义函数 finalScore 时，有两个形参 name 和 scores，其中 scores 前面有星号"*"。从❷和❸函数调用运行结果可以看出，7 个实参并不是全部被 scores 收集，第 1 个实参按照位置顺序赋值给 name，剩余的 6 个评分被 scores 元组收集。因此，星号的作用是"收集剩余的位置参数"。

2. 双星号"**"收集关键字参数

针对形参的关键字参数赋值形式，利用 Python 定义函数时，在形参前面加上双星号"**"来定义收集关键字参数的形参。此时形参是字典类型。当调用函数时，参数赋值使用 name=value 的形式时，name 是形参字典的一个键，value 是该键对应的值。

结合字典方法，这种关键字参数收集器可以轻松实现更加灵活的函数功能。

【例 6-2】编写函数，实现简单的人事信息展示功能。注意：除了姓名外，其他信息可能不完整。

程序代码如下所示：

```
❶ def empDetailInfo(**emp_info):
❷     if 'name' not in emp_info.keys():
           print('必须有姓名信息。')
       else:
           print(emp_info['name'] + '的信息如下: ')
❸         print('部门: ' + emp_info.get('department', ''))
❹         print('电话号码: ' + emp_info.get('phone', ''))
❺         print('电子邮箱: ' + emp_info.get('email', ''))
❻ empDetailInfo(name='张珊',department='管理',email='zhangs@163.com')
   print('-' * 30)
❼ empDetailInfo(name='赵柳',department='财务',phone='186123456789')
```

以下是程序执行的结果：

```
张珊的信息如下:
部门: 管理
电话号码:
电子邮箱: zhangs@163.com
------------------------------
赵柳的信息如下:
部门: 财务
电话号码: 186123456789
电子邮箱:
```

在❶定义函数时，参数 emp_info 前面加上了双星号"**"，用于收集关键字参数。在函数体中，❷中 if 语句的条件表达式确保在 emp_info 字典中没有 name 键时，不会打印员工信息。❸❹❺语句分别用于打印部门、电话号码和电子邮箱。由于有些信息可能缺失，因此使用 emp_info 字典的 get() 方法，确保在缺失的情况下，得到的是空字符串，避免触发 KeyError 的异常导致程序终止。在调用函数时，❻缺少电话号码，❼缺少电子邮箱，程序依然能正常运行。

6.3.7　解包参数

在调用函数时，实参也可以使用"*"和"**"语法。此时不是收集参数，正好相反，实参前加上"*"或"**"执行的是参数解包。通常来说，在列表、元组等类型的实参

值前加上"*"，将这些类型的元素解包成位置参数的形式；在字典类型的实参值前加上
"**"，将字典的元组解包成关键字参数的形式。

对例 6-2 的函数定义进行以下改造：

```
❶ def empDetailInfo(name, department='', phone='', email=''):
❷     if name and len(name) > 0:
❸         print(name + ' 的信息如下: ')
❹         print(' 部门: ' + department)
❺         print(' 电话号码: ' + phone)
❻         print(' 电子邮箱: ' + email)
❼     else:
❽         print(' 必须有姓名信息。')
```

在定义函数时，❶对参数进行了重新定义，除了 name 外，其他形参均设置了默认值
为空字符串。❷的条件表达式对 name 进行了检查，调用者没有给出 name 的值时，name
为 None，即对应布尔值 False，或者调用者给出的 name 值为空字符串，此时 len(name)>0
为 False。在这两种情况下，if 的条件表达式结果均为 False，这样 if 语句会执行❼ else 子
句引导的代码块❽。否则，执行的是❸❹❺❻构成的代码块。

当调用者的数据存储在列表中时，可以通过在列表前加上"*"对列表解包来实现位
置参数形式的调用。

```
emp_info1 = [' 张明 ', ' 管理 ', '18612345683', 'zhangming@qq.com']
empDetailInfo(*emp_info1)
```

这种形式调用类似于：

```
empDetailInfo(' 张明 ', ' 管理 ', '18612345683', 'zhangming@qq.com')
```

当调用者的数据存储在字典中时，可以通过在字典前加上"**"对字典解包来实现
关键字参数形式的调用。

```
emp_info2 = {'name':' 张珊 ', 'department':' 管理 ', 'email':'zhangs@163.com'}
empDetailInfo(**emp_info2)
```

这种形式调用类似于：

```
empDetailInfo(name=' 张珊 ', department=' 管理 ', email='zhangs@163.com')
```

6.4　变量作用域

函数用来将函数体中的代码块包裹起来，实现功能的模块化。这样自然而然带来一
个问题：怎么保证函数之间以及函数与调用者之间的数据独立性？为了解决这个问题，
Python 中规定每个变量都有它的作用域，即变量只有在作用域范围内才是可见可用的。
作用域能避免程序代码中的名称冲突，在一个函数中定义的变量名称不会干扰另外一个函
数内的变量。这有助于使函数更加独立。

在 Python 中，变量在第一次赋值时会被创建，此后才能使用这个变量。在赋值时变
量就和某一个特定的作用域绑定了。根据作用域范围的大小，可以将作用域分为全局作用

域和局部作用域。

6.4.1　局部变量

局部变量仅仅在局部作用域内可用。在局部作用域之外，该变量是不可见的。如果变量是在函数体内被创建（首次赋值）的，这个变量就只能在该函数体内使用，是这个函数体的局部变量。函数执行结束后，局部变量被销毁，再次使用该变量会触发 NameError 的异常。

```
❶ >>> def avg(x, y):
❷         avg_price = (x + y) / 2
❸         print(avg_price)
❹ >>> avg(10.0, 20.0)
    15.0
❺ >>> print(avg_price)
Traceback (most recent call last):
  File "<pyshell#5>", line 1, in <module>
    print(avg_price)
NameError: name 'avg_price' is not defined
```

在这段代码中，❶定义函数 avg。在❹调用函数时，❷创建仅在函数体中可见的变量 avg_price，因此，函数体中的❸可以使用 avg_price 变量的值进行打印。但是❹执行结束后，函数调用也结束了，局部变量 avg_price 被销毁，因此，当函数体外的❺试图使用 avg_price 变量的值进行打印时，该变量已消失，进而触发 NameError 的异常。

另外，函数的参数作为一类特殊的变量，是在函数调用时首先被创建并赋值的。参数也是局部变量，因此在上面代码中，也不能在函数体外使用变量 x 和 y 的值。

函数在每次调用时，都会产生一个新的局部作用域。调用结束后，这个作用域就会被销毁。

图 6-2 中的白色区域即为函数的局部作用域，在这个局部作用域内创建的局部变量 x、y 和 avg_price 仅在白色区域可用。

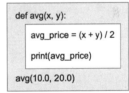

图 6-2　局部作用域

6.4.2　全局变量

全局作用域是相对于局部作用域来说的概念。在 Python 中，全局作用域的作用范围是单个文件。相对于局部变量，在所有函数之外创建的变量，在整个文件范围内都是可见的。也就是说，在所有 def 外被首次赋值的变量，对于整个文件来说是全局的。

值得注意的是，对于交互式命令行下输入的代码，可以看成是在一个临时文件中。因此，在交互式命令行下，在所有函数体之外定义的变量，在整个交互过程中都是可见的，直到被删除或者交互窗口关闭。

```
❶ >>> rate = 0.03
❷ >>> def taxCalculator(tax_income):
❸         return tax_income * rate
```

```
❹ >>> tax = taxCalculator(20000)
❺ >>> print('利用税率{:.2%}计算的应纳税额为:{:.2f}元'.format(rate, tax))
   利用税率3.00%计算的应纳税额为:600.00元
```

在这段代码中，❶中的税率变量 rate 由于是在所有 def 外首次被赋值的变量，因此这是一个全局变量。rate 在整个交互过程中都是可用的，既可以在函数体❸中直接使用 rate 来计算应纳税额，也可以在函数调用结束后❺中使用。在❷中定义的形参 tax_income 则是局部变量，只能在函数体中使用。同理，❹中创建的变量 tax 也是一个全局变量。

此时，你可能已经发现了，通过全局变量可以在函数之间进行通信，也就是共享信息。但全局变量破坏了函数的独立性，因此除非有充分的理由，否则函数应该尽量地依赖形参和返回值，而不是全局变量。这是因为，过多的全局变量很容易使得程序难以理解。

6.4.3　同名的局部变量和全局变量

在变量使用过程中，有时不可避免地存在局部变量和全局变量同名的情况。由于全局变量也能在局部作用域内使用，为了使程序更容易维护，Python 规定，局部变量优于全局变量。也就是说，在同名的情况下，在局部作用域内，可见的是局部变量，全局变量被暂时隐藏起来。

```
❶ >>> rate = 0.03        # 全局变量 rate
❷ >>> def taxCalculator2(tax_income):
❸         if tax_income < 3000:
❹             rate = 0.03        # 局部变量 rate
❺         else:
❻             rate = 0.1         # 局部变量 rate
❼         print('利用税率{:.2%}计算的应纳税额为:{:.2f}元'.format(rate,
                                                   tax_income * rate))
❽ >>> taxCalculator2(20000)
   利用税率10.00%计算的应纳税额为:2000.00元
❾ >>> print('调用函数后的税率是:{:.2%}'.format(rate))
   调用函数后的税率是:3.00%
```

这是一个经过改造后的应纳税计算器，纳税额和使用的税率在函数体中会被打印出来，而不是返回到调用处。❶所定义的变量 rate 是一个全局变量，其作用域为整个会话。在❷定义的函数 taxCalculator2 中，函数体由❸的 if 语句和❼的 print 语句构成。❸中的 if 条件表达式无论是真值还是假值，都对 rate 变量进行了赋值。此时 Python 会创建一个新的局部变量 rate，而全局变量 rate 被暂时隐藏起来。这样，在函数的局部作用域（函数体❸至❼）中使用的变量 rate 就是局部变量 rate。因此，当❽调用函数传入 20 000 的值时，rate 会被赋值为 0.1，在❼中计算应纳税额时，使用 0.1 这个税率进行计算。当❽的函数调用结束后，局部变量 rate 被销毁。接着在❾中使用的 rate 就是刚刚被隐藏起来的值为 0.03 的全局变量 rate（注意：这个变量的值一直没有变过，❹和❻是对局部变量 rate 赋值）。

6.4.4　global 语句

在函数体内，当遇到一个与全局变量同名的变量赋值时，Python 会创建一个新的局部变量而隐藏同名的全局变量。但有时希望 Python 不要创建局部变量，而是使用对应的全局变量。例如，在上面的例子中，希望调用函数后再次打印出来的是最新使用的税率，而不是之前创建全局变量 rate 时的值 0.03。Python 允许这样做，但对于变量要使用关键字 global 做特别声明。

关键字 global 语句通常放在函数体的开始部分，其语法如下：

```
global variable_names
```

在 global 后面是需要声明为全局变量的变量列表。这个关键字仅仅作为声明，不会创建变量。因此，一定要在某个位置创建变量。

```
❶ >>> rate = 0.03
❷ >>> def taxCalculator2(tax_income):
❸         global rate
❹         if tax_income < 3000:
❺             rate = 0.03
❻         else:
❼             rate = 0.1
❽         print('利用税率{:.2%}计算的应纳税额为:{:.2f}元'.format(rate,
                                                    tax_income * rate))
❾ >>> taxCalculator2(20000)
     利用税率10.00%计算的应纳税额为:2000.00元
❿ >>> print('调用函数后的税率是: {:.2%}'.format(rate))
     调用函数后的税率是: 10.00%
```

这里再次对应纳税计算器进行了改造，在函数体中增加了❸，声明 rate 是全局变量，与❶中创建的 rate 是同一个变量。也就是说，在局部作用域中❺❼❽中使用的 rate 就是全局变量 rate。因此，❾函数调用完后，全局变量 rate 也不会被销毁，在❿中打印出来的是全局变量 rate 的最新值 0.1，而不是❶创建时的值 0.03。

6.5　匿名函数 lambda

在利用程序处理数据过程中，常常会遇到临时需要一个简单函数处理数据的情况。例如，得到二维列表中每个元素的第 2 个元素。此时，可以定义一个如下所示的函数。

```
def getSecondItem(x):
    return x[1]
```

对于 getSecondItem 函数，仅仅希望临时使用一下，例如，作为列表排序方法的实参（函数也可以作为实参，这个特性使得 Python 处理数据的能力得到很大的扩充）。这种临时简单的函数，其名称并不重要，因为不需要在其他的地方使用。

6.5.1　lambda 函数定义

Python 中提供了一项非常有用的功能：利用 lambda 函数来替代 def，创建一个临时简单函数。请注意，与 def 语句不同，lambda 是一个表达式。这就使得 lambda 能够出现在函数调用的参数中。而 def 语句则不能作为参数传递给函数。

```
lambda <args>: <expression>
```

与 def 关键字后面紧跟函数名不同，lambda 关键字后面没有函数名，紧跟的是没有圆括号的参数列表 args，然后是冒号 “:”，在冒号后面是表达式。

lambda 函数的函数体只有一个表达式，类似于普通函数 return 后面的表达式。因此，lambda 函数仅能替代简单函数。当然，表达式可以写得比较复杂。表达式的结果就是 lambda 函数的返回值。对于 getSecondItem 函数，可以利用 lambda 改写成：

```
lambda x: x[1]
```

lambda 表达式创建一个函数，它会返回函数本身。这也是 lambda 被称为匿名函数的原因，它本身是没有名称的。如果需要在后面代码中使用该匿名函数，也可以将它赋值给一个变量。这个变量的类型就是一个函数。

```
>>> getSecondItem = lambda x: x[1]
>>> type(getSecondItem)
<class 'function'>
>>> getSecondItem(['600000','浦发银行'])
'浦发银行'
```

这样的 lambda 表达式使用方式和 def 语句没有什么区别，lambda 表达式通常不会这么使用，因为利用 def 语句会使程序更加清晰明了。这里只是帮助理解 lambda 表达式的工作方式。

lambda 表达式的作用远不止于此。它通常用于定义一些很小的函数，并且不需要记住它们名字的场景。

下面列举一些 Python 中经常用到匿名函数的场景。

6.5.2 应用一：列表排序

列表 sort 方法是根据列表值进行排序的，下面是 sort 方法的帮助信息：

```
>>> help(stock_list.sort)
Help on built-in function sort:
sort(*, key=None, reverse=False) method of builtins.list instance
    Stable sort *IN PLACE*.
```

从帮助信息可以看到，sort 方法不仅仅有 reverse 参数用于设置按照升序（默认值 False）还是降序（设置为 True）来排序。还有一个参数 key，其默认值为 None。可以通过 key 来传入一个函数，sort 方法将利用这个函数对列表每个元素的返回结果来排序。

【例 6-3】有二维列表存储了股票的名称和涨跌幅。编写程序，将列表按照涨跌幅的升序排列。

程序代码如下所示：

❶ >>> stock_list = [['招商银行', 0.0124], ['兴业银行', 0.0111],['中国银行', -0.0078],

```
['宁波银行', 0.0036],['浦发银行', 0.0000], ['工商银行', -0.0071]]
❷ >>> stock_list.sort(key=lambda x: x[1])
❸ >>> for name, pct in stock_list:
            print(name, pct)
```

以下是程序执行的结果：

```
中国银行 -0.0078
工商银行 -0.0071
浦发银行 0.0
宁波银行 0.0036
兴业银行 0.0111
招商银行 0.0124
```

　　列表的 sort 方法默认是按照每个元素的升序排序。例如，对 stock_list 进行排序时，根据元素 ['招商银行', 0.0124] 和 ['兴业银行', 0.0111] 的大小确定顺序。就像字符串大小比较一样，两个列表的大小取决于它们对应元素的大小。因此，这两个元素的大小又取决于字符串 '招商银行' 和 '兴业银行' 的大小。由于字符 '招' 的 Unicode 编码大于字符 '兴'，所以列表 ['招商银行', 0.0124] 大于 ['兴业银行', 0.0111]。直接排序的结果为：

```
>>> stock_list.sort()
>>> stock_list
[['中国银行', -0.0078], ['兴业银行', 0.0111], ['宁波银行', 0.0036], ['工商银
行', -0.0071], ['招商银行', 0.0124], ['浦发银行', 0.0]]
```

　　按照例 6-3 的要求，不是根据股票名称排序，而是根据涨跌幅。因此，需要函数能够返回所有股票的涨跌幅，从而进行排序。❷中定义的匿名函数 lambda x: x[1] 的作用就是将传入参数序号为 1 的元素返回。sort 方法会将列表中的每个元素分别传入该匿名函数中，得到 6 个涨跌幅，然后依据这 6 个涨跌幅对元素进行排序。具体排序过程如图 6-3 所示。

图 6-3　列表排序过程

6.5.3 应用二：映射函数 map

在 4.7.4 节中提到的 map 函数，可以对序列中的每个元素应用某个内置函数，并把函数结果收集起来，构成一个可迭代的 map 对象。

除了内置函数，常常会使用一些自定义的匿名函数来对序列元素进行映射。

【例 6-4】当收集股票信息时，无论是从文件读取，还是从网络获取，元素通常来说都是字符串类型。但是对于涨跌幅来说，应该是浮点型数据。因此，常常需要对每个涨跌幅进行数据转换。

程序代码如下所示：

❶ >>> stock_list = [['招商银行', '0.0124'], ['兴业银行', '0.0111'],['中国银行', '-0.0078'],
['宁波银行', '0.0036'],['浦发银行', '0.0000'], ['工商银行', '-0.0071']]
❷ >>> stock_map = map(lambda x: [x[0], float(x[1])], stock_list)
❸ >>> type(stock_map)
   <class 'map'>
❹ >>> stock_list = list(stock_map)
❺ >>> stock_list
[['招商银行', 0.0124], ['兴业银行', 0.0111], ['中国银行', -0.0078], ['宁波银行', 0.0036], ['浦发银行', 0.0], ['工商银行', -0.0071]]

在❶的 stock_list 中，二维列表 stock_list 中的股票名称和涨跌幅均为字符串类型。在❷的 map 函数中，第一个参数是匿名函数。

```
lambda x: [x[0], float(x[1])]
```

其作用是在传入参数 x 后，将 x[0] 和 float(x[1]) 构成的新列表返回，构成新 map 对象的一个元素。如❸所示，map 函数的结果为一个迭代的 map 对象。如果要获得列表，需要将 map 对象作为 list 函数的参数进行转换。从❺的结果可以看出，所有股票的涨跌幅已经转换成了浮点数。

6.5.4 应用三：选择函数 filter

与 map 函数类似，filter 函数也可以接受一个返回结果为布尔值的函数和可迭代对象作为实参。其作用是将可迭代对象中每一个元素都应用到传入的函数中，并将函数返回为 True 的元素添加到结果中，即对可迭代对象中的元素进行过滤。

【例 6-5】利用 filter 函数筛选出列表中上涨的股票信息。

程序代码如下所示：

❶ >>> stock_list = [['招商银行', 0.0124], ['兴业银行', 0.0111],['中国银行', -0.0078],
          ['上海银行', 0.0033],['农业银行', -0.0080],['建设银行', -0.0086],
          ['宁波银行', 0.0036],['浦发银行', 0.0000], ['工商银行', -0.0071]]
❷ >>> stock_filter = filter(lambda x: x[1]>0, stock_list)
❸ >>> type(stock_filter)

❹ >>> stock_list = list(stock_filter)
❺ >>> stock_list
[['招商银行', 0.0124], ['兴业银行', 0.0111], ['上海银行', 0.0033], ['宁波银行', 0.0036]]

在❷的 filter 函数中，第一个参数为函数类型，需要能返回布尔值的函数，这里使用的是匿名函数 lambda x: x[1]>0，即参数 x 的第一个元素大于 0 时返回 True，否则返回 False。将 stock_list 中的每个元素应用该匿名函数后，返回值为 True（涨幅大于 0）的元素构成新 filter 对象的一个元素。❹将 stock_filter 这个可迭代的 filter 对象转换成列表。

6.6　递归函数

递归是一种广泛应用的算法。它能够把一个大型复杂的问题转化为一个与原问题相似的较小规模的问题来求解，用非常简洁的方法来解决重要问题。就像一个人站在装满镜子的房间中，看到的影像就是递归的结果。

阶乘是数学上经典的递归例子。一个正整数的阶乘（factorial）是所有小于等于该数的正整数的乘积，特别地，0 的阶乘为 1。自然数 n 的阶乘表示为 n!。根据定义可知：

```
n! = n * (n-1) * ...* 2 * 1
```

根据这个定义，可以给出阶乘的表达式为：

$$n! = \begin{cases} 1 & n = 0 \\ n*(n-1)! & n > 0 \end{cases}$$

从这个表达式可以看出，求解 n 的阶乘时，可以先求解出 $n-1$ 的阶乘后再乘以 n 即可。$n-1$ 的阶乘可以求解出 $n-2$ 的阶乘后再乘以 $n-1$ 即可。这样一层一层求解下去，直到 $n=0$ 时，给出确定的值 1。

因此，对于递归来说，必须存在一个或多个基例，基例不再需要递归，是一个确定的值或表达式。所有递归链都要以一个或多个基例结束。在阶乘的例子中，基例就是 $n=0$ 时值为 1。

利用程序来解决这类问题的算法叫作递归算法。其核心是通过函数定义中调用函数自身的方式来实现。

【例 6-6】根据用户输入的整数 n，计算并输出 n 的阶乘值。

程序代码如下所示：

```
❶ def factorial(n):
❷     if n == 0:
❸         return 1
❹     else:
❺         return n * factorial(n-1)
❻ num = int(input("请输入一个正整数 : "))
❼ print('{} 的阶乘为 :{}'.format(num,factorial(num)))
```

以下是程序执行的结果：

```
请输入一个整数：5
5 的阶乘为 :120
```

在❶定义的函数 factorial 函数体中，包含❷的 if 语句。其中条件表达式为 True，即 n 为 0 时，函数返回的值为确定的 1，这是这个递归问题的基例；条件表达式为 False 时，函数返回的是 n * factorial(n-1)，即 n 与 n–1 阶乘的乘积，在这里调用了函数自身，传递的参数为 n–1。

基例有时不止一个，可能有多个。

【例 6-7】斐波那契数列（Fibonacci sequence），又称黄金分割数列。因数学家列昂纳多·斐波那契（Leonardoda Fibonacci）以兔子繁殖为例子而引入，故又称为 "兔子数列"，指的是这样一个数列：1、1、2、3、5、8、13、21、34……

在数学上，斐波纳契数列以如下递归的方法定义：F(1)=1，F(2)=1，F(n)=F(n–1)+F(n–2)（n>=3，n ∈ N）。这个数列的特征是从第 3 项开始，每一项都等于前两项之和。

编写程序，用户输入正整数 n，输出斐波那契数列的前 n 项。

程序代码如下所示：

```
❶ def fibo(i):
❷     if i in (1,2):
❸         return 1
❹     else:
❺         return fibo(i-1) + fibo(i-2)
❻ num = int(input('请输入一个大于 3 的正整数 :'))
❼ print('\n斐波那契数列的前 {} 项为: '.format(num))
❽ for i in range(1, num+1):
       print(fibo(i), end=' ')
```

以下是程序执行的结果：

```
请输入一个正整数 :10

斐波那契数列的前 10 项为：
1 1 2 3 5 8 13 21 34 55
```

在这个例子中，❶定义的函数在❺中也通过调用函数自身产生递归的结果。与例 6-6 不同的是，❷中递归的基例有两个，即 i 的值为 1 和 2 时，返回确定的值 1，而不是递归调用。

这段代码在 n 的值较大时运算非常慢。通过分析可以发现，利用简单递归方式来实现时，有许多重复运算的过程。例如，计算数列的第 50 项时，需要计算第 49 项和第 48 项，而第 49 项和第 48 项在前面的运算中已经计算过了。因此，如果改变一下算法，将已经计算过的值保存下来，在需要时直接使用，这样效率会更高。这里采用字典来保存已经计算过的值，字典的键为整数 n，代表数列的第 n 项，值为已经计算出来的数列第 n 项值。

```
❶ calculate_dic = {1: 1, 2: 1}
❷ def fibByDic(n):
❸     if n not in calculate_dic:
❹         new_value = fibByDic(n-1) + fibByDic(n-2)
❺         calculate_dic[n] = new_value
```

```
❻    return calculate_dic[n]
❼num = int(input('请输入一个大于 3 的正整数:'))
❽print('\n 斐波那契数列的前 {} 项为: '.format(num))
❾for i in range(1, num + 1):
     print(fibByDic(i), end=' ')
```

以下是程序执行的结果：

请输入一个大于 3 的正整数:20

斐波那契数列的前 20 项为：
1 1 2 3 5 8 13 21 34 55 89 144 233 377 610 987 1597 2584 4181 6765

在这段改进后的代码中，❶定义的字典 calculate_dic 用于存储已经计算出来的数列值。由于第 1、2 项是确定的值 1，因此创建字典时就将这两个基例存储在字典中。在❷定义的函数 fibByDic 中，对于字典中不存在的项进行❹的递归计算，并通过❺把计算的结果存储到字典中。❻将字典中键为 n 的值作为函数的返回值。由于字典 calculate_dic 是一个全局变量，因此每次调用 fibByDic 时查询和添加的都是同一个字典。

通过这个例子可以看出，利用程序解决问题的时候会用不同的方式和数据结构来实现。但它们的效率可能在数据量较大时有很大差别。因此，针对不同的数据，有时候需要考虑不同的实现方法。改进算法可以大大提高处理效率。

6.7　案例：个人贷款计算器

个人贷款的还款方式分为等额本息还款和等额本金还款两种方式。在第 4.8 节的案例中，实现了等额本金还款方式。利用函数，可以实现更加复杂的系统。现要求编写个人贷款计算器，根据用户输入的贷款金额、贷款期限、还款方式和贷款年利率，打印出支付总利息和每个月的详细信息（包含还款本金、利息和剩余金额），其中贷款年利率默认为 4.9%。

程序代码如下所示：

```
# 等额本金贷款
❶def loanByAvgAmt(loan_amt, loan_month, month_rate):
    repaid_amt = 0
    # 每月还款的等额本金
    loan_amt_per_month = loan_amt / loan_month
    need_paid_interest = 0
    for i in range(1, loan_month + 1):
        interest_amt = (loan_amt - repaid_amt) * month_rate# 每月还款的利息
        need_paid_interest = need_paid_interest + interest_amt# 所有利息的和
        amt_for_month = loan_amt_per_month + interest_amt# 每月还款的总额
        repaid_amt = repaid_amt + loan_amt_per_month# 已还款的本金金额
        print('第 {} 个月需还:{:.2f}, 其中本金 {:.2f}, 利息 {:.2f}。本金余额:{:.2f}'.format(
                                        i,amt_for_month,loan_amt_per_month,
                                        interest_amt,loan_amt - repaid_amt))
    print('等额本金贷款支付的利息总额为: {:.2f} 元 '.format(need_paid_interest))
# 等额本息贷款
❷def loanByAvgAmtAndInterest(loan_amt, loan_month, month_rate):
    repaid_amt = 0
    # 每月还款的等额本息计算公式
```

```
❸      need_paid_per_month = loan_amt * ((month_rate * (1 + month_rate) **
                                    loan_month)/((1 + month_rate) ** loan_month - 1))
       need_paid_interest = 0
❹      for i in range(1, loan_month + 1):
           interest_amt = (loan_amt - repaid_amt) * month_rate# 每月还款的利息
           need_paid_interest = need_paid_interest + interest_amt# 所有利息的和
           # 每月还款的等额本息中的本金
           repaid_amt_for_month = need_paid_per_month - interest_amt
           repaid_amt = repaid_amt + repaid_amt_for_month# 已还款的本金金额
           print(' 第 {} 个月需还 :{:.2f}, 其中本金 {:.2f}, 利息 {:.2f}。本金余额 :{:.2f}'.format(
                               i,need_paid_per_month,repaid_amt_for_month,
                               interest_amt,loan_amt - repaid_amt))
       print(' 等额本息贷款支付的利息总额为 : {:.2f} 元 '.format(need_paid_interest))
❺ def loanCaculator(loan_amt, loan_month, loan_type , year_rate = 0.049):
❻     month_rate = year_rate / 12
❼     if loan_type == 1:
           loanByAvgAmt(loan_amt, loan_month, month_rate)
       elif loan_type == 2:
           loanByAvgAmtAndInterest(loan_amt, loan_month, month_rate)
       else:
           print(' 贷款方式输入错误。')
❽ amount = float(input(' 请输入贷款金额: '))
  month = int(input(' 请输入贷款期限 (月): '))
  type_selector = int(input(' 请输入还款方式（1 为等额本金，2 为等额本息): '))
  rate_str = input(' 请输入贷款年利率（直接回车为默认利率 4.9%): ')
❾ if rate_str and len(rate_str) > 0:
      loanCaculator(amount, month, type_selector, float(rate_str))
  else:
      loanCaculator(amount, month, type_selector)
```

以下是程序执行的结果：

```
请输入贷款金额: 1000000
请输入贷款期限 (月): 360
请输入还款方式（1 为等额本金，2 为等额本息): 2
请输入贷款年利率（直接回车为默认利率 4.9%):
第 1 个月需还 :5307.27, 其中本金 1223.93, 利息 4083.33。本金余额 :998776.07
第 2 个月需还 :5307.27, 其中本金 1228.93, 利息 4078.34。本金余额 :997547.13
......
第 359 个月需还 :5307.27, 其中本金 5264.19, 利息 43.08。本金余额 :5285.68
第 360 个月需还 :5307.27, 其中本金 5285.68, 利息 21.58。本金余额 :0.00
等额本息贷款支付的利息总额为 : 910616.19 元
```

这是一个相对完整的个人贷款计算器。根据对案例要求的分析，可以将任务分解成三个部分。

❺所定义的计算器是在得到数据后运算的入口。将贷款金额、期限、还款方式和利率作为形参，其中利率设置了默认值 0.049，即在没有给出年利率时的默认利率，例如❾ if语句中 else 子句引导的代码块。在该函数中，❻将年利率转换成了月利率。❼根据不同的还款方式分别调用不同的函数进行计算。

❶所定义的是用户在还款方式处输入 1，即等额本金还款方式时调用的函数。函数计算过程与第 4.8 节案例中的基本一致。

❷所定义的是用户在还款方式处输入 2，即等额本息还款方式时调用的函数。在函数体中，❸利用等额本息公式计算出每月应还的金额（包括本金和利息）。❹利用 for 循环按

月计算剩余本金的利息、每月还款中本金金额和已还本金金额，并且每个月打印相关信息。

利用三个函数实现分解后的任务可以让程序的结构更加清晰。每个函数完成各自独立的功能，都有单一的、统一的目标。每个函数都相对较小。两种不同还款方式的函数相互不影响，根据调用者所给的参数以及自身逻辑实现每个月还款信息的计算。调用者也不需要关心不同还款方式具体的实现逻辑。

● 引导案例解析 ●—○—●—○—●

根据对引导案例的分析，结合本章的学习，实现生活费管理程序中打印支出类别的小功能。由于该功能在程序多处需要使用，因此将其定义成函数，在需要输出支出类别的位置调用该函数即可。

程序代码如下：

```
❶ def print_cat(in_dic):
❷     cat_list = list(in_dic.items())
❸     cat_list.sort(key=lambda x: x[0])
    print(' 支出类别: ')
    print('-' * 10)
❹     for item in cat_list:
❺         print('{}. {}'.format(*item))
    print('-' * 10)

❻ cat_dic = {1:' 日常支出 ', 2:' 学习用品 ', 3:' 其他支出 '}
❼ print_cat(cat_dic)
```

以下是程序执行的结果：

```
支出类别:
----------
1. 日常支出
2. 学习用品
3. 其他支出
----------
```

在这段代码中，标号为❶的代码行通过 def 关键字定义了函数 print_cat，该函数带有一个参数 in_dic，即类别构成的字典，紧接着是函数体，其实现了函数的功能；由于字典是无序的，因此标号为❷的代码行将字典的 items()，即由键值对元组构成的可迭代对象转换成类别列表 cat_list，以便排序；标号为❸的代码行利用列表的 sort() 函数，将列表按照每项支出类别的代号进行升序排列，其参数 key 的值为 lambda 匿名函数，该函数返回传入参数（类别代号和名称构成的元组）中的首个元素，即类别代号；标号为❹的代码行通过 for 循环输出类别列表 cat_list 中的内容；其中，item 为列表代号和名称构成的元组；标号为❺的代码行通过在 item 前使用 * 进行参数解包后，利用字符串 format() 函数构造成新字符串并打印输出；标号为❻的代码行构造了类别字典；标号为❼的代码行是对自定义函数 print_cat 的调用，以便打印出支出类别的代号和名称。

● 小 结 ●━○━●━○━●

本章介绍了在利用程序解决问题时非常重要的函数概念。函数能把代码块进行打包，对复杂任务进行分解，最大程度地实现代码重用，减少了代码冗余。

通过 def 语句会创建一个与函数名对应的函数类型变量。函数体中可以包含 0 个或多个 return 语句。执行 return 语句会将值返回到调用函数时的暂停处。通常情况下，函数需要的数据通过参数传递。调用函数时可以通过位置参数和关键字参数两种形式将实参赋值给形参。定义函数时可以指定形参的默认值，通过 "*" 收集位置参数，通过 "**" 收集关键字参数。在调用函数时，实参可以使用 "*" 将列表、元组等值解包成位置参数形式，也可以使用 "**" 将字典类型的实参值解包成关键字参数形式。

根据作用域的不同，变量有局部变量和全局变量之分。在局部作用域中，同名的局部变量会使得全局变量隐藏起来。global 语句可以避免在局部作用域创建同名的局部变量，保证使用的是全局变量。lambda 表达式创建匿名函数，用于实现简单功能的函数，通常作为实参赋值给函数的形参。递归函数是在函数定义中调用自身的函数，能够把一个大型复杂的问题转化为一个与原问题相似的较小规模的问题来解决。

● 练 习 ●━○━●━○━●

1. 简述函数的作用。

2. 定义函数语句使用的关键字是____，创建匿名函数的表达式使用的关键字是____。

3. 简述调用函数时参数赋值的方式。

4. 简述局部变量和全局变量。

5. 在调用函数时，参数解包指的是什么？

6. 编写函数，接受任意数量的股票代码，以字典形式返回代码中沪市主板和深市主板股票数量。沪市主板的股票代码以 60 开头，深市主板的股票代码以 000 开头。

7. 商品的销售数量使用嵌套子列表的形式存储，嵌套层数是任意的，列表长度也是任意的。例如：

   [10, [12, [23, 14], 25], 36, [17, 28]]

   利用递归函数，计算销售数量之和。

8. 现有股票信息列表 stock_list，元素为股票名称和收益率构成的元组。编写程序，利用 map 函数统计收益率大于 0 的股票；利用 filter 函数统计收益率小于 0 的股票。部分数据如下所示：

   stock_list = [[' 招商银行 ', 0.0124], [' 兴业银行 ', 0.0111],

                   [' 中国银行 ', −0.0078],[' 上海银行 ', 0.0033],

                   [' 农业银行 ', −0.0080],[' 建设银行 ', −0.0086],

['宁波银行', 0.0036],['浦发银行', 0.0000],

['工商银行', -0.0071]]

9. 现有二维列表 goods_list 存储商品销售信息，元素为商品名称、单价和销售数量构成的元组。编写函数，以二维列表为参数，返回销售额最高和最低商品名称构成的元组。部分数据如下所示：

goods_list = [('内存',100, 600), ('键盘',120, 210),

('移动硬盘',200, 520), ('鼠标',108, 120)]

第7章 ●—○—●—○—●

数据存取：文件

- 掌握文件与路径的概念
- 熟悉文本文件与二进制文件的区别
- 熟练掌握文件打开、关闭、读取和写入操作
- 掌握 with 语句的用法
- 掌握 pickle 文件的用法
- 了解 JSON 格式的用法
- 灵活运用文件解决实际问题

引导案例 ●—○—●—○—●

到目前为止，小明的生活费管理程序的功能设计已经非常清晰。每块功能都可以通过所学习的程序设计知识来实现。但遗憾的是，每次程序运行后，都需要重新输入所有数据。小明输入的数据无法保存下来。

因此，小明希望这个生活费管理程序可以将每次输入的信息保存下来。这样可以随时添加新的支出信息，并进行查询、统计和分析。

通过以上描述可知，小明希望将输入的信息像文件一样存储下来，便于今后的查询、统计和分析。

通过对本章的学习，请你编写程序帮助小明实现学习用品详细信息的存储和读取。

到目前为止，程序处理的数据均来自键盘输入，其结果总是显示到屏幕上。这样的程

序处理数据的能力显然是有限的。实际上，我们总是希望能直接获取到需要处理的数据，处理结果也能持久化地存储下来，以便今后查看或再次使用。

通常来说，在 Python 中永久存储数据主要通过文件和数据库两种方式来实现。本章我们将学习与文件相关的基础知识，有关数据库的知识将在第 10 章学习。

7.1　文件与路径

在计算机中，文件指的是存储在磁盘上的数据序列，它可以包含任何数据内容。文件是一些相关数据的集合和抽象。

"文件名"是文件的一个重要属性。文件名通常由文件主名和扩展名构成。一般来说，主名和扩展名之间用一个圆点"."隔开。扩展名通常由 1 ～ 4 个字符组成，用于表示文件的类型。例如：report.docx 是主名为 report、扩展名为 docx 的 word 文档，searchGoods.py 是主名为 searchGoods、扩展名为 py 的 Python 源文件。

计算机中使用"文件夹"（也常常称为目录）来组织文件。文件夹就像装文件的盒子。当然可以在大盒子中再装小盒子。也就是说文件夹可以包含文件和其他文件夹。

路径指明了文件在计算机中存储的位置。路径中包含了存储文件的各级文件夹。文件夹之间用斜线隔开。在 Windows 中使用正斜杠"\"来分隔，在 Mac OS X 和 Linux 中使用倒斜杠"/"作为路径分隔符。有两种方式表示文件路径。

- 绝对路径：从根目录开始的路径。
- 相对路径：从当前工作目录开始的路径。

在 Windows 系统中，根目录指的是盘符，例如" C"。在 Mac OS X 和 Linux 系统中的根目录通常是倒斜杠"/"。

每个运行在计算机上的程序，都有一个"当前工作目录"。在 Python 中，可以用 os 模块中的 getcwd() 方法获取当前工作目录：

```
>>> import os
>>> os.getcwd()
'/Users/xiezhilong'
```

假如在根目录的 Users 文件夹下有一个文件夹 xiezhilong，其中有一个 Documents 文件夹，存储了 report.docx 文件。用绝对路径描述这个文件的位置为：

```
/Users/xiezhilong/Documents/report.docx
```

如果当前工作目录是 /Users/xiezhilong，用相对路径描述这个文件的位置为：

```
Documents/report.docx
```

在 os 模块中还包含大量文件相关操作的方法。例如，listdir(path=None) 方法返回指定目录中包含的文件和子目录列表，默认情况下返回当前工作目录中的信息。

```
>>> os.listdir('data/sales')
['2020_04.csv', '2020_01.csv', '2020_02.csv', '2020_03.csv']
```

os 模块中的 os.path.exists(path) 用于检验文件是否存在，其中 path 是文件或文件夹的路径。

```
>>> os.path.exists ('data/sales/2020_01.csv')
True
>>> os.path.exists ('data/sales/2020_12.csv')
False
```

7.2　文本文件与二进制文件

计算机上存储的文件都是以二进制存储的，一般可以采取以下两种方式读取。

文本文件：文件内容是常规的字符，不会包含字体、大小和颜色等信息，例如带有 .py 扩展名的 Python 源文件。

二进制文件：文件内容是特殊的字节数据，例如 Word 文档、PDF 文档、图像文件和编译后的可执行文件。二进制文件内部数据的组织格式与文件用途有关。这类文件需要用特定程序打开才能读取，例如可以使用 Word 打开 Word 文档，但是不能打开 Excel 文档。

计算机中使用字符集表示字符。最常用的美国标准信息交换代码（American Standard Code for Information Interchange，ASCII 码）定义了从 0 到 127 的整数对应的字符。例如，整数值 97 对应字符 a。Python 中可以使用 ord 函数获得字符对应的整数，使用 chr 函数获得整数对应的字符。

```
>>> ord('a')
97
>>> chr(97)
'a'
```

Unicode 突破了 ASCII 码只能表示英文字母和符号的限制，为每种语言的每个字符设定了唯一的编码，以满足跨语言、跨平台进行文本转换和处理的要求。

```
>>> ord('你')
20320
```

将 Unicode 字符按照特定编码规则（例如 UTF8 编码）翻译为原始字节形式的过程被称为编码。反过来，把原始字节翻译为 Unicode 字符串的过程则被称为解码。

文本文件和二进制文件的主要区别在于文本文件有统一字符编码，但二进制文件没有。当打开一个文本文件时，读取数据会自动将其内容解码，并将解码的内容返回为一个字符串；向文件中写入数据时，会将写入的字符串自动进行编码。

7.3 操作文件

在 Python 中，操作文件包含 3 个步骤：

（1）调用 open() 函数打开物理文件，返回一个文件对象。

（2）调用文件对象的 read() 或 write() 方法读写文件。

（3）调用文件对象关闭文件。

7.3.1 打开文件

在读写文件内容前，需要创建文件对象指向磁盘中的物理文件。Python 通过内置的 open() 函数打开文件并创建该对象。

```
open(file, mode='r', encoding=None)
```

参数 file 是需要打开的物理文件的绝对路径或相对路径字符串。例如，打开当前工作目录下 data 目录中的 employees.txt 文件。

```
>>> emp_file = open('data/employees.txt')
>>> type(emp_file)
<class '_io.TextIOWrapper'>
>>> emp_file
<_io.TextIOWrapper name='data/employees.txt' mode='r' encoding='UTF-8'>
```

利用内置 open() 函数创建文件对象赋值给 emp_file 后，直接查看其内容可以看到该对象打开的物理文件（含路径和文件名），打开模式和编码。打开文件如图 7-1 所示。

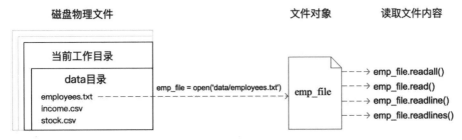

图 7-1 打开文件

> **路径中的斜杠**
>
> 路径中的正斜杠是在 Mac OS X 和 Linux 系统中使用的。在 Windows 系统中应该使用反斜杠的形式：
>
> emp_file = open(r'data\employees.txt')
>
> 或
>
> emp_file = open('data\\employees.txt')

参数 mode 是打开文件的模式，如表 7-1 所示，默认值为 'r'。

表 7-1 文件打开模式

模式	说明
'r'	默认值，读模式，文件不存在触发 FileNotFoundError 异常
'w'	写模式，文件不存在则创建，存在则覆盖
'x'	写模式，文件不存在则创建，存在则触发 FileExistError 异常
'a'	追加模式，文件不存在则创建，存在则在文件末尾追加内容
'b'	以二进制方式打开文件
't'	默认值，以文本文件方式打开文件
'+'	结合 r/w/x/a 使用，创建可以同时读写的文件对象

参数 encoding 是指定文本文件读取数据时解码或写入数据时编码所用的规则，为默认值 None 时使用的规则取决于操作系统。通过 sys 模块的方法可以查看当前默认编码。

```
>>> import sys
>>> sys.getdefaultencoding()
'utf-8'
```

注意

通常来说，在 Mac OS X 和 Linux 系统中默认编码为 utf-8。在中文 Windows 系统中默认编码为 gbk。

例如，用 utf-8 编码打开当前工作目录中 data 目录下的 statistic.txt 文件，用于存储统计结果。如果文件存在，则在文件末尾追加内容。

```
>>> stat_file = open('data/statistic.txt', 'a', encoding='utf-8')
```

7.3.2 关闭文件

在操作完文件后，必须将文件关闭，这点非常重要。

调用文件对象的 close() 方法可以关闭文件，终止文件对象与磁盘物理文件的连接、释放操作系统资源。在写入和追加写入模式下，暂存于内存中的文件内容会输出到磁盘中永久保存。

```
>>> stat_file.close()
```

7.3.3 写入文本文件

当指定 open() 函数的 mode 参数值为 'w'、'x' 和 'a' 时，可以向创建的文件对象中写入数据。使用文件对象的 write() 方法就可以将文本写入文件中。

```
file_obj.write(text)
```

其中，text 是要写入文件的字符串。该方法会返回写入文件的字符数量，通常来说等于字符串的长度。

【例 7-1】用户输入商品名称和销售额，将输入的明细和合计信息存储到文件 sales.txt 中。

程序代码如下所示：

```
❶ sales = []
❷ sale_amt = 0
❸ while True:
       sale_info = input('请输入商品名称和销售额（用逗号隔开，直接回车结束）: ')
       if len(sale_info) == 0:
           break
❹     goods_name, amount = sale_info.split(',')
❺     sale_amt = sale_amt + float(amount)
       sales.append([goods_name, amount])
❻ sale_file = open('sales.txt', 'w', encoding='utf-8')
   sale_file.write('销售明细:\n')
❼ for goods_name, amount in sales:
❽     sale_file.write(goods_name + ',' + amount + '\n')
❾ sale_file.write('销售额合计: {:.2f}元\n'.format(sale_amt))
❿ sale_file.close()
```

以下是程序执行的结果：

```
请输入商品名称和销售额（用逗号隔开，直接回车结束）: 笔记本,1000
请输入商品名称和销售额（用逗号隔开，直接回车结束）: 钢笔,800
请输入商品名称和销售额（用逗号隔开，直接回车结束）: 铅笔,500
请输入商品名称和销售额（用逗号隔开，直接回车结束）:
```

首先，❶❷初始化了存储商品销售明细的列表和合计销售额。在❸的循环中输入并处理明细信息。循环体中❹对输入的信息以逗号分隔，便于❺统计总的销售额。需要注意的是，紧接着添加到 sales 列表中的商品名称和销售额均为字符串，因此，在❽中可以用加号 "+" 将商品名称、逗号、销售额以及换行符 "\n" 进行连接。在❻中用 "w" 模式在当前工作目录打开文件 sales.txt，指定了 encoding 参数，因此写入时会使用 utf-8 进行编码。紧接着写入了文件的第一个字符串："销售明细:\n"。在字符串后加上换行符 "\n" 是希望在打开文件时，后面的内容换行显示。write() 方法不会自动加换行符。❼通过循环将 sales 列表中的每个商品明细构成的字符串逐行写入文件中。❾最后写入销售合计。注意：只能将字符串写入文本文件中，因此使用字符串的 format() 方法对销售合计进行了格式化。❿关闭了 sale_file 文件对象，将内容输出到磁盘的 sales.txt 文件中，并终止 sale_file 与物理文件 sales.txt 的连接。

程序运行结束后，在当前工作目录下产生 sales.txt 文件，其内容如图 7-2 所示：

图 7-2　写入文件内容

7.3.4 读取文本文件

在 Python 中，使用 open() 函数打开文件时，mode 参数的默认值是"rt"，即以文本文件的形式读取文件。

1. 使用文件内置方法读取

对于可读的文件对象，可以使用表 7-2 的四种方法读取内容。

表 7-2 文件打开模式

方法	说明
readall()	以字符串形式返回整个文件内容
read(size=–1)	默认读入从当前位置至文件末尾的内容；当 size 参数为大于 0 的正整数 n 时，从文件中读入最多 n 个字符
readline(size=–1)	默认从文件中读入一行内容；当 size 参数为大于 0 的正整数 n 时，从当前行读入最多 n 个字符
readlines(hint=–1)	默认返回以文件中所有行为元素构成的列表；当 hint 参数为大于 0 的正整数 n 时，读入的所有行字符数不超过 n

当打开文本文件时，会有一个指针指向文件开头的字符。每次读取数据后，指针会往后移动到相应位置。例如，在使用 readline() 读入一行内容时，指针会移动到下一个换行符的后面，直到指向文件尾部标记 EOF（end of file）。读入文件内容的示例如图 7-3 所示。

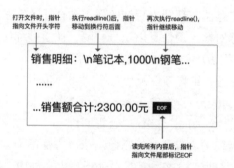

图 7-3　读入文件内容

文件内容全部读取后，指针指向文件尾部。如果需要从头读取文件内容，需要通过文件对象的 seek() 方法将指针移动到文件开头，或者使用 open() 函数重新打开文件。

❶ >>> in_file = open('sales.txt', encoding='utf-8')
❷ >>> in_file.readline()
　　'销售明细 :\n'
❸ >>> in_file.readline()
　　'笔记本 ,1000\n'
❹ >>> in_file.seek(0)
　　0
❺ >>> in_file.readline()
　　'销售明细 :\n'

在❶中使用 open() 函数打开当前工作目录下的 sales.txt 文件时，默认的 mode 是"rt"，并且指定了与文本文件一致的编码格式 utf-8。如果系统当前默认编码格式与文本文件使用格式一致，也可以不指定。❷读取了文件的第一行内容，包含了换行符"\n"。❸执行了和❷一模一样的命令，但由于文件指针已经移动，因此得到文件中第二行（即第一个换行符之后到第二个换行符之间）的内容。❹通过 seek() 方法，传入参数 0，将指针重新指向文件开头。因此，❺再次执行 readline() 方法时，与❷一样，得到文件第一行的内容。

2. 使用 for 循环逐行读取

在绝大多数情况下，对于文本文件的读取都是逐行读取。文件对象本身是一个可迭代对象。因此，通常情况下，推荐使用 for 循环来逐行读取文本文件内容。特别是在读取非常大的文本文件时，使用这种方式不会一次性将整个文件读入内存中，而是逐行读取，从而减轻内存压力。

```
❶ in_file = open('sales.txt', encoding='utf-8')
❷ for line in in_file:
❸     print(line, end='')
❹ in_file.close()
```

以下是程序执行的结果：

```
销售明细 :
笔记本 ,1000
钢笔 ,800
铅笔 ,500
销售额合计: 2300.00 元
```

在❶中创建文件对象 in_file。在❷中的 for 循环中，将可迭代对象 in_file 放在 in 关键字后面。其作用是每次将文件中的一行取出并赋值给 line 变量，直到读取完所有行。在循环体中，❸将 print() 函数的 end 参数设置为空字符串的原因是文件中每行的末尾都有换行符"\n"，不再需要 print() 函数在打印的末尾添加换行符。如果不设置 end 参数，则会在两行之间有空白行。

3. 使用列表推导式和 map() 函数逐行处理

文件作为可迭代对象，可以使用列表推导式和 map() 函数对每行进行相应处理，生成新的列表。

```
❶ >>> in_file = open('sales.txt', encoding='utf-8')
❷ >>> lines = [line.rstrip() for line in in_file]
   >>> lines
     ['销售明细 :', '笔记本 ,1000', '钢笔 ,800', '铅笔 ,500', '销售额合计: 2300.00 元 ']
   >>> in_file.close()
❸ >>> lines = list(map(lambda line: line.rstrip(), open('sales.txt')))
   >>> lines
     ['销售明细 :', '笔记本 ,1000', '钢笔 ,800', '铅笔 ,500', '销售额合计: 2300.00 元 ']
```

❷的列表推导式将❶中创建的可迭代文件对象放在 in 关键字后面，逐行读取到 line 中，利用字符串的 rstrip() 方法去掉右侧的换行符"\n"，构成新列表的元素。❸使用内置函数 map() 实现了相同的功能，传递给 map() 函数的是直接使用 open() 函数打开的文件对象，并没有赋值给其他变量。因此在执行结束后文件对象被回收时，文件自动关闭。这对于读取

文件是可以的，但在写入文件时，建议尽量手动关闭文件，以确保内容存储到磁盘中。

7.3.5 使用 with 语句自动管理

Python 中的 with 语句适用于对资源进行访问的场合，确保不管使用过程中是否发生异常都会释放资源，比如文件使用后自动关闭。

```
❶ >>> with open('sales.txt', encoding='utf-8') as sales_file:
❷         for line in sales_file:
❸             print(line, end='')
销售明细：
笔记本，1000
钢笔，800
铅笔，500
销售额合计：2300.00 元
```

❶中的 with 语句打开当前工作目录下的 sales.txt 文件，并赋值给变量 sales_file。在 with 语句的代码块❷❸中，可以使用文件对象 sales_file，代码块执行结束后，with 语句将自动关闭 sales_file 指向的文件，释放系统资源，即使文件操作过程中异常引发结束，也是如此。

7.4 案例：销售统计

sales 目录下的文件是某便利店每个月的销售数据，文件按照年份和月份命名。例如 2020_01.csv 是 2020 年 1 月的销售数据。文件的第一行是标题，从第二行开始是具体销售数据，数据之间用逗号隔开，如图 7-4 所示。

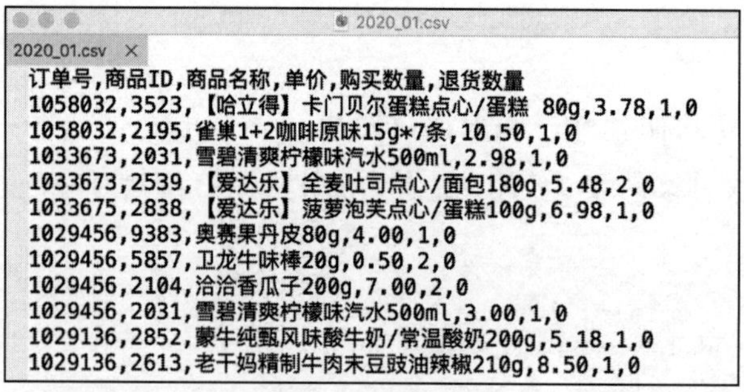
2020_01.csv
2020_01.csv ×
订单号,商品ID,商品名称,单价,购买数量,退货数量
1058032,3523,【哈立得】卡门贝尔蛋糕点心/蛋糕 80g,3.78,1,0
1058032,2195,雀巢1+2咖啡原味15g*7条,10.50,1,0
1033673,2031,雪碧清爽柠檬味汽水500ml,2.98,1,0
1033673,2539,【爱达乐】全麦吐司点心/面包180g,5.48,2,0
1033675,2838,【爱达乐】菠萝泡芙点心/蛋糕100g,6.98,1,0
1029456,9383,奥赛果丹皮80g,4.00,1,0
1029456,5857,卫龙牛味棒20g,0.50,2,0
1029456,2104,洽洽香瓜子200g,7.00,2,0
1029456,2031,雪碧清爽柠檬味汽水500ml,3.00,1,0
1029136,2852,蒙牛纯甄风味酸牛奶/常温酸奶200g,5.18,1,0
1029136,2613,老干妈精制牛肉末豆豉油辣椒210g,8.50,1,0

图 7-4 销售数据

现需要统计每个月的销售额以及总销售额，并将统计结果写入文本文件 statistic.txt 中。

以纯文本形式按行存储表格数据，每行的值之间使用逗号分隔，是一种通用的文件格式，称为 CSV（comma-separated values）文件。Python 提供了丰富的第三方库对这类文件进行操作，例如 csv 模块和 pandas 等。

在这里，为熟悉文件操作过程，使用 Python 自带的文件操作功能来完成统计工作。

程序代码如下所示：

```
   import os
❶ stat_dic = {}
   file_list = os.listdir('sales')
❷ for file_name in file_list:
❸     with open(os.path.join('sales', file_name), encoding='utf-8') as sales_file:
           first_line_flag = True
           month_amount = 0
           for line in sales_file:
❹             if first_line_flag:
                   first_line_flag = False
                   continue
❺             rec = line.rstrip().split(',')
❻             month_amount += float(rec[-3]) * (int(rec[-2]) - int(rec[-1]))
       month_name = file_name[:4] + '年' + file_name[5:7] + '月'
❼     stat_dic[month_name] = month_amount
❽ stat_list = list(stat_dic.items())
   stat_list.sort(key=lambda x: x[0])
   out_file = open('statistic.txt', 'wt', encoding='utf-8')
   total_amount = 0
❾ for month, amount in stat_list:
       total_amount += amount
❿     out_file.write('{}:{:,.2f}元\n'.format(month, amount))
   out_file.write('销售总额:{:,.2f}元\n'.format(total_amount))
   out_file.close()
```

程序执行后生成的 statistic.txt 文件内容如下所示：

```
2020年01月:566,218.23元
2020年02月:12,538.74元
2020年03月:650,070.04元
2020年04月:663,464.03元
销售总额:1,892,291.04元
```

在导入 os 模块后，❶初始化了用来存储每个月销售额的字典 stat_dic。由于 sales 目录下包含销售数据的文件不断变化，使用字典是最佳的选择。❷的 for 循环使用前面通过 os 模块 listdir() 方法所获取的当前工作目录下 sales 中的文件列表 file_list 作为可迭代对象，对每个文件进行读取统计操作。

❸使用 with 语句打开当前 file_name 所指向的物理文件。这里使用了 os 模块中 path 子模块的 join() 方法，将 sales 目录和文件名 file_name 组合成一个相对路径。这种方式可以避免不同系统使用不同的斜杠（正斜杠和反斜杠）作为路径分隔符带来的问题。with 语句的代码块首先初始化了❹ if 语句中用于跳过每个文件第一行的标识变量 first_line_flag（因为每个文件第一行为标题行，不应被统计），接着初始化了统计每个月销售额的临时变量 month_amount。紧接着的 for 循环读取当前文件中的每一行。

❺对当前行的字符串执行 rstrip() 去除换行符 "\n" 后的结果字符串调用 split() 方法，依据逗号进行分割，得到列表 rec 中包含当前行的销售信息。❻利用列表 rec 中后面三项：单价、购买数量和退货数量，计算出销售额后累加至临时变量 month_amount 中。注意，由于文件中读取出来的内容是字符串，因此对这三项均使用转换函数 float() 和 int() 进行类型转换后再运算。

❼将月份名称 month_name 作为键，临时变量 month_amount 作为值，在字典 stat_dic 中添加当前月份的统计信息。

由于字典是无序的，为了保证按顺序将统计信息写入文件 statistic.txt 中，❽将字典中的键值利用 list() 函数创建为列表 stat_list，并紧接着调用列表的 sort() 方法对列表中的元素（月份信息和销售额构成的元组）根据月份信息进行升序排列。

❾的 for 循环遍历排序后列表中的每个元素。首先将当前月份销售额累加到 total_amount 中，接着❿将当前月份信息和销售额信息利用字符串格式化函数 format() 构造的字符串写入以写方式打开的文件对象 out_file 中。在 for 循环执行完毕后，将总销售额信息也写入文件。最后关闭文件对象，将内容写入磁盘文件 statistic.txt 中。

这段代码包含了完整的文件读写过程。基于该销售数据可以做更多的统计。例如，统计销售额最高和最低的 10 种商品，根据订单号可以统计经常一起购买的商品等。当然，使用后面章节学习的 pandas 等第三方库操作会更加方便。

7.5 使用 pickle 存储 Python 对象

在 7.4 案例中，统计结果存储在 Python 的字典对象 stat_dic 中。若要存储到文件中，需要将字典中的键值对构造成字符串，通过文件的 write() 方法写入文件中。从文件中读取的也是字符串，处理数据时需要根据对应规则将字符串转换成列表或字典。这种操作的好处是存储的文件可以通过其他文本编辑器打开查看。但缺点也很明显，需要对字符串进行来回转换。

在 Python 中，提供的 pickle 模块能够将 Python 对象直接存储到文件中。在需要使用数据时，直接从文件中读取，并还原为 Python 对象。

注意，pickle 操作的不是文本文件，而是二进制文件。因此，存储的文件如果直接使用文本编辑器，则打开无法查看具体内容。

将 Python 对象存储到 pickle 文件的语法是：

```
pickle.dump(obj, file)
```

其中 obj 是需要存储的对象，file 是以二进制文件模式打开的可写文件对象，即 open() 方法的 mode 参数为 'wb'。

从 pickle 文件中将二进制数据读取出来重建为 Python 对象的语法是：

```
pickle.load(file)
```

其中 file 是以二进制文件模式打开的可读文件对象，即 open() 方法的 mode 参数为 'rb'。

【例 7-2】在 7.4 节案例中，将统计信息的 stat_dic 字典使用 pickle 模块存储在二进制文件 statistic.pkl 中，然后再次从文件中读取数据，重建为字典后，打印每个月的销售额。

程序代码如下：

```
   import os
❶ import pickle
   stat_dic = {}
   file_list = os.listdir('sales')
   for file_name in file_list:
       if not file_name.endswith('csv'):
           continue
       with open(os.path.join('sales', file_name), encoding='utf-8') as sales_file:
           first_line_flag = True
           month_amount = 0
           for line in sales_file:
               if first_line_flag:
                   first_line_flag = False
                   continue
               rec = line.rstrip().split(',')
               month_amount += float(rec[-3]) * (float(rec[-2]) - float(rec[-1]))
           month_name = file_name[:4] + '年' + file_name[5:7] + '月'
           stat_dic[month_name] = month_amount
❷ out_file = open('statistic.pkl', 'wb')
❸ pickle.dump(stat_dic, out_file)
   out_file.close()
❹ in_file = open('statistic.pkl', 'rb')
❺ read_dic = pickle.load(in_file)
❻ for month, amount in read_dic.items():
       print('{} 销售额: {:,.2f} 元 '.format(month, amount))
```

以下是程序执行的结果：

```
2020 年 04 月销售额: 663,464.03 元
2020 年 01 月销售额: 566,218.23 元
2020 年 02 月销售额: 12,538.74 元
2020 年 03 月销售额: 650,070.04 元
```

pickle 是标准库，因此在使用前需要使用❶ import 导入模块。在❷中，open() 函数打开物理文件 statistic.pkl 时，指定的 mode 参数为“wb”，即以二进制文件形式打开可写文件对象。❸使用 pickle 的 dump 方法，将字典 stat_dic 对象序列化后，直接存储到文件对象 out_file 中。紧接着，在关闭文件对象时存储到物理文件中。❹重新使用 open() 函数打开物理文件 statistic.pkl，这次指定的 mode 参数为“rb”，即以二进制文件形式打开可读文件对象。❺利用 pickle 的 load 方法，将文件中的数据反序列化后，创建为原对象类型：字典，并赋值给 read_dic。❻利用 for 循环打印出字典的键值对。字典本身是无序的，因此打印出来的并不一定是按月份排序的结果。

序列化和反序列化

序列化就是指把对象转换为字节序列的过程。反序列化就是指把字节序列恢复为对象的过程。

序列化的重要作用是在传递和保存对象时，保证对象的完整性和可传递性。对象转换为有序字节流，以便保存在本地文件中并在网络上传输。反序列化的重要作用是根据字节流中保存的对象状态及描述信息，通过反序列化重建对象。也就是说序列化和反序列化的核心作用就是对象状态的保存和重建。

7.6 使用 JSON 格式存储 Python 对象

JSON（javascript object notation）是一种和语言无关的轻量级数据交换格式，采用文本格式来存储和表示数据。这种格式便于阅读和编写，也易于程序的解析和生成。

正是由于 JSON 独立于编程语言，因此常常用于网络数据交换。通过网络接口获取的数据大部分情况下都是 JSON 格式的文本内容。

JSON 语法规则与 Python 中的字典和列表非常相似：

（1）利用一对方括号 [] 表示数组；

（2）利用一对花括号 {} 表示对象；

（3）利用冒号分割键值对；

（4）利用逗号分隔数组的元素或对象的键值对。

需要注意的是，虽然在 Python 中，字符串可以使用一对双引号或一对单引号来标识，但是在 JSON 格式的文本中，只能使用双引号表示字符值。

在 Python 中，可以通过标准库 json 方便地实现 JSON 格式字符串与 Python 字典和列表的相互转换。

将 Python 对象转换为 JSON 格式字符串的语法是：

```
json.dumps(obj, ensure_ascii=True)
```

其中，obj 是需要转换为 JSON 格式字符串的 Python 对象，ensure_ascii 默认值为 True。如果对象中含有中文字符，应将该参数设置为 False，否则返回字符串中的中文为 Unicode 字节编码，该方法返回结果则是转换后的字符串。

将 JSON 格式字符串转换为 Python 对象的语法是：

```
json.loads(s)
```

其中，s 是 JSON 格式字符串，该方法返回结果是对应的 Python 对象。

例如，将例 7-2 中的字典 stat_dic 转换为 JSON 格式字符串的代码如下所示：

```
❶ import json
❷ stat_dic = {'2020年04月': 663464.03, '2020年01月': 566218.23,
'2020年02月': 12538.74, '2020年03月': 650070.04}
❸ json_str = json.dumps(stat_dic, ensure_ascii=False)
❹ print(type(json_str))
❺ print(json_str)
```

以下是程序执行的结果：

```
<class 'str'>
{"2020年04月": 663464.03, "2020年01月": 566218.23, "2020年02月":
12538.74, "2020年03月": 650070.04}
```

首先通过❶导入 json 模块。❸将❷创建的 Python 字典 stat_dic 转换为 JSON 格式字符串并赋值给 json_str。从❹的打印结果可以看出，json_str 为字符串类型。❺打印出字符串的内容。可以看到，在 JSON 格式的字符串中表示字符串值使用一对双引号，例如 "2020年04月"。

相反，将上面代码中的 json_str 转换为 Python 字典的代码如下所示：

```
❶ converted_dic = json.loads(json_str)
❷ print(type(converted_dic))
❸ print(converted_dic)
```

以下是程序执行的结果：

```
<class 'dict'>
{'2020 年 04 月 ': 663464.03, '2020 年 01 月 ': 566218.23, '2020 年 02 月 ': 12538.74,
'2020 年 03 月 ': 650070.04}
```

在这段代码中，❶将 json_str 字符串利用 json.loads() 方法转换为 Python 字典并赋值给 converted_dic 变量。从❷的打印结果可以看出，变量的类型为字典。注意，❸打印出来的是字典内容，而不是字符串。

● 引导案例解析 ●───○──●──●

根据对引导案例的分析，小明将学习用品的支出管理分为读入数据、存储数据和打印数据等主要模块。利用文件和函数实现各模块的功能。

程序代码如下：

```
❶ import os, pickle
❷ def read_data(file_name):
      result_dic = {}
      if os.path.exists(file_name):
          in_file = open(file_name, 'rb')
❸        result_dic = pickle.load(in_file)
          in_file.close()
      return result_dic

❹ def write_data(out_dic, file_name):
      out_file = open(file_name, 'wb')
❺     pickle.dump(out_dic, out_file)
      out_file.close()

❻ def print_data(file_name):
❼     print_dic = read_data(file_name)
      if print_dic:
          for name, amount in print_dic.items():
              print('{:.<20}{:>.2f}元 '.format(name, amount))
      else:
          print(' 没有学习用品支出明细。')

❽ exp_dic = read_data('expense.pkl')
  print(' 请输入学习用品支出情况: ')
  print('-' * 50)
  while True:
      tmp_str = input(' 名称和金额用逗号分割，直接回车结束输入: ')
      if len(tmp_str) == 0:
          break
      name, amount = tmp_str.split(',')
      exp_dic.setdefault(name, 0)
      exp_dic[name] = exp_dic[name] + float(amount)
  print('-' * 50)
```

❾ `write_data(exp_dic, 'expense.pkl')`
　　`print(' 支出明细已保存。学习用品总支出为: {:.2f} 元。'.format(sum(exp_dic.values())))`
❿ `print_data('expense.pkl')`

以下是程序执行的结果:

```
请输入学习用品支出情况:
---------------------------------------------------
名称和金额用逗号分割，直接回车结束输入: 参考书籍,210
名称和金额用逗号分割，直接回车结束输入: 打印资料,200
名称和金额用逗号分割，直接回车结束输入: 文具用品,150
名称和金额用逗号分割，直接回车结束输入: 打印资料,100
名称和金额用逗号分割，直接回车结束输入: 电子资料,120
名称和金额用逗号分割，直接回车结束输入: 教材书籍,150
名称和金额用逗号分割，直接回车结束输入:
---------------------------------------------------
支出明细已保存。学习用品总支出为: 930.00 元。
参考书籍 ................210.00 元
打印资料 ................300.00 元
文具用品 ................150.00 元
电子资料 ................120.00 元
教材书籍 ................150.00 元
```

在这段代码中，标号为❶的代码行导入了 os 和 pickle 两个模块；标号为❷的代码行定义了函数 read_data，从参数 file_name 指定的文件中读入已存储的支出明细信息；在函数体中，标号为❸的代码行利用 pickle 模块的 load() 方法将存储在操作系统中的文件内容读入，并创建包含支出明细的字典；标号为❹的代码行定义了函数 write_data，将参数 out_dic 中的支出明细信息写入参数 file_name 指定的文件中；在函数体中，标号为❺的代码行利用 pickle 模块的 dump() 方法将字典 out_dic 中的信息以二进制的形式写到文件中；标号为❻的代码行则定义了函数 print_data，打印出参数 file_name 指定文件中的内容；在函数体中，标号为❼的代码行调用了自定义的 read_data() 函数，读入已经存储在文件中的支出明细信息；定义完每个功能块的函数后，标号为❽的代码行调用自定义函数 read_data() 读入 expense.pkl 文件中的学习用品支出明细信息，如果该文件不存在，则会得到一个空字典；标号为❾的代码行调用自定义函数 write_data() 将字典 exp_dic 中的支出明细信息写入文件 expense.pkl 中；最后，标号为❿的代码行则调用自定义函数 print_data() 打印出存储在文件 expense.pkl 中的支出明细信息。

● 小　结 ●━━○━━○━━●

本章主要介绍的是 Python 中利用文件存取数据的方法。首先对文件及路径进行了讲解，涉及相对路径、绝对路径、通过 os 模块的 getcwd() 方法获取当前工作路径，以及通过 listdir() 方法获取目录内容。接着分析了文本文件和二进制文件的区别。然后介绍了操作文件的方法，包括：通过 open() 函数打开文件、通过 close() 函数关闭文件、存储数据文件对象的 write() 方法以及读取数据的 readall()、read()、readline()

和 readlines() 方法。对于文本文件，推荐使用的方式是通过 for 循环来逐行读取和处理数据。在使用 with 语句时，当代码块结束后，文件会自动关闭并释放系统资源。最后探析了 pickle 和 json 模块直接存取 Python 对象的方式。

● 练　习 ●—○—●—○—●

1. 什么是文件?

2. 路径的表示方式有哪两种?

3. 在 os 模块中，获取当前工作目录的方法是 _____，获取目录中文件和子目录列表的方法是_____。

4. 文本文件和二进制文件的区别是什么?

5. 在打开文件的 open() 函数中，文件打开的模式有哪些?

6. 将字符串写入文本文件的方法是_____，以列表形式返回文本文件中所有行的方法是_____。

7. 简述 with 语句的作用。

8. 现有股票信息列表 stock_list 的元素为股票名称和收益率构成的元组。编写程序，利用 pickle 模块将列表存储到文件 stock.pkl 中，并从 stock.pkl 读入数据后找出收益率最高的股票名称:

stock_list = [[' 招商银行 ', 0.0124], [' 兴业银行 ', 0.0111],
　　　　　　　[' 中国银行 ', -0.0078],[' 上海银行 ', 0.0033],
　　　　　　　[' 农业银行 ', -0.0080],[' 建设银行 ', -0.0086],
　　　　　　　[' 宁波银行 ', 0.0036],[' 浦发银行 ', 0.0000],
　　　　　　　[' 工商银行 ', -0.0071]]

9. 参考 7.4 节销售统计案例，将每个月销售数量最多的 10 种商品的名称和销售数量存储到 salesTop10.txt 文件中。文件部分内容如图 7-5 所示。

图 7-5　salesTop10.txt 文件中的部分内容

基础案例综合解析

● 熟练运用 Python 解决实际问题

引导案例 ●——○——●——○——●

在学习完 Python 基础篇后，小明已经掌握了 Python 的基础知识，对程序设计有了全新的认识。小明决定利用这些知识，升级生活费管理程序，对程序框架和使用的数据结构进行重新设计，以达到最优化。

在逐步学习过程中，由于受限于程序设计知识的掌握程度，小明之前使用的程序框架和数据结构并不能最优化地实现生活费管理程序的要求。例如，使用字典存储学习用品的明细信息，并不能满足更多生活费用种类的需求。另外，小明希望记录每一笔支出发生的时间，使用字典存储也不是最好的解决方案。因此，需要重新设计程序框架和数据结构。

本书的整个基础篇利用生活费管理程序的各项功能把 Python 基础知识点串联在一起。现在，是时候完成整个项目了。

1. 软件开发流程

对于一个功能复杂的软件项目来说，开发需要按照一定流程来进行。主要包括需求分析、概要设计、详细设计、编码、测试、交付验收和维护等。

需求分析主要是项目系统分析员向用户了解需求，将项目分解成功能模块，整理出相应的需求文档。

概要设计是开发者对软件的系统设计，包括系统的基本处理流程、系统结构、功能划分、接口设计、数据结构设计和容错处理等。

详细设计是在概要设计基础上，开发者进行的软件系统的详细设计，主要涉及算法、数据结构和模块调用关系等。

编码阶段开始具体的编写程序工作，分别实现各模块的功能，实现目标系统的功能、接口和界面等。

测试是在编码完成后，将系统交付给用户使用，用户进行内外部测试、模块测试、整体测试、正常操作测试和异常情况测试等。

在软件测试完毕后，达到用户要求，即可完成软件的交付和验收。根据需求的变化或者运行环境的变化，后期还需要对程序进行修改维护，以适应新的要求。

2. 基础案例项目开发

根据日常使用的需求，小明列出的生活费管理程序的主要功能包括：新增支出明细、打印支出列表、查询某项支出明细和查看统计信息等。在此基础上，他确认了程序的整体框架。

程序主体代码如下所示：

```python
import os
expense_file_name = 'expense.txt'
category_detail_file_name = 'category_detail.txt'
while True:
    print("=" * 57)
    print('欢迎使用生活费管理系统！')
    print('请选择你要进行的操作：')
    print('1 新增支出    2 支出列表      3 查询明细      4 统计信息      0 退出系统')
    print("=" * 57)
    fun_code = input('请输入你要进行的操作: ')
    if fun_code == '1':
        add_expense()
    elif fun_code == '2':
        print_detail_list()
    elif fun_code == '3':
        search_detail()
    elif fun_code == '4':
        print_statistic()
    elif fun_code == '0':
        break
```

在这段程序中，首先给出了存储支出流水的文件 expense.txt 和存储支出明细类别的文件 category_detail.txt。接着通过 while 循环打印出系统的功能菜单，展示系统的 4 个功能模块。这是一个永真循环，直到用户输入 0 才会结束。

确定好主体框架后，可以分别实现每个功能模块。在实现过程中，有些通用的功能被单独定义为函数，具体如下。

read_expense()：

该函数的功能是从给定的文件 file_name 中读取支出流水。文件中数据的每一行由逗号分隔的明细名称、金额和支出日期组成。函数返回支出流水构成了二维列表。

```
def read_expense(file_name):
    result_list = []
    if os.path.exists(file_name):
        with open(file_name, encoding='utf8') as f:
            for line in f:
                detail_name, amount, date = line.strip('\n').split(',')
                result_list.append([detail_name, float(amount), date])
    return result_list
```

print_cat():

该函数的功能是打印出系统中的支出类别，并从类别明细文件中读出每种类别所包含的明细信息，这便于在用户输入时进行提示。

```
def print_cat():
    category_dic = {1: '日常支出', 2: '学习用品', 3: '其他支出'}
    cat_list = list(category_dic.items())
    cat_list.sort(key=lambda x: x[0])
    category_detail_dic = read_category_detail(category_detail_file_name)
    print('支出类别: ')
    for code, name in cat_list:
        category_detail_list = read_category_detail_by_code(code, category_
            detail_file_name)
        print('{}. {}: {}'.format(code, name, ','.join(category_detail_list)))
    print('-' * 10)
```

read_category_detail():

该函数的功能是从明细类别文件中读入明细对应的类别。函数返回的是字典类型，其中字典的键是明细类别的名称，值是对应的类别代码。

```
def read_category_detail(file_name):
    result_dic = {}
    if os.path.exists(file_name):
        with open(file_name, encoding='utf8') as f:
            for line in f:
                detail_name, category_code = line.strip('\n').split(',')
                result_dic[detail_name] = category_code
    return result_dic
```

read_category_detail_by_code():

该函数的功能是从明细类别文件中读入某一特定类别对应的明细。函数返回包含该列表明细名称的列表。

```
def read_category_detail_by_code(code, file_name):
    result_list = []
    if os.path.exists(file_name):
        with open(file_name, encoding='utf8') as f:
            for line in f:
                detail_name, category_code = line.strip('\n').split(',')
                if int(category_code) == code:
                    result_list.append(detail_name)
    return result_list
```

save_category_detail():

该函数的功能是将类别明细信息存储到指定文件，文件的每一行是用逗号分隔的明细名称和类别代号。

```
def save_category_detail(detail_dic, file_name):
    with open(file_name, 'wt', encoding='utf8') as f:
        for detail_name, category_code in detail_dic.items():
            f.write('{},{}\n'.format(detail_name, category_code))
```

在此基础上，分别实现主体功能的代码。小明将主体功能分别使用不同的函数来实现。这也是程序设计中引入函数的重要作用之一。将大的功能划分成小的功能模块，便于系统的实现。

新增支出

当在菜单界面输入代号"1"时，调用新增支出的 add_expense() 函数。该函数的功能是要求用户逐笔输入支出信息，包括明细名称、支出金额和支出日期等。在得到支出信息后，首先判断该明细名称是否存在，如果不存在则需要用户输入该明细对应的类别，创建该明细，并保存到文件 category_detail.txt 中，以便后期使用。

输入的支出信息暂存到列表 expense_list 中，待输入完毕（用户直接回车）后，按照指定格式（即每行由逗号分隔的明细名称、金额和支出日期组成）存储到文件 expense.txt 中。

```
def add_expense():
    # 读入当前所有支出流水
    expense_list = read_expense(expense_file_name)
    # 读入明细名称类别信息
    category_detail_dic = read_category_detail(category_detail_file_name)
    cur_rec_len = len(expense_list)  # 当前明细记录数量
    print('类别编码和类别名称的对应关系如下:')
    # 打印支出类别
    print_cat()
    print('请逐笔输入支出明细、金额和支出日期(各数据用英文逗号分隔，直接输入回车表示结束):')
    # 进入用户交互循环
    while True:
        item = input('输入收支明细: ')
        # 当输入回车时结束添加
        if len(item) == 0:
            break
        item_list = item.split(',')
        item_list[1] = float(item_list[1])
        expense_list.append(item_list)
        if item_list[0] not in category_detail_dic:
            # 明细名称没有在系统中，则用户输入所属类别代号后，新增到系统
            code = '0'
            # 打印支出类别
            print_cat()
            print('新增支出明细 "{}", '.format(item_list[0]))
            while code not in ('1', '2', '3'):  # 类别代号只有1,2,3这三个
                code = input('请输入所属类别代号: '.format(item_list[0]))
            category_detail_dic[item_list[0]] = int(code)
            # 存储到文件后，以便后期使用
            save_category_detail(category_detail_dic, category_detail_file_name)
    if cur_rec_len < len(expense_list):
        # 列表长度增加，说明有新增的流水，需要写入文件
        with open(expense_file_name, 'wt', encoding='utf8') as f:
            for detail_name, amount, date in expense_list:
                f.write('{},{:.2f},{}\n'.format(detail_name, amount, date))
        print('添加并保存成功!')
```

支出列表

当在菜单界面输入代号"2"时，调用新增支出的 print_detail_list() 函数。该函数的功能是按照格式打印支出流水，包括明细名称、支出金额和支出日期等。

由于在查询明细和统计信息功能中也需要打印部分流水信息，因此该函数定义时，参数 expense_list 默认值设置为空列表 []。这样的话，当没有传递参数时，从 expense.txt 中读入所有流水并打印，否则就打印指定的部分流水。

```python
def print_detail_list(expense_list=[]):
    if len(expense_list) == 0:
        expense_list = read_expense(expense_file_name)
    print('{:20}{:10}{:15}'.format('明细名称', '支出金额', '支出日期'))
    for name, amount, date in expense_list:
        print('{:16}{:>10.2f}{:>15}'.format(name, amount, date))
```

查询明细

当在菜单界面输入代号"3"时，调用新增支出的 search_detail() 函数。该函数的功能是根据用户输入的明细名称，打印出系统中该明细支出的总金额、占生活费总支出比例和支出流水等。

```python
def search_detail():
    print_cat()
    detail_name = input('请输入明细名称: ')
    expense_list = read_expense(expense_file_name)
    # 计算生活费总支出
    total_amount = sum([item[1] for item in expense_list])
    # 列表推导式获得所输入明细对应的支出流水
    detail_list = [item for item in expense_list if item[0] == detail_name]
    if len(detail_list) > 0:
        # 计算所输入明细支出总和
        detail_amount = sum([item[1] for item in detail_list])
        print('"{}"支出金额: {:.2f}元，占生活费总支出比例: {:.2%}。'.format
            (detail_name, detail_amount, detail_amount/total_amount))
        print('支出明细如下: ')
        print_detail_list(detail_list)
    else:
        print('暂时没有"{}"的支出信息。'.format(detail_name))
```

统计信息

当在菜单界面输入代号"4"时，调用新增支出的 print_statistic() 函数。该函数的功能是打印出系统中每类支出的统计信息，包括每类支出的总和、占生活费总支出比例和明细信息等。

```python
def print_statistic():
    category_dic = {1: '日常支出', 2: '学习用品', 3: '其他支出'}
    expense_list = read_expense(expense_file_name)
    total_amount = sum([item[1] for item in expense_list]) # 计算生活费总支出
    print('以下是你生活费支出的统计信息: ')
    for code, name in category_dic.items(): # 统计每类支出的情况
        print('-' * 57)
        # 获取某一类支出的明细名称列表
```

```
category_detail_list = read_category_detail_by_code(code, category_
    detail_file_name)
# 利用列表推导式，得到该类支出的支出流水
detail_list = [item for item in expense_list if item[0] in category_detail_list]
# 获得该类支出总和
detail_amount = sum([item[1] for item in detail_list])
print('"{}"支出金额:{:.2f}元, 占生活费总支出比例: {:.2%}, 明细如下: '.format(name,
    detail_amount, detail_amount/total_amount))
if detail_list:
    # 打印该类支出流水
    print_detail_list(detail_list)
```

第二部分

提高篇

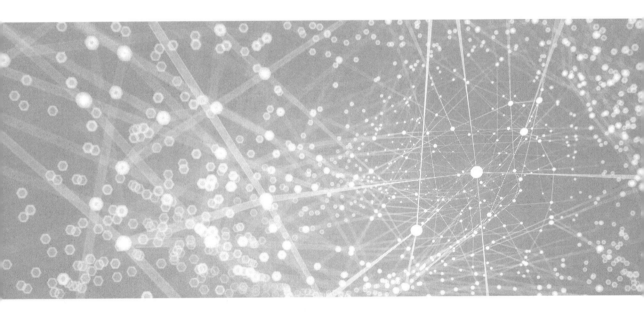

第 8 章 ●—○—●—○—●

面向对象编程

学习目标 ●—○—●—○—●

- 熟悉面向对象程序设计的概念
- 掌握类的定义和使用方法
- 熟悉实例属性和类属性的概念和区别
- 掌握类方法的概念
- 了解面向对象中继承、多态和封装的概念

引导案例 ●—○—●—○—●

利用已学的 Python 基础知识，小明完成了生活费管理程序的开发，为管理和了解大学期间生活费的使用情况提供了很大的便利。利用程序设计解决学习和生活中的实际问题，极大地激发了小明学习的热情，因此小明决定进一步改进该程序，让程序使用更加便利。特别是在一些功能扩展时，利用更高级的程序设计技术来实现相关功能和逻辑。

通过观察，小明发现对于每一项支出明细来说，具有相同的结构：名称、金额、发生日期和类别。并且经常对支出有相同的操作，例如将每项支出构造成一个字符串便于存储、构造成列表便于计算以及获取该项支出的类别名称而不仅仅是类别代号。

因此，小明希望能将支出明细的这些相同结构和操作抽象出来，这样便于扩展和管理。

通过以上描述可知，小明希望对支出明细进行抽象，以便于结构和功能的管理。
通过本章的学习，编写程序帮助小明实现这一功能。

前面很多章节中都提到了"对象"这一术语。面向对象编程（object-oriented

programing, OOP) 是当今使用最广泛的编程技术, 几乎所有对象都提供了创建和管理对象的方法。类和对象构成了 Python 编程语言的核心功能。在 Python 中, 对象几乎无处不在。

编写程序解决问题, 首先需要将问题中涉及的现实对象抽象出共同的特征, 从而定义新的种类, 称之为类 (class)。通过类, 实例化现实世界中的对象。类提供了一种方便的方式来组织属性 (数据) 和方法 (作用于数据的函数)。

不定义新的类, 使用 Python 内置的类已经可以解决许多实际问题。因此, 对于 Python 初学者来说, 不需要使用类。但是, 类是 Python 中最有用的工具之一, 学习类的基础知识可以提高开发效率, 节约开发时间。

8.1 定义和使用类

假定需要编写程序对人员信息进行管理。在对人员信息进行抽象后, 每个人的信息包括姓名、性别、部门、电子邮箱、出生日期和身份证号码。因此, 可以定义一个新的类 Person 来表示人员信息。

在 Python 中, 使用 class 关键字定义类。在 class 关键字后面是新类的名称, 类名后面是冒号, 最后换行后, 在缩进的代码块中定义类的内部实现 (类体)。通常来说, 类名的首字母是大写的。虽然这不是必需的, 为了和变量名称区分开来, 建议遵守这一约定:

```
❶ >>> class Person:
❷         pass
```

这可能是世界上最简单的 Python 类了, 在类体❷中只有无操作的 pass 占位符, 以保证该定义符合 Python 要求的逻辑结构。

定义 Person 类后, 与其他内置类型 (例如列表) 一样, 可以利用 Person 实例化对象:

```
❶ >>> rate_list = list()
❷ >>> type(rate_list)
  <class 'list'>
❸ >>> zhangsan = Person()
❹ >>>type(zhangsan)
  <class '__main__.Person'>
```

在这里, ❶利用 Python 内置类型列表创建了一个列表的实例化对象 rate_list。❷中利用 type 函数可以看到, rate_list 对应的类型是 list 类。❸则利用自定义的 Person 类, 创建实例化对象并赋值给变量 zhangsan。通过❹的 type 函数可以看到, zhangsan 的类型是 Person 类。与内置类型不同的是, Person 类仅在当前编程环境中可用, 因此在 Person 类前面加上 "__main__.", 以此表明该类的可用范围。

创建实例化对象 zhangsan 后, 可以通过赋值变量名的方式为 zhangsan 添加姓名、性别、部门、电子邮箱、出生日期和身份证号码等数据, 这些数据被称为属性。实例化对象名称 zhangsan 和属性名之间用圆点 "." 隔开:

```
>>> zhangsan.name = '张三'
```

```
>>> zhangsan.department = '管理'
>>> zhangsan.email = 'zhangsan@example.com'
```

在给属性赋值后，就可以通过"实例名.属性名"的形式来访问属性的值了：

```
>>> print(zhangsan.name)
张三
```

Python 提供了内置函数 isinstance() 来测试一个对象是否属于某一个类的实例：

```
>>> isinstance(rate_list, list)
True
>>> isinstance(zhangsan, Person)
True
```

在 Python 中，所有类都是基于一个叫作 object 的类，在 object 类的基础上进行扩展，被称为继承。

```
>>> help(object)
Help on class object in module builtins:
class object
|  The most base type
```

因此，Python 中所有对象都是 object 类的实例：

```
>>> isinstance(rate_list, object)
True
>>> isinstance(zhangsan, object)
True
```

8.2　属性

属性通常用来存取数据，分为实例属性和类属性两种。它们有各自的作用范围。

8.2.1　实例属性

通过 8.1 节我们知道，通过给"实例名.属性名"赋值，可以在实例对象中创建属性，称之为实例属性。

```
>>> zhangsan.idCard = '510105199510080017'
>>> print(zhangsan.idCard)
510105199510080017
```

对于实例属性来说，每个实例拥有自己单独的属性值，实例属性只能通过实例名称来访问：

```
>>> lisi = Person()
>>> lisi.idCard = '510105199606080021'
>>> print(lisi.idCard)
510105199606080021
```

8.2.2　类属性

在定义类时，也可以在类体中通过赋值语句创建数据属性，称为类属性。利用类属性，可以管理所有实例的信息。类属性可以用来管理所有实例的属性信息。可以通过类名称来修改它，通过实例名称或类名称来引用它。

【例 8-1】定义类 Person，其中包含类属性 city，利用 Person 类创建实例，并分别设置实例属性和类属性值。

程序代码如下所示：

```
❶ >>> class Person:
          city = '成都'
❷ >>> zhangsan = Person()
❸ >>> zhangsan.name = '张三'
❹ >>> print(zhangsan.name, zhangsan.city)
   张三 成都
❺ >>> lisi = Person()
❻ >>> lisi.name = '李四'
❼ >>> print(lisi.name, lisi.city)
   李四 成都
❽ >>> Person.city = '上海'
❾ >>> print(zhangsan.name, zhangsan.city)
   张三 上海
❿ >>> print(lisi.name, lisi.city)
   李四 上海
```

在❶中，重新定义了 Person 类，其中在类体中增加了赋值语句，将类属性 city 的值设置为"成都"。❷创建实例对象 zhangsan，并在❸中为 zhangsan 设置实例属性 name 的值为"张三"。在❹中可以看到，不仅可以打印出 zhangsan 的实例属性 name 的值，同样可以利用实例名称 zhangsan 打印出其所对应类 Person 的类属性 city 的值"成都"。❺❻❼重复该操作，创建了新的实例 lisi。在❽中，利用类名 Person 将"上海"重新赋值给类属性 city。从❾❿打印结果中可以看出，实例 zhangsan 和 lisi 所引用的 city 值均变为"上海"。

注意，如果使用实例名称为类属性赋值，实际上会产生一个同名的实例属性，这样对其他实例没有影响：

```
>>> zhangsan.city = '北京'
>>> print(zhangsan.name, zhangsan.city)
   张三　北京
>>> print(lisi.name, lisi.city)
   李四　上海
```

8.3　方法

在类中，除了属性外，还可以包含为对象提供行为的方法。在 Python 内置的类型中，就有许多方法。例如，对于字符串类 str 来说，有 upper()、replace() 等方法。有两种方式可以调用方法：一种是通过"类名 . 方法"的形式，另一种是通过"实例 . 方法"的形式。

```
>>> str.upper('Fintech')
    'FINTECH'
>>> 'Fintech'.upper()
    'FINTECH'
```

8.3.1　为类添加方法

在自定义的类中，也可以在类体中添加方法来实现一些特定的操作。方法和函数的工作方式是一致的，不同之处在于：方法的第一个参数总是方法调用的实例对象。因此，在类体中定义方法时，第一个参数通常为 self。在调用方法时，不需要显示给 self 赋值，Python 会自动将实例赋值给 self，然后再依次将调用的实参赋值给 self 参数后的形参。在方法体中，可以通过 self 来访问或修改当前实例的属性。

【例 8-2】定义类 Person，其中包含方法 introduce，需要传入一个问候语 message。该方法在打印出问候语后，将打印出当前实例的 name、department 和 email 属性信息。

程序代码如下所示：

```
❶ class Person:
❷     def introduce(self, message):
❸         print(message)
❹         print('我是{} \n在{}部门工作，邮箱{}'.format(self.name, self.department,
                                                    self.email))
❺ zhangsan = Person()
❻ zhangsan.name = '张三'
❼ zhangsan.department = '管理'
❽ zhangsan.email = 'zhangsan@example.com'
❾ zhangsan.introduce('大家好')
```

以下是程序执行的结果：

```
大家好
我是张三
在管理部门工作，邮箱 zhangsan@example.com
```

在类体中，❷利用关键字 def 为 Person 类定义了一个名为 introduce 的方法，其形式和定义函数一样，可以在圆括号中给出参数列表（注意，第一个参数始终为 self）。在方法体中，❸将传入的 message 值打印，❹通过 self 引用实例的 name、department 和 email 属性值，并格式化后打印。在定义完 Person 类后，❺创建 Person 类的实例并赋值给变量 zhangsan。❻❼❽分别为实例对象 zhangsan 增加属性 name、department 和 email 的值。❾通过"实例名.方法"的形式调用 introduce 方法，将实例 zhangsan 传递给方法的第一个参数 self，实参"大家好"传递给方法的第二个参数 message。

如果使用"类名.方法"的形式调用 introduce 方法，则需要给出第一个参数 self 的值。例如，可以将例 8-2 中的❾修改为：

```
Person.introduce(zhangsan, '大家好')
```

这里，将实例 zhangsan 作为第一个参数传递给形参 self。

通过为类添加方法，可以操作实例的属性，从而获取一些信息。例如，通过人员信息中的身份证号码可以获取性别和生日信息。

【例 8-3】定义类 Person，通过 gender() 和 birthday() 方法分别获取性别与生日信息。

程序代码如下所示：

```
❶ class Person:
❷     def gender(self):
           flag = int(self.idCard[-2])
           return '男' if flag % 2 == 1 else '女'
❸     def birthday(self):
           year = self.idCard[6:10]
           month = self.idCard[10:12]
           day = self.idCard[12:14]
           return '{}年{}月{}日'.format(year, month, day)
❹ zhangsan = Person()
❺ zhangsan.idCard = '5101051995510080017'
❻ print('性别: ', zhangsan.gender())
❼ print('生日: ', zhangsan.birthday())
```

以下是程序执行的结果：

```
性别: 男
生日: 1995 年 10 月 08 日
```

在类体中，❷所定义的方法 gender 利用当前实例 self 中属性 idCard 的倒数第 2 个数字的奇偶性判断当前实例对应人员的性别，并将性别作为方法 gender 的返回值。❸定义的方法则是返回当前实例属性 idCard 中所包含的生日信息。在❹创建了实例对象并赋值给 zhangsan 后，❺是不可或缺的，因为没有❺创建的 idCard 属性，❻❼方法中无法使用 self.idCard 这个属性来获取对应信息。

8.3.2　利用构造方法初始化

我们可以直接通过"实例名.属性名"的方式创建属性并为其赋值，不过通常不会这么做。定义类的目的是抽象现实对象共同的属性和行为（方法），我们希望通过该类创建的实例对象具有相同的属性，而不是随意创建。因此，通常会使用一个特定的"__init__"方法为实例的属性赋值，这被称为构造方法。

构造方法会在每次创建一个实例时自动运行，因此可以保证所有的实例具有相同的属性，同时为它们赋不同的属性值。

我们对 Person 函数进行改造，添加一个构造方法：

```
❶ class Person:
❷     def __init__(self, name, dept, p_email, p_idCard):
❸         self.name = name
❹         self.department = dept
❺         self.email = p_email
❻         self.idCard = p_idCard
```

在类体中，❷所定义的函数"__init__"的名称前后都有两个下划线，以表示其具有特殊的作用，其参数列表中除了调用实例本身 self 外，还有 name、dept、p_email 和 p_idCard 四个形参。在方法体中，❸创建属性 name，并将形参 name 的值赋给当前实例的 name 属性。这样定义没有语法错误，但通常建议像❹❺❻那样，将形参名和实例属性名进行区分，以提高程序的可读性。

在定义了 Person 类后，可以利用其创建实例对象。在创建时，使用"类名"（参数列表）的形式，将实例的姓名、部门、电子邮箱和身份证号码作为实参传递给构造方法（注意，构造方法"__init__"会被自动执行）：

```
>>> zhangsan = Person('张三', '管理', 'zhangsan@example.com','510105199510080017')
>>> print(zhangsan.name)
张三
```

和函数的定义类似，在定义构造方法时，可以为参数设置默认值，这样就可以在创建实例时，省略一些实参：

```
❶ class Person:
❷     def __init__(self, name, dept='人事', p_email='', p_idCard=''):
           self.name = name
           self.department = dept
           self.email = p_email
           self.idCard = p_idCard
❸ zhangsan = Person('张三', '管理')
❹ print(zhangsan.name, zhangsan.department)
❺ lisi = Person('李四')
❻ print(lisi.name, lisi.department)
```

以下是程序执行的结果：

```
张三 管理
李四 人事
```

这里对❷的构造方法进行了修改，参数 dept 设置默认值"人事"，p_email 和 p_idCard 均设置了空字符串为默认值。在❸初始化实例对象 zhangsan 时，仅给出两个实参值，按照位置顺序分别赋值给形参 name 和 dept（形参 self 被默认赋值为当前调用实例），因此❹打印出来张三对应的部门是"管理"。而在❺初始化 lisi 实例时，仅给出一个实参值，按顺序赋值给形参 name，包括 dept 在内的后面三个形参均使用对应的默认值，故❻打印出来李四的部门为默认值"人事"。

由于方法和函数工作方式是一致的，所以除了构造方法，其他方法也可以设置参数的默认值。

8.3.3　更多特殊方法

在 Python 中，除了构造方法外，还支持大量的特殊方法。和构造方法"__init__"一样，这些特殊方法都是以两个下划线"__"开头和结束的，比如 __str__ 在利用 print 打印的时候会自动执行，__eq__ 方法会在比较对象的时候自动执行等。

通过内置函数 dir()，可以看到类中包含的方法：

```
>>> dir(Person)
['__class__', '__delattr__', '__dict__', '__dir__', '__doc__', '__eq__', '__
format__', '__ge__', '__getattribute__', '__gt__', '__hash__', '__init__',
'__init_subclass__', '__le__', '__lt__', '__module__', '__ne__', '__new__',
'__reduce__', '__reduce_ex__', '__repr__', '__setattr__', '__sizeof__', '__
str__', '__subclasshook__', '__weakref__']
```

这些方法绝大部分都是来自基类 object。通过重写这些特殊方法，可以实现更多的功能。

对于 Person 类创建的实例对象 zhangsan，在调用 Python 内置函数 print() 进行打印时，得到的是 zhangsan 对象的内存地址：

```
>>> zhangsan = Person('张三', '管理')
>>> print(zhangsan)
  <__main__.Person object at 0x7f8ed02ba710>
```

重新定义 "__str__" 方法可以改变这个默认的返回结果，得到更加有用的人员信息。当利用 Python 内置函数 print() 进行打印时，对象的 "__str__" 方法会自动被调用。"__str__" 方法要求返回一个字符串：

```
❶ class Person:
❷     def __init__(self, name, dept='人事', p_email='', p_idCard=''):
          self.name = name
          self.department = dept
          self.email = p_email
          self.idCard = p_idCard
❸     def __str__(self):
          return '姓名:{},部门:{}'.format(self.name, self.department)
❹ zhangsan = Person('张三', '管理')
❺ print(zhangsan)
```

以下是程序执行的结果：

```
姓名:张三,部门:管理
```

类体中，❸改写了 "__str__" 方法，使其返回一个经过格式化的字符串，这样在❹创建了实例对象 zhangsan 后，❺利用内置函数 print() 打印时，自动调用 "__str__" 方法，得到格式化后的字符串并打印出来。

利用 Person 类创建两个一样属性值的对象后，进行相等测试时，得到的结果为 False：

```
>>> zhangsan = Person('张三', '管理')
>>> zhangsan2 = Person('张三', '管理')
>>> zhangsan ==zhangsan2
False
```

对 "__eq__" 方法进行重写，可以改变相等测试的结果。与 "__str__" 不同的是，该方法除了当前实例 self 外，还需要另外传入一个实例 other，以便进行比较：

```
❶ class Person:
❷     ...
❸     def __eq__(self, other):
❹         return self.name == other.name
```

```
❺ zhangsan = Person('张三', '管理')
❻ zhangsan2 = Person('张三', '管理')
❼ print(zhangsan== zhangsan2)
```

在这里，❷中省略了构造方法和"__str__"方法的定义。❸定义"__eq__"方法后，❹根据当前实例的 name 属性与传入的另外一个实例 other 的 name 属性值是否相等来返回：相等时返回 True，不等时返回 False。因此对于❺❻创建的两个实例对象 zhangsan 和 zhangsan2，❼利用 print() 函数输出的结果为 True，因为这两个实例对象的 name 属性值都是"张三"。

Python 提供了非常多的特殊方法，可以在其官网查看完整列表。

8.4 高级话题

真正的面向对象编程不仅仅是创建新类，还需要涉及继承、多态和封装等更高级的设计模式。

8.4.1 继承

在 8.3.3 节中，通过内置函数 dir() 查看了自定义 Person 类的方法。可以看到，Person 类中绝大部分方法都没有在类中定义，这些方法来自 Python 中所有类的基类 object。这就是面向对象编程中的继承（inheritance）。

利用继承，可以把一些通用属性和方法代码实现一次，在设计新类时，不再需要重写这些代码（除非想重新定义）就可以使用这些通用属性和方法。新类可以添加新的属性和方法实现扩充。

通过继承，所有的类形成一种层次结构。在这种层次结构中，被继承的类称为父类或基类，新的类称为子类或派生类。例如，在 8.3.3 节中，object 类是父类，Person 类是子类。当然，也可以使用一个其他的类作为父类来创建子类，只需要在定义子类时，将父类添加到子类名称后面的括号中即可。

【例 8-4】在人员信息管理中，人员类型分为学生和老师。他们有共同的属性，例如姓名和电子邮件。不同之处在于，老师还有职工号、部门和授课课程，学生有学号、所在班级和课程列表等。用代码定义父类 Person 和两个子类 Student 和 Teacher，以便实现人员管理。

程序代码如下所示：

```
❶ class Person:
        def __init__(self,name,email=''):
            self.name = name
            self.email = email
❷ class Student(Person):
```

```
❸      def __init__(self,name,email,stu_no,class_name,courses):
❹          super().__init__(name, email)
❺          self.stu_no = stu_no
❻          self.class_name = class_name
❼          self.courses = courses.copy()
❽ class Teacher(Person):
          def __init__(self,name,email,teacher_no,dept, course):
              super().__init__(name, email)
              self.teacher_no = teacher_no
              self.department = dept
              self.course = course
```

在这段代码中，定义了三个类：Person、Student 和 Teacher。其中，Person 是父类，Student 和 Teacher 是子类。❷和❽在定义子类 Student 和 Teacher 时，在类名后的括号中加上了父类 Person，通过这种方式实现了类的继承。因此，Student 和 Teacher 类也拥有 name 和 email 属性。在❶定义 Person 类时，没有显式地给出其父类。在这种情况下，Python 自动将 object 作为其父类。

在 Student 类体中，❸定义了其构造方法"__init__"，传入的参数用于初始化 Student 的实例。❹是一个特殊的代码，其中 super() 代表的是父类，也就是在对 Student 的实例进行初始化时，首先调用父类 Person 的初始化方法，其目的是设置从父类继承的 name 和 email 属性的值。接着❺❻❼初始化学生特有的学号、班级和课程列表。其中，❼使用列表 courses 的 copy() 方法，将列表 courses 的副本赋值给实例的 courses 属性，这样做是为了将形参 courses 和属性 courses 分开，从而避免引用类型参数赋值后数据操作带来的一些隐性错误。

在定义类后，可以使用 Student 和 Teacher 创建相应的实例：

```
>>> zhangsan = Student('张三','zhangsan@example.com',
                '1008', '十班', ['程序设计', '金融数据分析'])
>>> print(zhangsan.name, zhangsan.email, zhangsan.stu_no, zhangsan.class_name)
张三 zhangsan@example.com 1008 十班
>>> print(zhangsan.courses)
['程序设计', '金融数据分析']
>>> teacher_li= Teacher('李老师','li@example.com','T1001', '金融学院', '金融数据分析')
>>> print(teacher_li.name, teacher_li.email, teacher_li.teacher_no, teacher_li.department)
李老师 li@example.com T1001 金融学院
>>> print(teacher_li.course)
金融数据分析
```

在这里，Student 类的实例对象 zhangsan 和 Teacher 类的实例对象 teacher_li 都继承了 Person 类的 name 和 email 属性。同时，它们也有自己特有的属性：zhangsan 有 stu_no、class_name 和 courses 属性，teacher_li 有 teacher_no、department 和 course 属性。

除了属性，父类的方法也可以被子类继承。

8.4.2 多态

类似于 8.3.3 节中 Person 类改写 object 类中的"__str__"方法，父类的方法在子类中也可以被改写。这使得父类同一个方法在不同的子类中具有不同的形态。这就是面向对象编程中的多态（polymorphism）。

对于同一个表达式，利用多态的特性，可以实现基于不同类型对象的不同操作。例如，对于下列表达式：

```
a + b
```

当 a 和 b 的数据类型是整数或浮点数时，实现的是算术运算的加法；当 a 和 b 是字符串、列表或元组时，实现的是字符串、列表或元组的连接。

【例 8-5】为 Person 类添加 introduce 方法，用于实现人员的自我介绍。在 Student 类和 Teacher 类中改写这个方法。

程序代码如下所示：

```
❶ class Person:
❷     ...
❸     def introduce(self):
           print('我是 {}，电子邮箱是: {}'.format(self.name,self.email))
   class Student(Person):
❹     ...
❺     def introduce(self):
           print('我是来自 {} 的学生，学号: {}'.format(self.class_name, self.stu_no))
   class Teacher(Person):
❻     ...
❼     def introduce(self):
           print('我是 {} 的老师，教授 {} 课程'.format(self.department, self.course))
```

在这段代码中，❷❹❻为与例 8-4 对应位置的构造方法。在父类 Person 中，❸定义了 introduce 方法。在子类 Student 和 Teacher 中，分别在❺和❼重新定义了继承的 introduce 方法，根据不同身份做出不同的自我介绍。

下面的代码分别利用 Person、Student 和 Teacher 类创建实例对象，并调用 introduce 方法：

```
>>> wangwu = Person('王五', 'wangwu@example.com')
>>> wangwu.introduce()
我是王五，电子邮箱是: wangwu@example.com
>>> zhangsan = Student('张三','zhangsan@example.com', '1008', '十班', ['程序设计',
'金融数据分析'])
>>> zhangsan.introduce()
我是来自十班的学生，学号: 1008
>>> teacher_li = Teacher('李老师','li@example.com', 'T1001', '金融学院',
'金融数据分析')
>>> teacher_li.introduce()
我是金融学院的老师，教授金融数据分析课程
```

可以看出，对于不同类的实例对象 wangwu、zhangsan 和 teacher_li，同样的 introduce 方法会打印出不同格式的自我介绍。

8.4.3 封装

为了保证类内容数据结构的完整性，在设计类时，一些属性和方法会"隐藏"在类的

内部。这些属性和方法不能通过"类对象 . 属性名"或者"类对象 . 方法名（参数）"的形式进行调用。这就是面向对象编程中的封装（encapsulation）。

由于被"隐藏"的属性和方法只能在类内部使用，因此称之为私有属性和私有方法。相对地，其他属性和方法被称为公有属性和公有方法。

与其他面向对象编程语言不同，Python 没有提供 public、private 这样的修饰符来定义公有或私有的属性和方法。

为了实现类的封装，Python 采用以下方法：

- 在默认情况下，类中名称前面没有双下划线"__"的属性和方法都是公有（public）的。
- 类中以下划线"_"或双下划线"__"开头的属性和方法都是私有（private）的。

> **注意**
>
> Python 中对于私有的属性和方法依然可以通过特殊方式来访问。例如，"对象名 . _ 类名 __ 属性名"的方式访问私有属性。因此，在 Python 中，也称这种私有为"伪私有"。但这样做实际上破坏了面向对象编程中封装的思想，不建议这样做。
>
> 另外，类似于构造方法 __init__()，Python 类中还有许多以双下划线开头和结尾的方法。通常来说，这些方法都是 Python 内部定义并用于内部调用的。因此，在定义类属性和方法时，尽量不要使用这种格式。

【例 8-6】定义 Stock 类，包含股票名称和价格，名称为 name 和 price。将 price 定义为私有属性，以保证价格大于 0。

程序代码如下所示：

```
class Stock:
    def __init__(self, p_name):
        self.name = p_name
❶   def setprice(self, p_price):
❷       self.__price = max(0, p_price)
❸   def getprice(self):
❹       return self.__price
❺   price = property(getprice, setprice)
```

在类体中，❶定义方法 setprice 用于设置股票价格，在方法体中❷对私有属性 __price 进行赋值，max(0, p_price) 保证了价格大于 0。❸定义方法 getprice 通过❹返回了私有属性 __price 的值。❺中利用 Python 内置函数 property()，实现在不破坏封装原则的前提下，依旧可以使用"对象名 . 属性名"的方式操作类中的属性。property() 函数的基本使用格式如下：

```
属性名 = property(fget=None, fset=None)
```

其中，fget 参数用于指定获取该属性值的类方法，fset 参数用于指定设置该属性值的方法。

利用 Stock 类创建实例对象 stock1，并对属性 price 赋值：

```
❶ >>> stock1 = Stock(' 中国银行 ')
❷ >>> stock1.price = -10.00
❸ >>> print(stock1.price)
   0
❹ >>> stock1.price = 3.19
❺ >>> print(stock1.price)
   3.19
```

在❶中创建 Stock 类的实例对象并赋值给 stock1。❷尝试将 –10.00 赋值给 stock1 的 price 属性，此时将使用 Stock 类中的 setprice 方法进行赋值。在方法体中仅会将大于 0 的值赋值给私有属性 __price，而小于 0 的值会被 0 代替。因此，❸打印出来的结果是 0，而不是 –10.00。❹将大于 0 的值 3.19 赋值给 price 属性。所以，❺中打印出来的结果是正常的股票价格 3.19 元。

● 引导案例解析　●━○━●━○━●

根据对引导案例的分析，将抽象出来的支出明细定义为类。在创建支出明细的实例时，将包含名称、金额、发生日期和类别的字符串进行初始化。该类目前包含的方法有：生成格式化字符串、生成列表和获取类别名称。

程序代码如下：

```
❶ class Expense:
❷     def __init__(self, p_info):
           info_list = p_info.split(',')
           if len(info_list) == 4:
               self.name = info_list[0]
               self.amount = float(info_list[1])
               self.date = info_list[2]
               self.category = int(info_list[3])

❸     def to_str(self):
           return '{},{:.2f},{},{}'.format(self.name, self.amount,
               self.date, self.category)

❹     def to_list(self):
           return [self.name, self.amount, self.date, self.category]

❺     def get_category_name(self):
           if self.category == 1:
               return ' 日常生活 '
           elif self.category == 2:
               return ' 学习用品 '
           else:
               return ' 其他支出 '

❻     category_name = property(get_category_name)

❼ expense1 = Expense(' 参考书籍 ,210,2020-10-08,2')
❽ print(expense1.to_str())
```

❾ print(expense1.to_list())
❿ print(expense1.category_name)

以下是程序执行的结果：

```
参考书籍,210.00,2020-10-08,2
['参考书籍', 210.0, '2020-10-08', 2]
学习用品
```

在这段代码中，标号为❶的代码行通过 class 关键字声明了类 Expense；在类体中，标号为❷的代码行定义了该类的构造方法 __init__()，通过参数 p_info 来初始化类，该参数为包含了名称、金额、支出时间和类别信息的字符串，在方法体中，分别对类的 name、amount、date 和 category 属性进行了赋值，并完成了金额和类别的类型转换；标号为❸的代码行定义了方法 to_str()，返回该类的字符串形式；标号为❹的代码行都定义了方法 to_list()，返回该类的列表形式；标号为❺的代码行定义了获取属性 category_name 值的方法，并通过标号为❻的代码行绑定给属性 category_name；标号为❼的代码行初始化了一个 Expense 类的实例；标号为❽❾❿的代码行则分别使用了该实例的 to_str() 方法、to_list() 方法和 category_name 属性。

● 小　结 ●—○—●—○—●

本章主要介绍了 Python 中面向对象编程的相关概念和思想。讲述了利用 class 关键字定义类以及利用类创建实例对象的方法。对实例属性的类属性进行了分析：每个实例拥有单独的属性值，实例属性只能通过实例名称来访问；类属性用来管理所有实例的属性信息，可以通过类名称来修改它，通过实例名称或类名称来引用它。然后介绍了如何为类添加方法来实现一些特定的操作，包括一般方法、构造方法和一些以双下划线开头和结尾的特殊方法。最后探析了面向对象编程中的三个典型特征：继承、多态和封装。

● 练　习 ●—○—●—○—●

1. 什么是类？
2. 定义类时，使用的关键字是_____。
3. 简述实例属性和类属性。
4. 在定义类方法时，第一个参数总是 self，它代表什么？
5. 构造方法有什么作用？
6. 简述继承、多态和封装。

第9章 ●─○─●─●─○

异常处理

- 熟悉异常的概念
- 掌握异常处理语句结构
- 熟悉 raise 语句的用法
- 掌握 assert 语句的用法
- 灵活运用 try 语句解决实际异常问题

引导案例 ●─○─●─●─○

小明使用生活费管理程序一直非常顺利，他可以随时记录每一笔支出，规划好生活费用支出。

然而，有一次，在输入支出明细时，程序崩溃了。经过调试排查，发现是输入时没有按照要求输入，输入的信息中只包含了名称和金额，没有支出日期。这样在获取支出日期时，发生了 IndexError 的错误，从而导致程序崩溃。

于是，小明决定进一步改进生活费管理程序，以使得在偶尔输入出现错误时，程序不会崩溃。

通过以上描述可知，小明希望自己的生活费管理程序能够处理一些输入格式的错误，在发生错误时，程序不会崩溃，而是提醒重新输入。小明遇到的问题是输入的信息不完整，对于这个程序来说，还可能输入的金额不是数字，这样无法将输入的金额转换成浮点数，或者输入的类别代号不是数字，也无法转换为整数等。

通过对本章的学习，你将可以改进生活费管理程序，帮助小明处理可能遇到的各种输入错误。

在运行程序的过程中，常常会发生一些意外情况，造成运行错误。例如，读取的文件被删除了，用零做了除数，或者获取序列使用了越界的下表等。当发生错误时，Python中的异常处理会自动被触发。这样可以跳到异常处理器中，对异常进行相应的处理。

如果编程人员忽略发生的错误，Python 将启动默认的异常处理：停止程序并打印错误信息。编程人员也可以通过 try 语句来捕获并处理发生的异常情况，这样程序在执行完try 语句后将继续执行后面的代码，而不是停止程序。

9.1　try/except/else 语句

在编写处理股票信息的函数时，通常会假设传入的股票信息符合规定的格式，例如，由股票代码、交易价格和交易数量构成。这样函数可以返回股票代码和交易金额构成的元组：

```
>>> def stockCalculator(stock):
        return (stock[0], stock[1] * stock[2])
```

对于 stockCalculator 函数来说，当传入的是由股票代码、交易价格和交易数量构成的列表时，函数可以返回正确结果：

```
>>>stockCalculator(['601988', 3.19, 100])
('601988', 319.0)
```

但是，如果传入由股票代码和交易价格构成的列表时，Python 发现无法获取参数stock[2] 的值，因为该列表只有两个值，这样超出了列表的索引范围。此时 Python 会终止程序运行，并触发 IndexError 异常处理，打印出错误信息：

```
>>>stockCalculator(['601988', 3.19])
Traceback (most recent call last):
File "<pyshell#88>", line 1, in <module>
❶ stockCalculator(['601988', 3.19])
❷  File "<pyshell#86>", line 2, in stockCalculator
return (stock[0], stock[1] * stock[2])
❸ IndexError: list index out of range
```

在这段错误信息中，Python 给出了❶出错的函数、❷具体错误行以及❸错误类型。这是因为我们没有捕获这个 IndexError 异常，导致错误向上层传递，一直到顶层的默认异常处理器，即打印出错误信息。

如果程序对于可能发生的异常不进行处理，将会导致程序意外终止，这显然不是我们想要的。因此，我们需要在异常被默认异常处理器处理之前捕获并处理它，这样我们的程序就可以继续顺利地执行下去。若要捕获和处理异常，需要将可能发生错误的代码包装在try 语句中，并通过 except 子句捕捉和处理异常：

```
>>> try:
        stockCalculator(['601988', 3.19])
    except IndexError:
        print('发生异常，无法计算交易额。')
```

在这段代码运行后，由于 stockCalculator (['601988', 3.19]) 会触发异常，并被 except 捕获，因此会打印出"发生异常，无法计算交易额"的信息，而不是 IndexError 的错误信息。程序正常执行结束，而不会意外终止。

在 Python 中，try 语句可以有一个或多个 except 分句来捕获和处理不同类型的异常，也可以使用一个可选的 else 分句，其语法格式如下所示：

```
❶ try:
        statements1
❷ except name1:
        statements2
❸ except (name2, name3):
        statements3
❹ except name4 as err:
        statements4
❺ except:
        statements5
❻ else:
        statements6
```

在这里，❶是 try 语句的开始，其下的 statements1 是可能发生异常的代码块。可以采用❷的形式捕获名称为 name1 的异常信息，如果发生该类异常，则运行 statements2 来处理。采用❸的形式，可以捕获名称为 name2 或者 name3 的异常，并用 statements3 来处理。❹的形式将捕获名称为 name4 的异常，并将异常实例赋值给变量 err，这样在 statements4 中，可以利用该异常实例的信息进行处理。❺这样的空 except 分句会捕获和处理前面 except 没有匹配的所有其他异常。

当 try 下的 statements1 没有发生异常时，❻ else 引导的 statements6 将被执行。与 except 分句不同，try 语句最多只能使用一条 else 分句。当没有 except 分句时，不能使用 else 分句。

【例 9-1】编写函数，传入股票信息构成的列表：股票代码、交易价格和交易数量，返回股票代码和交易额构成的元组。当发生异常时，返回的交易额为 0。

程序代码如下所示：

```
   >>> def stockCalculator(stock):
❶        try:
             tran_amount = stock[1] * stock[2]
❷        except IndexError:
             print('列表中应包含股票代码、交易价格和交易金额。')
             tran_amount = 0
❸        except:
             print('发生了其他异常。')
             tran_amount = 0
❹        else:
             print('程序正常运行，没有发生异常。')
❺        return (stock[0], tran_amount)
❻ >>> stockCalculator(['601988', 3.19, 100])
   程序正常运行，没有发生异常。
   ('601988', 319.0)
❼ >>> stockCalculator(['601988', 3.19])
```

```
        列表中应包含股票代码、交易价格和交易金额。
        ('601988', 0)
❽ >>> stockCalculator(['601988', '3.19', '100'])
        发生了其他异常。
        ('601988', 0)
```

定义函数后，❻调用函数时，按照正确的数据格式给出股票信息：['601988', 3.19, 100]。因此，在函数体中，❶ try 语句下的代码不会发生异常，程序正常执行。根据 try 语句的语法规则，此时执行❹ else 引导的语句，打印出"程序正常运行，没有发生异常"的信息后，函数调用结束，通过 return 语句返回股票代码和交易金额构成的元组：('601988', 319.0)。

❼调用函数后，传入的股票信息中缺少交易数量。因此，在函数体中，❶ try 语句下的代码在试图获取 stock[2] 时会触发 IndexError 异常（stock 列表只有股票代码和交易额两个值）。此时，根据异常名称进行匹配，将被❷ except 分句捕获，因此通过其下的代码块打印出"列表中应包含股票代码、交易价格和交易金额"，并将交易金额 tran_amount 设置为 0。异常处理完毕后，程序继续执行 try 语句后面的代码，即执行 return 语句，将股票代码和交易金额 0 返回到调用点。

❽调用函数后，传入的股票信息包含股票代码、交易金额和交易数量。由于交易金额和交易数量的数据类型是字符串，这使得在函数体中，❶ try 语句下的代码执行 stock[1] * stock[2] 时，两个字符串相乘会触发 TypeError 的异常。在 try 语句所有的 except 分句中，没有与 TypeError 相匹配的 except 分句，因此会被❸不带异常名称的 except 分句捕获，通过其下的代码块打印出"发生了其他异常"，并将交易金额 tran_amount 设置为 0。最后通过 return 语句将股票代码和交易金额 0 返回到调用点。

9.2　try/finally 语句

有时候，希望能保证无论程序是否发生异常，都可以执行一些代码。例如，在执行文件操作代码块的过程中，无论是否发生异常，最后都要将文件关闭，以释放系统资源。此时可以利用 try/finally 的形式来实现。

```
❶ try:
        statements1
❷ finally:
        statements2
```

这里❶ try 语句下的 statements1 代码块无论是否发生异常，❷ finally 语句下的 statements2 代码块都会被执行。

【例 9-2】编写函数，根据传入的文件名打开文件，并返回文件的第一行内容。

程序代码如下所示：

```
>>> def readFile(fileName):
```

```
❶          file = open(fileName, 'rt')
❷          try:
❸              result = file.readline()
❹          finally:
❺              file.close()
❻          return result
```

在这段代码中，函数传入 fileName 参数。❶打开文件对象，赋值给 file 变量。❷ try 语句下的代码块❸试图读入文件的第一行并赋值给 result。如果文件为文本文件，且为系统默认字符集，则不触发异常，顺利得到文件第一行并赋值给 result 变量。接着执行❹ finally 下的语句，即❺关闭文件。最后通过❻ return 语句将 result 值返回到函数调用点。

如果文件的字符集与系统默认字符集不符合，则❸触发异常，无法读取文件的第一行。❹ finally 下的语句同样会被执行，文件正常关闭。由于函数没有利用 except 分句捕捉和处理异常，因此该异常将会向上一层传递。如果一直都没有处理，则传递到默认的顶层处理，即打印出错误信息，终止程序。

所以，无论是否发生异常，文件最终都会关闭，从而保证释放系统资源。

9.3 完整 try 语句

例 9-2 中的处理方式并不完美，函数 readFile 没有处理好发生异常的情况。虽然保证了文件最终被关闭，但是程序运行意外中断了。在 try 语句中混合使用 except、else 和 finally 语句可以解决这个问题。

```
❶ try:
      statements1
❷ except name1:
      statements2
❸…
❹ else:
      statements3
❺ finally:
      statements4
```

这是一个相对比较完整的 try 语句。当这样组合时，try 语句中必须至少有一个 except 或一个 finally。如果有的话，必须按照 try → except → else → finally 的顺序出现。正如前面所述，当 else 分句出现时，前面必须至少有一个 except 分句。

在 try 语句中同时使用 except 分句和 finally 分句，可以对例 9-2 进行优化，使其可以处理发生的异常，让程序可以正常结束，而不是意外终止。

```
>>> def readFile(fileName):
        file = open(fileName, 'rt')
        try:
            result = file.readline()
❶      except:
            print('文件读取错误。')
```

```
          result = ''
❷     finally:
          file.close()
❸     return result
```

在这里，❶将捕获可能发生的异常，打印出"文件读取错误"的信息后，将 result 的值设置为空字符串，以便在执行完❷ finally 下的语句关闭文件后，通过❸ return 语句将 result 值返回到函数调用点。

9.4 raise 语句

到目前为止，我们遇到的异常大都是由运行期间数据不符合语法规则引起的。当然，我们也可以通过 raise 语句主动触发异常。

```
>>> raise IndexError
Traceback (most recent call last):
    File "<pyshell#106>", line 1, in <module>
        raise IndexError
IndexError
```

在这段代码中，raise 关键字后面是 IndexError 类，Python 自动调用这个类不带参数的构造方法，创建一个实例触发 IndexError 异常。

```
❶ >>> raise IndexError()
    Traceback (most recent call last):
     File "<pyshell#106>", line 1, in <module>
      raise IndexError
    IndexError
❷ >>> err = IndexError()
❸ >>> raise err
    Traceback (most recent call last):
     File "<pyshell#106>", line 1, in <module>
      raise IndexError
    IndexError
```

在上面这段代码中，❶通过 IndexError() 显示调用构造方法创建异常的实例。还可以先手动创建实例，例如❷创建实例后赋值给 err，然后❸通过 raise 语句触发该实例。

通过 raise 语句触发的异常也会被 try 语句的 except 分句捕获和处理：

```
❶ try:
❷     raise IndexError
❸ except IndexError:
❹     print('触发了 IndexError。')
❺ print('程序继续执行。')
```

以下是程序执行的结果：

```
触发了 IndexError。
程序继续执行。
```

在❶的 try 语句中，❷通过 raise 语句手动触发 IndexError 异常。因此，与❸ except 分句的 IndexError 匹配，执行❹打印"触发了 IndexError"这个信息。由于异常被捕获和处理，因此当 try 语句执行完毕后，继续执行后面的语句❺，打印"程序继续执行"的信息。

如 9.6 节案例所示，raise 语句也可以用于触发用户自定义的异常信息。

9.5 assert 语句

在程序开发期间，有时会使用 assert 语句验证程序运行状况。这通常是出于调试程序的目的。assert 语句可以看作条件式的 raise 语句：

```
assert condition, info
```

其中，condition 是条件表达式，当其值为 False 时，assert 语句触发 AssertionError 异常，并使用 info 作为构造方法的参数创建异常实例。同样地，如果触发异常，那就需要被 try 捕获并处理，否则程序就会终止。

```
❶ >>> def stockTransAmount(price, quantity):
❷         assert price > 0, '价格必须大于 0'
❸         assert quantity >= 0, '数量不能为负数'
          return price * quantity
❹ >>> stockTransAmount(0, 100)
    Traceback (most recent call last):
        File "<pyshell#114>", line 1, in <module>
    stockTransAmount(0, 100)
        File "<pyshell#113>", line 2, in stockTransAmount
            assert price > 0, '价格必须大于 0'
    AssertionError: 价格必须大于 0
❺ >>> stockTransAmount(3.19, -100)
    Traceback (most recent call last):
        File "<pyshell#115>", line 1, in <module>
    stockTransAmount(3.19, -100)
        File "<pyshell#113>", line 3, in stockTransAmount
            assert quantity >= 0, '数量不能为负数'
    AssertionError: 数量不能为负数
```

在这段代码中，在❶定义的函数 stockTransAmount() 中，❷通过 assert 语句确保 price 应该大于 0，否则触发 AssertionError 异常。例如❹在调用函数时，price 的值为 0，程序终止执行，并给出发生异常的原因："价格必须大于 0"。同样地，❸用于确保 quantity 的值大于等于 0，因此❺调用时所给的 quantity 值为 –100，触发了 AssertionError 异常，导致程序终止。

9.6 案例：记录股票信息

编写程序，记录输入的股票代码和名称信息，输入为空字符串时结束输入并输出股票信息列表。当输入的股票代码已经存在时，利用异常机制将输入的股票信息记录到文件 duplicatedStock.txt 中。

程序代码如下所示：

```
❶ class MyInputExc(Exception):
❷     def __init__(self, code, name):
            self.code = code
            self.name = name
❸     def log(self):
            log_file = open('duplicatedStock.txt', 'a')
❹         log_file.write('重复输入: {} {}\n'.format(self.code, self.name))
            log_file.close()
   stocks = {}
❺ while True:
❻     try:
            input_str = input('请输入股票代码和名称(用逗号隔开): ')
❼         if len(input_str) == 0:
                break
            code, name = input_str.split(',')
❽         if code in stocks:
                raise MyInputExc(code, name)
            stocks[code] = name
❾     except MyInputExc as input_exc:
            input_exc.log()
❿     except:
            print('发生输入异常，请重新输入。')
   for code, name in stocks.items():
       print(code, name)
```

程序运行后，按以下顺序输入，得到相应结果：

```
请输入股票代码和名称(用逗号隔开): 601988,中国银行
请输入股票代码和名称(用逗号隔开): 601988,中国银行
请输入股票代码和名称(用逗号隔开): 601288
发生输入异常，请重新输入。
请输入股票代码和名称(用逗号隔开): 601288,农业银行
请输入股票代码和名称(用逗号隔开): 601398,工商银行
请输入股票代码和名称(用逗号隔开): 601288,农业银行
请输入股票代码和名称(用逗号隔开):
601988 中国银行
601288 农业银行
601398 工商银行
```

在上述代码中，❶自定义继承自 Exception 的异常类 MyInputExc。在类体中，❷构造方法初始化股票代码 code 和名称 name。❸定义 log 方法，在方法体中，❹在打开的 log_file 文件尾部添加异常实例的 code 和 name，进行重复输入的记录。

❺是一个永真循环，只有当输入的字符串为空时，❼的条件为真，才会通过 break 结束循环。在循环体中，主体是❻ try 语句。在 try 关键字下的代码中，❽ if 语句用于判断输入的股票代码是否在 stocks 字典中已经存在，如果存在，则利用 raise MyInputExc(code, name) 主动触发异常，将输入的股票代码和名称作为参数，创建异常的实例并抛出。该实例与 try 语句的❾ except 分句匹配，因此实例被赋值给 input_exc 变量，在底下的代码中调用 input_exc 异常实例的 log() 方法，将该实例的股票代码和名称记录到文件 duplicatedStock.txt 中。❿用于捕获和处理其他类型的异常，例如输入的信息只有股票代码等，这类异常信息不会记录到文件，而是打印出错误信息"发生输入异常，请重新

输入"。

在运行时，"中国银行"和"农业银行"的信息输入了两次，因此在 duplicatedStock. txt 文件中会记录这两个股票信息。

● 引导案例解析 ●━━○━━●━━○━━●

根据对引导案例的分析，结合本章的学习，小明知道，可以通过 try 语句来捕获输入中发生的异常，对不同类型的异常进行处理，这样可以保证程序不会因为输入错误而崩溃。为了突出异常处理的内容，本部分对生活费管理程序进行了简化，仅展示学习用品明细输入时的异常处理程序，读者可以将其完善到生活费用管理程序中。

程序代码如下：

```
❶ exp_list = []
   print('请输入学习用品支出情况，直接回车结束输入。')
   print('-' * 55)
   while True:
❷     try:
           tmp_str = input('名称、金额和支出日期用逗号分割：')
           if len(tmp_str) == 0:
               break
❸         info_list = tmp_str.split(',')
           name = info_list[0]
❹         amount = float(info_list[1])
❺         date = info_list[2]
           exp_list.append([name, amount, date])
❻     except IndexError:
           print('输入数据不完整，请核对后再试！')
❼     except ValueError:
           print('输入金额有误，请核对后再试！')
❽     except:
           print('输入有误，请核对后再试！')

❾ total_amount = sum([item[1] for item in exp_list])
   print('=' * 55)
   print('你在学习用品中的总支出为：{:.2f}元'.format(total_amount))
   print('-' * 55)
❿ for item in exp_list:
       print('{:<20}{:>10.2f}{:>20}'.format(*item))
```

以下是程序执行的结果：

```
请输入学习用品支出情况，直接回车结束输入。
-------------------------------------------------------
名称、金额和支出日期用逗号分割：参考书籍,210,2020-10-08
名称、金额和支出日期用逗号分割：打印资料,200
输入数据不完整，请核对后再试！
名称、金额和支出日期用逗号分割：打印资料,200,2020-10-10
名称、金额和支出日期用逗号分割：文具用品,150,2020-11-11
名称、金额和支出日期用逗号分割：打印资料,100a,2020-11-23
输入金额有误，请核对后再试！
名称、金额和支出日期用逗号分割：打印资料,100,2020-11-23
名称、金额和支出日期用逗号分割：电子资料,120,2020-11-28
名称、金额和支出日期用逗号分割：教材书籍,150,2020-12-03
```

名称、金额和支出日期用逗号分割：
```
============================================================
你在学习用品中的总支出为：930.00 元
------------------------------------------------------------
参考书籍                  210.00            2020-10-08
打印资料                  200.00            2020-10-10
文具用品                  150.00            2020-11-11
打印资料                  100.00            2020-11-23
电子资料                  120.00            2020-11-28
教材书籍                  150.00            2020-12-03
```

在这段代码中，标号为❶的代码行定义空列表，用于存储每次输入的学习用品支出明细；将输入信息和处理信息的代码通过标号❷代码行中的 try 语句包裹起来，可以处理发生的各类异常，以免出现程序崩溃的情况；标号为❸的代码行将输入的字符串根据逗号分隔，在输入正确的情况下，info_list 列表应该有三个元素，分别是名称、金额和支出日期；如果输入信息不完整，可能造成紧接着的三条语句触发 IndexError 的异常，这个异常会被标号为❻的代码行捕获并处理打印出“输入数据不完整，请核对后再试”的提示信息；标号为❹的代码行将输入信息的第二部分，即金额转换为浮点数，如果输入的不是数字字符串，例如示例中输入的“打印资料，100a，2020-11-23”，第二部分为“100a”，则无法转化为浮点数，触发 ValueError 的异常，该异常会被标号为❼的代码行捕获并处理打印出“输入金额有误，请核对后再试”的提示信息；标号为❽的代码行将捕获除了 IndexError 和 ValueError 以外的其他异常，从而保证程序不会因为输入错误而崩溃；标号为❾的代码行通过列表推导式获得仅包含所有支出金额的新列表后，将金额加总求和，得到学习用品的总支出；标号为❿的代码行打印出学习用品支出的明细信息。

● 小 结 ●━━○━━○━━○━━●

本章主要介绍了 Python 中异常处理的相关知识。首先介绍了异常处理中常用的 try/except/else 语句。try 关键字下的代码块是运行时可能发生异常的代码，可以利用一个或多个 except 分句捕获和处理特定的或所有的异常；当至少有一个 except 分句时，可以有 else 分句，用于执行没有发生异常时需要执行的代码。接着介绍了 try/finally 语句，用于执行无论是否发生异常都要执行的代码。在 Python 中，try/except/else/finally 可以结合使用。最后学习了主动触发异常的 raise 语句和 assert 语句。

● 练 习 ●━━○━━○━━○━━●

1. try 语句的作用是什么？
2. try 语句中 except 分句的作用是什么？
3. try 语句中 else 分句的作用是什么？

4. try 语句中 finally 分句的作用是什么？

5. raise 语句的作用是什么？

6. assert 语句的作用是什么？它和 raise 语句的区别是什么？

7. 编写程序，用户重复输入两个数，打印出这两个数转换为整数后相除的结果，直到输入空字符串结束。利用 try/except 记录发生 ZeroDivisionError、ValueError 和其他异常的次数。在程序结束前打印出异常次数信息。

第 10 章

数据库应用

C H A P T E R   10

学习目标 ●—○—●—○—●

- 了解数据库的概念
- 掌握 SQLite 数据库的使用
- 熟悉 MySQL、SQL Server、Oracle、MongoDB 数据库的使用
- 灵活运用数据库解决实际应用问题

引导案例 ●—○—●—○—●

通过文件，小明可以将生活费支出流水信息存储下来，便于今后的管理、查询和分析。虽然目前的数据量比较小，但是在每次查询和分析时，都是从文件中将数据全部读取，并逐一地进行过滤判断。可以想象，在数据量逐渐增加、数据结构更加复杂的情况下，这种方式是不可取的。因此，小明希望通过更加高效的方式来存取数据。

通过以上描述可知，小明希望改进数据的存取方式，不使用简单的文本文件来存取，而通过更加专业的方式。

通过对本章的学习，请你利用数据库改进生活费管理程序的数据存取方式。

在第 7 章中，我们学习了如何使用文件来存取数据。当面临较多且较复杂的数据时，利用文件管理数据就显得力不从心。因此，对于大量数据，通常使用数据库来组织和操作。

本章将介绍 Python 对 SQLite、MySQL、Access、MS SQL Server 等关系型数据库的操作。近年来，随着大数据技术的不断拓展，大量的非关系型数据库出现，所以最后将以 MongoDB 为例，介绍 Python 对非关系型数据库的访问与操作。

10.1 数据库简介

数据库（database）是按照数据结构来组织、存储和管理数据仓库的，是一种"电子化的文件柜"。数据库不仅支持数据在计算机内的长期存储，而且支持跨平台、跨地域的数据操作，是有组织、可共享、统一管理的大量数据的集合。数据库技术的发展给人类的生活和工作带来了极大的便利。当前数据库分为关系型数据库和非关系型数据库。

10.1.1 关系型数据库

关系型数据库把复杂的数据结构抽象为简单的二元关系，通过二维表格关系模型来组织数据，一个关系型数据库就是由二维表及其之间的联系所组成的一个数据集合。

在关系数据库中，每一行被称为一条记录；每条记录有相同的列数，每一列代表记录的一个属性，称之为字段。在关系型数据库中，对数据的操作几乎全部建立在一个或多个关系表格上，通过对表格选择、合并、分类或连接等运算来实现数据库的管理。

例如，对于股票信息的管理，可以建立如表 10-1 所示的表格。

表 10-1　股票信息表格示例

代码	名称	价格
601988	中国银行	3.19
601288	农业银行	3.16
601398	工商银行	4.94
601939	建设银行	6.19

管理和组织关系数据库中的数据，需要使用 SQL 语言。它是关系数据库的通用语言。SQL 指结构化查询语言，全称是 structured query language，是一种 ANSI（American National Standards Institute，美国国家标准化组织）标准的计算机语言。不同的数据库会有自己增加的扩展。

SQL 中有三种类型的语言：

- 数据定义语言（DDL，data definition language），用于定义数据库的用户、表、关系、约束和权限等。
- 数据操作语言（DML，data manipulation language），用于实现对数据的查询、插入、更新和删除操作。
- 数据库控制语言（DCL，data control language），用于授权和角色控制，例如通过 GRANT 授权，通过 REVOKE 取消授权。

SQL 中用于数据定义的 DDL 命令如表 10-2 所示。

表 10-2　常用 DDL 命令

命令	说明	示例
CREATE DATABASE	创建数据库	CREATE DATABASE stockdb
DROP DATABASE	删除数据库	DROP DATABASE stockdb
CREATE TABLE	创建表格	CREATE TABLE stocks (code text, name text, price real)
DROP TABLE	删除表格	DROP TABLE stocks

对于数据的查询、插入、更新和删除操作，SQL 中通过表 10-3 中的 DML 命令来实现。

表 10-3　常用 DML 命令

命令	说明	示例
SELECT	查询数据	SELECT * FROM stocks SELECT code,name from stocks SELECT * from stocks WHERE code='601988'
INSERT INTO	插入数据	INSERT INTO stocks VAUES('601988', ' 中国银行 ', 3.19)
UPDATE	修改数据	UPDATE stocks SET price=3.29 WHERE code='601988'
DELETE FROM	删除数据	DELETE FROM stocks WHERE code='601988'

10.1.2　非关系型数据库

非关系型数据库通常以键值对形式存储数据，结构不固定，每条记录可以有不一样的字段，这样可以节约存储空间。但是它只适合存储一些较为简单的数据。

与关系数型数据库中仅使用 SQL 来操作数据不同，非关系型数据库不仅仅适用 SQL，因此又被称为 NoSQL（NotOnlySQL）数据库，这是一项全新的数据库革命性运动。

非关系型数据库包括：键值存储（key-value）数据库、列存储（column-oriented）数据库、面向文档（document-oriented）数据库和图形数据库。

常用的 redis 是一个高性能的键值存储数据库系统。它支持存储的值类型包括字符串（string）、列表（list）、集合（set）、有序集合（zset）和哈希类型（hash）。

作为一个基于分布式文件存储的数据库，MongoDB 提供可扩展的高性能数据存储解决方案。MongoDB 支持类似 JSON 的 BSON 格式，可以存储比较复杂的数据类型。MongoDB 查询语言非常强大，语法类似于面向对象的查询语言，可以实现类似关系数据库单表查询的绝大部分功能，并且支持对数据建立索引。

10.2　SQLite 数据库

SQLite 是采用 C 语言编写的轻量级、基于磁盘文件的关系型数据库，不需要单独的服务器进程，并允许使用 SQL 查询语言的非标准变体访问数据库。其轻量级、操作方便的特点，使该数据库成为数据规模较小程序的首选。

Python 中内置了 sqlite3 模块，在访问和操作 SQLite 数据时，需要首先导入 sqlite3 模块，然后创建一个与数据库关联的 Connection 对象。

```
>>> import sqlite3
>>> conn = sqlite3.connect("example.db")
```

一旦创建了 Connection 对象，就可以创建 Cursor 对象，并调用 Cursor 对象的 execute() 方法来执行 SQL 语句。

```
❶ c = conn.cursor()
❷ c.execute("CREATE TABLE trans (date text, flag text, symbol text, qty real,
    price real)")
❸ c.execute("INSERT INTO trans VALUES('2020-09-10', 'BUY', '中国银行', 100, 3.19)")
❹ for row in c.execute("SELECT * FROM trans"):
      print(row)
❺ conn.commit()
❻ conn.close()
```

❶创建了 Cursor 对象，该对象用来追踪用户目前在数据库中的位置，这样数据库就可以支持多个用户同时访问数据库中的数据而不相互影响。

❷使用 execute() 方法执行 SQL 中的 CREATE TABLE 语句，创建一个名为 trans 的表。表格使用行列的方式来记录数据，其中每行是一条股票交易信息，列是股票包括的属性（又被称为字段），每个属性都对应特定的数据类型。在 sqlite3 中，支持的数据类型如表 10-4 所示。

表 10-4　sqlite3 支持的数据类型

类型	对应 Python 类型	说明
null	NoneType	空值
integer	int	整数类型
real	float	浮点数类型
text	str	字符串类型
BLOB	bytes	二进制数据

❸使用 execute() 方法执行 SQL 语言中的 INSERT INTO 语句，为 trans 表插入一条记录。由于在 SQL 语句中，利用一对单引号"'"标识字符串和日期数据，因此，传递给 execute() 方法的字符串利用双引号"""标识。在这里，交易记录中的每个值与创建表格 trans 时的字段按照顺序一一对应。

❹利用 for 循环语句，将 execute() 方法执行查询 SELECT 语句的结果逐一打印出来。在这里，execute() 方法返回由 trans 表中每条交易记录构成的可迭代对象。

❺利用连接对象 conn 的 commit() 方法提交了当前事务，保存数据。

❻利用连接对象 conn 的 close() 方法关闭数据库连接。

这是一个较为完整的数据库操作过程。下面分别对其中的 Connection 对象、Cursor 对象和 Row 对象进行介绍。

10.2.1 建立连接

在 Python 中，使用数据库之前，需要建立与数据库的连接。Connection 是 sqlite3 模块中最基本也是最重要的类之一。通过 sqlite3 的 connect() 方法可以创建 Connection 对象。该方法的参数是需要连接的数据库文件，例如：

```
>>> conn = sqlite3.connect("example.db")
```

这里创建一个连接到 example.db 的 Connection 对象，通过该对象可以对 example.db 中的数据进行操作。如果 example.db 文件不存在，则在当前工作目录下创建该文件。

Connection 对象的主要方法有：

- cursor() 返回连接的游标，用于访问和操作数据库中的数据。
- commit() 方法提交当前事务，如果不提交，则从其他数据库连接中看不到自上次调用 commit() 方法以来的任何插入、删除和更新数据的操作，当前修改也不会保存到数据库文件中。
- rollback() 方法撤销当前事务，将数据库恢复至上次调用 commit() 方法后的状态。
- close() 方法关闭数据库连接，释放系统资源。

10.2.2 操作数据

在建立连接后，通过 Cursor 对象可以将操作数据的 SQL 语句发送给数据库，得到相应的结果。Cursor 也是 sqlite3 模块中比较重要的一类，以下方法在 Cursor 对象操作数据时经常使用。

1. execute() 方法

```
execute(sql[, parameters])
```

execute() 方法用于执行一条 SQL 语句。当 SQL 语句中需要使用变量值时，可以使用问号或命名变量作为占位符两种方式进行值的传递。

```
import sqlite3
conn = sqlite3.connect("example.db")
cursor = conn.cursor()
cursor.execute("CREATE TABLE stocks (code text, name text, price real)")
s_code, s_name, s_price = "601988", "中国银行", 3.19
❶ cursor.execute("INSERT INTO stocks VALUES (?, ?, ?)", (s_code, s_name, s_price))
conn.commit()
❷ result = cursor.execute("SELECT * FROM stocks WHERE code =:1 AND name=:2 ",
{"1": s_code, "2": s_name})
for r in result:
    print(r)
cursor.close()
conn.close()
```

以下是程序执行的结果：

```
('601988', '中国银行', 3.19)
```

　　在❶中的 SQL 语句 INSERTINTO 中，使用问号"？"作为占位符，其真实值由 execute() 方法的第二个参数，即元组（s_code, s_name, s_price）按照位置顺序分别替换。

　　在❷中的 SQL 语句 SELECT 中，使用命名变量作为占位符传递参数，其真实值由 execute() 方法第二个参数，即字典 {"1": s_code, "2": s_name} 按照字典键名与占位符名称对应关系替换。

　　这两种方式使得使用 execute() 方法执行 SQL 语句变得十分灵活，使用一条带有占位符的 SQL 语句，通过替换占位符的值就可以实现多条数据的查询、更新、插入和删除等操作。

2. executemany() 方法

```
executemany(sql[, parameters])
```

　　executemany() 针对所有参数序列或序列的映射执行同一个 SQL 命令，第二个参数通常是一个可迭代对象。

```
    import sqlite3
    conn = sqlite3.connect("example.db")
    cursor = conn.cursor()
❶  stock_tuple = (("601288",  "农业银行",  3.16),
    ("601398",  "工商银行",  4.94),
    ("601939",  "建设银行",  6.19))
❷  cursor.executemany("INSERT INTO stocks VALUES (?, ?, ?)", stock_tuple)
    conn.commit()
    result = cursor.execute("SELECT * FROM stocks")
    for r in result:
        print(r)
    cursor.close()
    conn.close()
```

　　以下是程序执行的结果：

```
('601988', '中国银行', 3.19)
('601288', '农业银行', 3.16)
('601398', '工商银行', 4.94)
('601939', '建设银行', 6.19)
```

　　在这段代码中，❶创建了一个由股票信息元组构成的二维元组，并赋值给 stock_tuple。❷将 stocks_tuple 作为 executemany() 方法的第二个参数，在执行时，二维元组 stock_tuple 中的每一个元素（即股票信息元组）被逐一取出，并用股票代码、股票名称和价格按顺序替换问号"？"占位符。这样在不使用循环的情况下，将农业银行等三只股票的信息插入 stocks 表中。

3. fetchone() 方法

```
fetchone()
```

　　fetchone() 获取查询结果集合的下一行，返回该行字段构成的元组。如果没有更多数据可用，则返回 None。

```
import sqlite3
conn = sqlite3.connect("example.db")
cursor = conn.cursor()
❶ cursor.execute("SELECT * FROM stocks")
❷ print(cursor.fetchone())
❸ print(cursor.fetchone())
❹ print(type(cursor.fetchone()))
cursor.close()
conn.close()
```

以下是程序执行的结果：

```
('601988', '中国银行', 3.19)
('601288', '农业银行', 3.16)
<class 'tuple'>
```

在这段代码中，❶执行 SELECT 查询语句，将查询结果存储在 cursor 中。❷通过 fetchone() 方法获取并打印第一条"中国银行"的股票信息。❸与❷是一样的代码，不同的是，其获取的是第二条"农业银行"的股票信息。这是因为在执行完❷后，结果集中的游标已经下移一条记录。从❹的打印结果可以看出，fetchone() 方法返回的是一个元组。

4. fetchmany() 和 fetchall() 方法

```
fetchmany([size=cursor.arraysize])
```

fetchmany() 方法获取从查询结果的下一行开始的多行，并返回一个列表。当没有更多行可用时，将返回一个空列表。size 参数指定每次调用要获取的最多行数。如果未指定 size 的值，则由游标 cursor 的 arraysize 决定要提取的行数。

> **注意**
> size 参数的大小涉及性能方面的考虑。为了获得最佳性能，通常使用 arraysize 属性。如果使用了 size 参数，最好每次调用 fetchmany() 方法时保留相同的值。

```
fetchall()
```

fetchall() 方法获取查询结果的所有（剩余）行，并返回一个列表。需要注意的是，游标的 arraysize 属性可能会影响此操作的性能。如果没有可用的行，则返回一个空列表。

```
import sqlite3
conn = sqlite3.connect("example.db")
cursor = conn.cursor()
❶ cursor.execute("SELECT * FROM stocks")
❷ print(cursor.fetchmany(2))
❸ print(cursor.fetchall())
cursor.close()
conn.close()
```

以下是程序执行的结果：

```
[('601988', '中国银行', 3.19), ('601288', '农业银行', 3.16)]
[('601398', '工商银行', 4.94), ('601939', '建设银行', 6.19)]
```

在这里，❷中 fetchmany() 方法指定 size 参数的值为 2，因此获取并打印出❶所得结果集中的前两条记录，即"中国银行"和"农业银行"的股票信息。❸则利用 fetchall() 方法，从第三条记录开始获取剩余的所有记录，即"工商银行"和"建设银行"的股票信息。

10.2.3 优化查询结果

在默认情况下，Cursor 对象的 fetchone() 等方法返回由记录字段构成的元组。

在 Python 中，还提供了用作 Connection 对象的高度优化的 Row 对象，其大部分功能与元组相似，并且支持按列名和索引、迭代、表示和 len() 方法进行映射访问。

若要将 fetchone() 等方法返回的数据类型改为 Row 对象，需要设置对应连接的 row_factory。

```
    import sqlite3
    conn = sqlite3.connect("example.db")
❶  conn.row_factory = sqlite3.Row
    cursor = conn.cursor()
    cursor.execute("SELECT * FROM stocks")
❷  r = cursor.fetchone()
❸  print('r 的类型: ', type(r))
❹  print('r 的 keys: ', r.keys())
❺  print('r 的第一个字段值: ', r[0])
❻  print('r 的 name: ', r['name'])
    cursor.close()
    conn.close()
```

以下是程序执行的结果：

```
r 的类型: <class 'sqlite3.Row'>
r 的 keys: ['code', 'name', 'price']
r 的第一个字段值: 601988
r 的 name: 中国银行
```

在这段代码中，❶修改了 conn 连接中的返回类型，不再是默认的元组，而是 Row 对象。❷将 fetchone() 方法的返回结果赋值给 r 变量。从❸的打印结果可以看出，返回的类型为 sqlite3.Row。如❹打印结果所示，利用 Row 对象的 keys() 方法，可以方便地获取到每个字段的名称。对于 Row 对象中值的获取，如❺所示，可以利用类似元组的序号形式获取，也可以如❻所示，类似字典那样通过字段名称获取。

10.3　Python 操作其他关系型数据库

借助其强大的扩展库，Python 还可以访问和操作多种关系型数据库。下面介绍使用 Python 操作 MySQL、SQL Server、Oracle 等主流关系型数据库的方法。

10.3.1 操作 MySQL 数据库

Python 使用 pymysql 模块来访问和操作 MySQL 数据库，该模块主要方法与 sqlite3 模块中的方法类似，如下所示。

（1）execute()：执行一条 SQL 语句。

（2）executemany()：利用一条 SQL 语句，重复执行可迭代参数中的每个值。

（3）nextset()：移到下一个结果集合。

（4）fetchall()：获取返回结果的全部行。

（5）fetchmany()：获取返回结果中指定数量的行，输入参数控制返回行数。

（6）fetchone()：获取返回结果中的一行数据。

（7）commit()：提交事务。

（8）rollback()：返回事务。

使用 pymysql 模块操作 MySQL 数据库的代码如下所示：

```
   import pymysql
❶ conn = pymysql.connect(host="localhost", user="root", password="1234",
                         db="test", port=3306,  charset="utf8")
   cur = conn.cursor()
❷ cur.execute ('''CREATE TABLE stocks ('code' varchar(6) NOT NULL,
                'name' varchar(20) NOT NULL,
                PRIMARY KEY ('code')
                )''')
❸ cur.executemany("INSERT INTO stocks VALUES (%s, %s)",
                      [('601988', '中国银行'), ('601288', '农业银行')])
   conn.commit()
❹ cur.execute('SELECT * FROM stocks')
❺ print(cur.fetchone())
   cur.close()
   conn.close()
```

以下是程序执行的结果：

```
('601988', '中国银行')
```

❶通过 pymysql.connect() 方法创建连接数据库 conn，在其参数中：host 是数据库地址，默认当前计算机 localhost；user 是使用数据库的用户名，该用户必须是数据库中已经创建的用户，这里指定为 root；password 是 user 所指定用户的登录密码，这里指定为 1234；db 是操作的数据库名称，这里指定为 test；port 是连接数据库使用的端口，默认为 3306；charset 是数据库编码，若存在中文时，连接需要添加 charset='utf8'，否则中文显示乱码。

❷利用 excute() 方法，执行 SQL 中 CREATETABLE 创建表格的语句，创建了 stocks 表，该表由 code 和 name 两个字段构成，其中 code 是代表股票代码的字符类型，name 是代表股票名称的字符类型。code 为 PRIMARYKEY，即主键。这意味着 code 不能为空，且在所有记录中不能有重复的股票代码。

❸利用 executemany() 方法，将二维列表 [('601988',' 中国银行 '),('601288',' 农业银

行')] 中的两个元组轮流替换第一个参数 SQL 语句的 "%s" 占位符。例如，对于二维列表中的第一个元素 ('601988',' 中国银行 ')，实际替换后执行的 SQL 语句为：

```
INSERT INTO students VALUES ('601988', '中国银行')
```

❹通过执行 SQL 中的 SELECT 语句，将 stocks 表中的所有记录查询出来，并装入 Cursor 对象 cur 中。

❺通过 cur 的 fetchone() 方法获取第一条记录，即 ('601988',' 中国银行 ')，并打印出来。

10.3.2　操作 SQL Server 数据库

Python 可以使用 pywin32、pyodbc、pymssql 等不同模块操作 SQL Server 数据库。本节介绍 pymssql 模块，该模块是第三方模块，因此需要在命令窗口通过 pip 安装：

```
pip install pymssql
```

在安装完成后，可以通过以下步骤使用 Python 代码操作 SQL Server 数据库。

（1）创建连接：使用 pymssql.connect() 方法创建连接并获取 Connection 对象。

（2）操作数据：通过 Connection 对象的 cursor() 方法获取 Cursor 对象，使用该对象的各种方法与数据库进行交互操作。

（3）关闭连接。

```
❶ import pymssql
❷ server_name, user_name, password, db_name = '127.0.0.1', 'sa', '123456', 'stockdb'
❸ conn = pymssql.connect(server_name , user_name , password, db_name)
  cursor = conn.cursor()
  cursor.execute('''CREATE TABLE stocks (code VARCHAR(6),
                                         name VARCHAR(100),
                                         PRIMARY KEY(code))''')
  cur.executemany("INSERT INTO stocks VALUES (%s, %s)",
                      [('601988', '中国银行'), ('601288', '农业银行')])
  conn.commit()
❹ cursor.execute('SELECT * FROM persons WHERE code=%s', '601288')
  row = cursor.fetchone()
  print("代码: {}, 名称: {}".format(row[0], row[1]))
  cursor.close()
  conn.close()
```

以下是程序执行的结果：

```
('601288', '农业银行')
```

Python 操作 SQL Server 的方法和操作 sqlite3、MySQL 非常类似。❶导入 pymssql 模块。❷利用 server_name、user_name、password 和 db_name 分别记录服务器地址、用户名、密码和数据库名称，这里的服务器地址为 "127.0.0.1"，代表当前计算机。❸通过传入前面的四个参数，利用 pymssql.connect() 创建连接。在❹中的 SQL 语句中，SELECT 查询时增加了 WHERE 关键字，即查询 code 为 "601288" 的股票信息。

10.3.3　连接 Oracle 数据库

Oracle 数据库是世界上最流行的关系型数据库管理系统，具有一致性好、使用方便、功能强等特征。使用 Python 操作 Oracle 数据库，关键在于数据库的连接，连接之后的具体操作与其他关系型数据库的操作差异不大，在此不再赘述。本小节介绍 Python 中如何连接 Oracle 数据库。

连接 Oracle 相比连接其他关系型数据库要麻烦一些，需要安装 cx_Oracle 模块和 Oracle 客户端 Oracle Instant Client。注意，cx_Oracle 模块要与所使用的 Python 版本对应。

```
  import cx_Oracle
❶ conn = cx_Oracle.connect('sys', '1234', '127.0.0.1:1621/orcl')
  cur = conn.cursor()
  cur.execute("SELECT * FROM stocks")
  data = cur.fetchone()
  print(data)
  cur.close()
  conn.close()
```

其中❶连接 Oracle 数据库时，"sys"是连接数据库使用的用户名，"1234"是登录密码，在"127.0.0.1:1621/orcl"中，127.0.0.1 是连接的数据库服务器地址，1621 是连接时使用的端口号，orcl 是数据库名称。

10.4　Python 操作 MongoDB 数据库

MongoDB 是一个基于分布式文件存储的数据库，由 C++ 语言编写而成。MongoDB 是功能最丰富、最接近关系数据库的非关系数据库之一。MongoDB 使用 JSON 结构将其数据存储在文档中，这样使用它灵活且不需要架构。从整体上说，MongoDB 具有免费、操作简单、面向文档存储、自动分片、可扩展性强、查询功能强大等特点。在大数据时代，MongoDB 是存储文本等非关系型数据的重要工具之一。

Python 扩展库 pymongo 完美支持 MongoDB 数据的操作，可以使用 pip 命令安装 pymongo 模块：

```
pip install pymongo
```

本小节以代码形式展示 pymongo 操作 MongoDB 数据库的部分用法，更多的用法可以使用 Python 的 help() 获得或者查阅 MongoDB 的官方文档。

10.4.1　使用 pymongo 连接数据库

为了对数据库进行增、删、改、查等操作，需要首先与 Mongo 客户端建立连接，导入 pymongo 模块。

```
>>> from pymongo import MongoClient
```

```
>>> client = MongoClient('localhost',27017)
```

其中，localhost 是数据库服务器的地址或名称，27017 是数据库的默认端口，接下来获取名为 stockNews 的数据库：

```
>>> db = client.stockNews
```

然后查看 stockNews 数据库下的数据集合的名称列表，获取数据集合，为数据的操作做准备：

```
>>> db.collection_names()
['GubaNews','system.indexes']
>>> gubaNews = db.GubaNews
```

10.4.2　MongoDB 数据库操作

Mongo 以 JSON 对象的形式存储数据。因此，在 Mongo 中收集的每个记录都被称为文档。如果该集合当前不存在，则插入操作将创建该集合。可以通过以下六种方式操作集合中的文档。

1. insert_one() 方法

insert_one() 方法是在集合中插入一个文档：

```
>>> news = {'title':' 以科技创新为本中国智造再造双循环势能 ',
            'date':'2020 年 09 月 30 日 ',
            'content':' 最近，双循环是中国经济的热门话题。以国内大循环为主体…'}
>>> gubaNews.insert_one(news)
<pymongo.results.InsertOneResult object at 0x7f8fbe7fb960>
```

2. insert_many() 方法

insert_many() 方法是将多个文档一次性插入集合中，下面的示例是将三个新文档插入 GubaNews 集合中。每个文档都有三个字段，标题、发表日期和内容。由于文档未指定 _id 字段，因此 MongoDB 向每个文档添加具有 ObjectId 值的 _id 字段。

```
>>> gubaNews.insert_many(
    [{'title':' 以科技创新为本中国智造再造双循环势能 ',
      'date':'2020 年 09 月 30 日 ',
      'content':' 最近，双循环是中国经济的热门话题。以国内大循环为主体…'},
     {'title':' 广东将扶持海上风电发展 ',
      'date':'2020 年 09 月 30 日 ',
      'content':' 广东省昨日印发广东省培育新能源战略性新兴产业集群行动计划…'},
     {'title':' 城市更新焕发老城市新活力 ',
      'date':'2020 年 09 月 30 日 ',
      'content':' 华灯初上，光塔街怡乐里社区的街坊纷纷出门…'}]
    )
<pymongo.results.InsertManyResult object at 0x7f8fbe7fb7d0>
```

3. insert() 方法

insert() 方法既可以插入一个文档，也可以插入多个文档。该方法返回所插入文档所有对象的 ObjectId，用来唯一标识文档。

```
>>> gubaNews.insert({'title':'以科技创新为本中国智造再造双循环势能 ',
        'date':'2020 年 09 月 30 日 ',
        'content':'最近，双循环是中国经济的热门话题。以国内大循环为主体…'})
ObjectId('57611d4b1aa303032ad5ba9e')
>>> gubaNews.insert([{'title':'广东将扶持海上风电发展 ',
        'date':'2020 年 09 月 30 日 ',
        'content':'广东省昨日印发广东省培育新能源战略性新兴产业集群行动计划…'},
      {'title':'城市更新焕发老城市新活力 ',
        'date':'2020 年 09 月 30 日 ',
        'content':'华灯初上，光塔街怡乐里社区的街坊纷纷出门…'}])
[ObjectId('57611d4b1aa303032ad5ba9e'), ObjectId('57611d4b1aa30303sdd5ba9e')]
```

4. find() 和 find_one() 方法

可以通过两种方法来查询文档：find() 方法将返回该集合中的所有文档。在默认情况下，它返回一个游标对象。find_one() 方法返回集合中的第一个文档。

```
>>> gubaNews.find()
<pymongo.cursor.Cursor object at 0x7f8fc1853890>
>>> gubaNews.find_one()
{ 'date':'2020 年 09 月 30 日 ','title':'以科技创新为本中国智造再造双循环势能 ','_id':
ObjectId('57611d4b1aa30303lc6eba9e'),'content':'最近，双循环是中国经济的热门话题。
以国内大循环为主体…'}
```

通过添加查询条件可以过滤一些结果，按照指定的条件返回查询结果。

```
>>> gubaNews.find({'title':'以科技创新为本中国智造再造双循环势能 '})
<pymongo.cursor.Cursor object at 0x7f8fbe7fb960>
>>> gubaNews.find_one({'title':'以科技创新为本中国智造再造双循环势能 '})
{ 'date':'2020 年 09 月 30 日 ','title':'以科技创新为本中国智造再造双循环势能 ','_id':
ObjectId('57611d4b1aa30303lc6eba9e'),'content':'最近，双循环是中国经济的热门话题。
以国内大循环为主体…'}
```

5. update()、update_one()、update_many() 和 replace_one() 方法

修改集合中文档的方法有四种，update()、update_one()、update_many() 和 replace_one()。这四种方法的整体语法规则如下：

```
<method_name>(condition, document, upsert = False, bypass_document_
validation = False)
```

其中，condition 是与要替换的文档匹配的查询条件，document 为新文档，upsert 是可选参数，默认为 False，当该参数为 True 时，则在没有文档与过滤器匹配的情况下执行插入。bypass_document_validation 也是可选参数，默认为 False，当该参数为 True 时，则允许写入选择退出文档级验证。

以下是这四种方法使用的示例，除了 update() 方法，所有方法都返回 UpdateResult 对象。

```
>>> gubaNews.update_one({"title":"城市更新焕发老城市新活力 "}, {"$set": {"content":"
内容示例 "}})
<pymongo.results.UpdateResult object at 0x7f8fbe7fb910>
>>> gubaNews.update_many({"title":"城市更新焕发老城市新活力 "},
```

```
                           {"$set":{"content":" 内容示例 "}})
<pymongo.results.UpdateResult object at 0x7f8fbe7fb7d0>
>>> gubaNews.update({"title":" 城市更新焕发老城市新活力 "},
                           {"$set":{"content":" 内容示例 "}})
{'updatedExisting': True, 'nModified': 0, 'ok': 1, 'n': 1}
>>> gubaNews.replace_one({"title ":" 城市更新焕发老城市新活力 "},
                                {"title ":" 城市换新颜 "})
<pymongo.results.UpdateResult object at 0x7f8fbe7fb910>
```

6. delete_one()、delete_many() 和 remove() 方法

delete_one() 和 delete_many() 方法用于删除文档操作。添加 condition 参数，可以按照指定条件删除文档，最终返回 DeleteResult 对象。另外，remove() 方法也可以实现删除文档操作，并返回删除状态。

```
>>> gubaNews.delete_one({"title":" 城市更新焕发老城市新活力 "})
<pymongo.results.DeleteResult object at 0x7f8fbe7fba00>
>>> gubaNews.delete_many({"title":" 广东将扶持海上风电发展 "})
<pymongo.results.DeleteResult object at 0x7f8fbe7fb960>
>>> gubaNews.remove({"title":" 以科技创新为本中国智造再造双循环势能 "})
{'ok': 1, 'n': 1}
```

● 引导案例解析 ●—○—●—○—●

根据对引导案例的分析，结合本章的学习，小明发现通过数据库来管理数据将大大提高数据的存取效率。为了突出数据库的内容，本小节仅展示明细类别信息管理的数据库实现，读者可以将其扩展到生活费管理程序中的支出流水管理中。

程序代码如下：

```
......
❶ def read_category_detail(db_file_name):
      result_dic = {}
      if os.path.exists(db_file_name):
❷        conn = sqlite3.connect(db_file_name)
❸        cursor = conn.cursor()
❹        try:
❺            result = cursor.execute('SELECT * FROM category_detail')
❻            for detail_name, category_code in result:
                  result_dic[detail_name] = category_code
          except:
              pass
          finally:
              cursor.close()
              conn.close()
      return result_dic
❼ def save_category_detail(detail_dic, db_file_name):
      conn = sqlite3.connect(db_file_name)
      cursor = conn.cursor()
      try:
❽        cursor.execute('DROP TABLE category_detail')
      except Exception as e:
          print(e)
❾    cursor.execute('CREATE TABLE category_detail(detail_name text, code integer)')
❿    for detail_name, category_code in detail_dic.items():
```

```
                cursor.execute('INSERT INTO category_detail VALUES(?,?)',
                                (detail_name, category_code))
        conn.commit()
        cursor.close()
        conn.close()
    ……
```

在这段代码中，修改了生活费管理程序中明细类别信息的存取方式，改为利用数据库存取。标号为❶的代码行定义了函数 read_category_detail()，从数据库中读取明细信息，返回包含明细信息的字典；在函数体中，标号为❷的代码行建立了数据库连接；标号为❸的代码行在该数据库连接上建立了游标 cursor，通过这个游标可以给数据发送执行 SQL 语句的指令；由于数据库操作可能会发生异常（例如在没有 category_detail 表的情况下查询），因此将查询语句放在标号为❹的代码行引导的 try 语句中，发生异常后通过 finally 语句关闭游标和数据库连接；标号为❺的代码行执行了从 category_detail 表中查询所有信息的 SQL 语句；通过标号为❻的 for 循环将查询结果逐一添加到字典 result_dic 中；标号为❼的代码行定义了保存明细类别信息的函数 save_category_detail()，函数体中将参数 detail_dic 中的数据保存在 db_file_name 所指向的数据库文件中；根据程序逻辑，detail_dic 中包含了所有明细类别信息，为保证 category_detail 表中的数据不重复，首先通过标号为❽的代码行将数据库中的表 category_detail 删除；然后通过标号为❾的代码行创建该表后，利用标号为❿的 for 循环将数据逐一添加到表中。

这段代码仅修改了 read_category_detail() 和 save_category_detail() 两个函数的内部逻辑，改为在数据库中存取。因此，可以直接替换原来的这两个函数，而不影响程序正常运行。这也是将功能定义为函数的好处，可以将功能的实现最大限度地分割开来，相互不影响。

● 小　结 ●━○━●━○━●

本章主要介绍了 Python 对数据库的访问和操作。对数据库的概念和类别进行了简要概述，涉及关系型数据库和非关系型数据库。重点介绍了在 Python 中建立 SQLite、MySQL、SQL Server 和 Oracle 等关系型数据库连接的方法，并以简短代码展示了对数据库的增、删、改、查等操作。最后以 MongoDB 为例，介绍了 Python 对非关系型数据库的访问与操作。

● 练　习 ●━○━●━○━●

1. 什么是数据库？
2. 数据库有哪些类型并举例？
3. Python 操作 SQL Server 数据库的模块有_____。
4. 简述 SQLite 中 fetchone()、fetchmany() 和 fetchall() 方法的区别。

5. 简述 MongoDB 数据库的特点。

6. 连接 MySQL 数据库时可用的参数有哪些？它们分别有什么作用？

7. 利用 SQLLite 数据库，生成一张名为 score 的表，这张表包含 id、name、course 和 score 四列，分别表示学号、姓名、课程、分数。

8. 利用 SQLLite 数据库，在第 7 题生成的 score 表中插入若干数据。

9. 利用 SQLLite 数据库，查询第 8 题生成的表中每门成绩均大于 80 分的学生的学号和姓名。

第三部分

数据分析篇

第 11 章 ●──○──●──○──●

NumPy 基础

- 掌握多维数组对象 ndarray 的使用方法
- 掌握 NumPy 数组元素访问的方法
- 掌握 NumPy 数组中元素排序的方法
- 掌握 NumPy 数组中元素结构重塑的方法
- 掌握 NumPy 数组运算方法
- 熟悉 Numpy 通用函数

在数据分析和处理过程中，常常需要同时对大量数据进行运算。我们可以使用 Python 中的列表处理这些数据，但是由于列表中的每个元素都是一个对象，在运算时效率低下。在这种数值运算情况下，我们不需要列表具备存储不同类型对象的灵活性，但需要运用线性代数的向量和矩阵计算方式，提高运算效率。NumPy 就是专门用来进行向量和矩阵运算的三方模块。

NumPy（numerical python）是 Python 进行数值计算最重要的三方模块。它也是很多其他科学计算模块的基础模块。NumPy 的大部分代码是用 C 或者 Fortran 实现的，运行速度比纯 Python 代码要快。NumPy 不需要使用 for 或者 while 循环就可以完成整个数组的运算。

在使用 NumPy 之前，需要导入 NumPy 模块。通常情况下，使用"np"作为 NumPy 的简写。

```
>>> import numpy as np
```

11.1　多维数组对象 ndarray

NumPy 中利用一种 N 维数组对象 ndarray 来存储和处理数据。该对象可以定义维度，适合做代数运算。虽然看上去和 Python 内置的列表相似，但 ndarray 是标量元素之间的运算。

【例 11-1】已知人民币兑 100 外币的外汇牌价汇率为：美元 680.6、欧元 800.05、英镑 882.6 和港币 87.79。现有 10 万元人民币，计算可以兑换的外币数量。

程序代码如下所示：

```
❶ >>> exchange_rate = [680.6, 800.05, 882.6, 87.79]
❷ >>> for rate in exchange_rate:
❸         print(round((100000 * 100) / rate), end=' ')
   14693 12499 11330 113908
❹ >>> import numpy as np
❺ >>> rate_array = np.array([680.6, 800.05, 882.6, 87.79])
❻ >>> np.round((100000 * 100) / rate_array)
   array([ 14693.,   12499.,   11330., 113908.])
```

在这个例子中，首先❶定义一个 Python 内置的列表 exchange_rate，存储人民币兑 100 外币的外汇牌价汇率。❷的 for 循环遍历列表的每一项，❸利用公式计算 10 万元人民币兑换每种外汇的金额：14 693 美元、12 499 欧元、11 330 英镑和 113 908 港币。❹导入 NumPy 模块，并设置别名为 np。❺利用 NumPy 的 array() 方法，将含有汇率的列表转换为 NumPy 数组，并赋值给 rate_array 变量。在❻中，没有使用循环，而是直接利用数字 100 000*100 除以 NumPy 数组 rate_array，并利用 NumPy 的 round() 方法四舍五入去掉小数点后面的数字。在这里，NumPy 数组中的每个元素分别与数字 100 000*100 进行了除法操作，并且每个元素都应用了 NumPy 的 round() 方法。所以，NumPy 数组是元素级的运算。❻的结果是产生了一个 NumPy 数组 array，而不是列表。

11.1.1　创建 ndarray 数组

常用创建 ndarray 数组的方法有：array()、arange()、ones()、zeros()、empty() 和 full() 等。

1. array() 方法

通过 NumPy 的 array() 方法，可以将输入的列表、元组、数组或其他序列类型转换为 ndarray 数组。

```
❶ >>> int_array = np.array([1, 2, 3, 4, 5])
❷ >>> int_array
   array([1, 2, 3, 4, 5])
❸ >>> int_array.dtype
   dtype('int64')
❹ >>> float_array = np.array([1, 2, 3, 4, 5], dtype=np.float64)
❺ >>> float_array
   array([1., 2., 3., 4., 5.])
```

```
❻ >>> float_array.dtype
   dtype('float64')
```

在❶利用 NumPy 的 array() 方法创建数组时，参数是含有五个整数的 Python 列表，这里没有指定数组中元素的数据类型，因此根据参数的元素值，推断类型为整数。❷打印出的 int_array 中每个元素为整数，❸打印出数组的 dtype 属性，可以看到类型为 int64（有符号 64 位整型）。在 NumPy 数组中，所有元素必须是相同数据类型。因此，如果在列表中既有整数也有浮点数，最终转换后的 Numpy 数组中所有元素均为 float64（标准双精度浮点数）。❹在 array() 方法中指定了参数 dtype 的类型为 np.float64。因此，从❹和❺打印的结果中可以看到，最终数组中元素类型为标准双精度浮点数。

2. arange() 方法

在 Python 内置函数中，可以利用 range() 函数得到产生整数的一个可迭代对象。与该方法类似，在 NumPy 中，通过 arange() 方法可以得到一个 NumPy 数组。

```
arange([start,] stop[, step,], dtype=None)
```

其中，start 是可选参数，代表起始值，默认值为 0。stop 是截止值，和 range() 函数一样，结果中并不包含该值。step 也是可选参数，设置的是步长。dtype 设置数据类型，默认为 None 值，NumPy 将推测数组最终的数据类型。

```
❶ >>> np.arange(5)
   array([0, 1, 2, 3, 4])
❷ >>> np.arange(5.0)
   array([0., 1., 2., 3., 4.])
❸ >>> np.arange(2, 5.0)
   array([2., 3., 4.])
❹ >>> np.arange(2, 10, 2)
   array([2, 4, 6, 8]
```

❶中只有一个参数 5，根据语法结构，设置 stop 的值。❷设置的截止值为 5.0，故产生的数组中元素类型为 float64 类型。❸设置两个参数，分别为 start 和 stop 的值，其中 stop 为浮点数 5.0，故最终数组中的数据类型为 float64 类型。❹设置了起始值、截止值和步长。

3. ones()、zeros()、empty() 和 full() 方法

这些方法语法结构相似，均可以接受一个元组作为数组的形状且 dtype 指定数据类型。

- ones() 方法：产生全 1 数组。
- zeros() 方法：产生全 0 数组。
- empty() 方法：产生新数组，只分配空间不填充任何值。
- full() 方法：利用指定值填充产生的数组。

```
❶ >>> np.ones((2, 3))
   array([[1., 1., 1.],
```

```
            [1., 1., 1.]])
❷ >>> np.zeros((2, 3), dtype=np.int32)
    array([[0, 0, 0],
           [0, 0, 0]], dtype=int32)
❸ >>> np.empty((2, 2))
    array([[1.e-323, 2.e-323],
           [3.e-323, 4.e-323]])
❹ >>> np.full((2, 2), 5)
    array([[5, 5],
           [5, 5]])
```

❶中元组 (2, 3) 作为参数给出需要创建全为 1 的数组形状。❷中除了形状，还给出了数组中元素的类型为 int32 整型。❸创建的 2 行 2 列数组中，没有填充值。❹中指定使用整数 5 来填充创建 2 行 2 列数组。

11.1.2　ndarray 数组的属性

NumPy 数组有三个重要属性：dtype、ndim 和 shape。

1. dtype 属性

在 NumPy 数组中，要求所有元素的数据类型是一致的。常用的 NumPy 数据类型如表 11-1 所示。

表 11-1　常用 NumPy 数据类型

类型	类型代码	说明
int8、uint8	i1、u1	有符号、无符号 8 位整型
int16、uint16	i2、u2	有符号、无符号 16 位整型
int32、uint32	i4、u4	有符号、无符号 32 位整型
int64、uint64	i8、u8	有符号、无符号 64 位整型
float32	f4	标准单精度浮点数
float64	f8	标准双精度浮点数
bool		布尔类型
object		Python 对象类型
unicode_	U	固定长度 unicode 类型，如 U4

这些类型是 NumPy 中的数据类型，因此在使用时需要使用 NumPy 类来引用。例如 np.int32，其中 np 是 NumPy 的别名。

如 11.1.1 节中所示，在创建 NumPy 数组时，你可以通过指定 dtype 属性值来确定元素的数据类型，也可以使用 astype() 方法将一个数组的数据类型转换成另外一种类型。

```
❶ >>> rate_array = np.array([680.6, 800, 882.6, 87.79])
❷ >>> rate_array.dtype
    dtype('float64')
❸ >>> rate_array.astype(np.int32)
    array([680, 800, 882,  87], dtype=int32)
```

在❶中，参数中的列表元素有浮点数和整数，如❷所示，array() 方法将所有元素都转换成了 float64 类型。❸通过 astype() 方法，将所有元素转换成 32 位有符号整型 int32。

2. ndim 属性

NumPy 数组可以是多维的。ndim 属性用来查看数组的维数。

```
❶ >>> n_array = np.ones((3,4))
❷ >>> n_array
  array([[1., 1., 1., 1.],
         [1., 1., 1., 1.],
         [1., 1., 1., 1.]])
❸ >>> n_array.ndim
  2
```

❶通过 NumPy 的 ones() 方法创建一个 3 行 4 列的二维数组。从❷的结果可以看出，因没有指定数据类型，所以默认使用 float64 类型。❸中获得的 ndim 属性值为 2，说明这是一个二维数组。

3. shape 属性

通过 shape 属性得到的是数组的形状。例如，上面代码中的 n_array 数组，可以通过 shape 属性查看其形状。

```
>>> n_array.shape
(3, 4)
```

从结果可以看到，该数组的形状为 (3,4)，即 3 行 4 列，与创建时给出的参数是一致的。

11.2　访问数组元素

利用 Numpy 二维数组存储中国银行、农业银行、工商银行和建设银行股票 2020 年 9 月 21 日至 9 月 25 日每天的收盘价格，其中每行是一只股票的收盘价格。

```
>>> close_price = np.array([[3.22, 3.21, 3.20, 3.19, 3.20],
        [3.19, 3.16, 3.17, 3.15, 3.15],
        [4.96, 4.93, 4.92, 4.90, 4.89],
        [6.21, 6.19, 6.13, 6.17, 6.20]])
>>> close_price
array([[3.22, 3.21, 3.2 , 3.19, 3.2 ],
       [3.19, 3.16, 3.17, 3.15, 3.15],
       [4.96, 4.93, 4.92, 4.90, 4.89],
       [6.21, 6.19, 6.13, 6.17, 6.2 ]]))
```

对该数组中元素的访问，可以使用类似列表的索引和切片等方式。在 NumPy 中，访问方式得到了更大的扩展。

11.2.1　普通索引

与 Python 内置列表相似，可以通过下标索引（整数索引）的方式获取 NumPy 数组中

的元素:

```
❶ >>> close_price[0]
   array([3.22, 3.21, 3.2 , 3.19, 3.2 ])
❷ >>> close_price[0][1]
   3.21
```

在❶中，通过下标 0 获取数组中的首个元素，即中国银行的所有收盘价，得到的是一个 NumPy 数组。❷则获取中国银行 2020 年 9 月 22 日的收盘价，得到的是 float64 类型的浮点数。

NumPy 对索引进行了扩展，可以通过将每个维度的索引值列在中括号中的方式来获取对应位置的元素，下面代码中获取的元素也是中国银行 2020 年 9 月 22 日的收盘价。

```
>>> close_price[0, 1]
3.21
```

11.2.2　切片

切片用于获取数组中的一小块数据，其表示形式和 Python 内置列表的切片相似：在中括号中用冒号连接给出切片起始位置、截止位置（不包含）和步长。例如，获取中国银行和农业银行的收盘价信息如下所示：

```
❶ >>> close_price[0:2]
   array([[3.22, 3.21, 3.2, 3.19, 3.2],
          [3.19, 3.16, 3.17, 3.15, 3.15]])
❷ >>> close_price[:2]
   array([[3.22, 3.21, 3.2, 3.19, 3.2],
          [3.19, 3.16, 3.17, 3.15, 3.15]])
❸ >>> close_price[0:2, 0::2]
   array([[3.22, 3.2, 3.2],
          [3.19, 3.17, 3.15]])
```

❶和❷的结果是一样的，获取中国银行和农业银行股票的所有收盘价信息。❸在第二个维度中增加了步长，因此获取的是中国银行和农业银行 2020 年 9 月 21 日、23 日和 25 日的股票收盘价信息。

在获取多维数据的情景下，NumPy 的切片更加强大。例如，获取中国银行、农业银行和工商银行 2020 年 9 月 22 日至 9 月 23 日的股票收盘价。

```
>>> close_price[0:3, 1:3]
array([[3.21, 3.2 ],
       [3.16, 3.17],
       [4.93, 4.9 ]])
```

整数索引和切片可以混合使用，得到低维度的切片。例如，获取农业银行、工商银行和建设银行 2020 年 9 月 25 日的股票收盘价。

```
❶ >>> slice_close_price = close_price[1:, -1]
❷ >>> slice_close_price
   array([3.15, 3.2, 6.2])
❸ >>> slice_close_price.ndim
   1
```

❶获取二维数组 close_price 中：第一个维度（银行）从第 2 个元素到最后（即农业银行、工商银行和建设银行）的切片数据，以及第二个维度（日期）的最后 1 个元素（即 2020 年 9 月 25 日）的收盘价数据，并赋值给 slice_close_price 变量。从❷的结果中可以看到，得到的是一个 NumPy 数组。通过❸打印出的结果可以看出，维度减少为一维。

在对切片赋值时，可以将一个标量值赋给切片，这样的赋值操作会被扩散到整个切片区域：

```
❶ >>> close_price[:, -2] = 0
❷ >>> close_price
array([[3.22, 3.21, 3.2, 0.  , 3.2],
       [3.19, 3.16, 3.17, 0.  , 3.15],
       [4.96, 4.93, 4.92, 0. , 4.89],
       [6.21, 6.19, 6.13, 0.  , 6.2]])
```

在❶中，第一个维度只使用冒号选择了所有银行，第二个维度使用下标索引值 −2 选择的是 2020 年 9 月 24 日的收盘数据，对这个切片数据赋值标量 0。从❷的结果可以看出，0 被赋值到了整个切片区域，即 9 月 24 日的所有收盘价都被设置为 0。

当然，也可以使用数组或列表对切片赋值。数组或列表的形状与切片的形状一致或者可广播（广播指的是不同形状的 NumPy 数组之间运算的执行方式，是 NumPy 数组非常强大的功能）。

```
>>> close_price[:,-2] = [3.19, 3.15, 4.9, 6.17]
>>> close_price
array([[3.22, 3.21, 3.2 , 3.19, 3.2 ],
       [3.19, 3.16, 3.17, 3.15, 3.15],
       [4.96, 4.93, 4.92, 4.9 , 4.89],
       [6.21, 6.19, 6.13, 6.17, 6.2 ]]))
```

11.2.3 布尔索引

NumPy 数组的比较运算是矢量化的，即数组和标量进行比较时，得到的是数组中每个元素与标量比较结果组成的布尔数组。

```
❶ >>> bank_array = np.array(['中国银行', '农业银行', '工商银行', '建设银行'])
❷ >>> bank_array == '农业银行'
array([False,  True,  False,  False])
```

❶创建由银行名称构成的 NumPy 数组。❷比较数组与标量字符串"农业银行"是否相等，在结果数组中，原数组等于"农业银行"的位置值为 True，其他则为 False。

可以将这个布尔型的数组用于数组索引。例如，在 close_pirce 中筛选出"农业银行"的收盘价数据。

```
>>> close_price[bank_array=='农业银行']
array([[3.19, 3.16, 3.17, 3.15, 3.15]])
```

布尔索引可以和整数索引、切片混合使用。例如，获取除"农业银行"以外的其他银行 2020 年 9 月 23 日至 9 月 25 日的收盘数据。

```
>>> close_price[bank_array!='农业银行', 2:]
array([[3.2 , 3.19, 3.2 ],
       [4.92, 4.9 , 4.89],
       [6.13, 6.17, 6.2 ]])
```

可以使用 &（和）、|（或）之类的布尔运算符组合多个条件。例如，获取"中国银行"和"工商银行"的收盘价数据。

```
>>> close_price[(bank_array=='中国银行') | (bank_array=='工商银行')]
array([[3.22, 3.21, 3.2 , 3.19, 3.2 ],
       [4.96, 4.93, 4.92, 4.9 , 4.89]])
```

布尔索引也可以用于设置数组中特定元素的值。例如，在收集收盘价数据时，如果发生错误，可能录入的收盘价为负数。可以使用布尔索引将所有负数的收盘价赋值为 0。

```
>>> close_price[close_price < 0] = 0
>>> close_price
array([[3.22, 0.  , 3.2 , 3.19, 3.2 ],
       [3.19, 3.16, 3.17, 3.15, 3.15],
       [4.96, 4.93, 4.92, 0.  , 4.89],
       [6.21, 0.  , 6.13, 6.17, 6.2 ]])
```

11.2.4　花式索引

花式索引是利用整数列表对数据进行索引。只需要传入一个用于指定顺序的整数列表或 ndarray 数组，就可以得到按照特定顺序选取的子集。

```
❶ >>> bank_array = np.array(['中国银行', '农业银行', '工商银行', '建设银行'])
❷ >>> bank_array[[3,2,1]]
   array(['建设银行', '工商银行', '农业银行'], dtype='<U4'))
```

在❶初始化 bank_array 数组后，❷在索引位置给出的是列表 [3,2,1]。从结果可以看到，得到的子集是按照序号 3、2、1 顺序的银行名称数组。

11.3　排序

NumPy 提供了两种结果不同的排序形式，分别返回排序结果和排序后的下标索引。

11.3.1　sort() 排序

该方法与 Python 列表的 sort() 类似，得到值排序后的结果。不同之处在于，对于多维数组，NumPy 允许通过 axis 参数指定按照特定维度（轴）进行排序：axis=0 代表按列对元素进行排序，axis=1 代表按行排序，不输入参数时，默认按行排序。

【例 11-2】利用第 11.2 节中的股票收盘价数据，找出中国银行、农业银行、工商银行和建设银行股票在 2020 年 9 月 21 日至 9 月 25 日的最低收盘价和最高收盘价。

程序代码如下所示：

```
❶ >>> close_price = np.array([[3.22, 3.21, 3.20, 3.19, 3.20],
                              [3.19, 3.16, 3.17, 3.15, 3.15],
                              [4.96, 4.93, 4.92, 4.90, 4.89],
                              [6.21, 6.19, 6.13, 6.17, 6.20]])
❷ >>> close_price.sort()
❸ >>> close_price
   array([[3.19, 3.2 , 3.2 , 3.21, 3.22],
          [3.15, 3.15, 3.16, 3.17, 3.19],
          [4.89, 4.9 , 4.92, 4.93, 4.96],
          [6.13, 6.17, 6.19, 6.2 , 6.21]])
❹ >>> close_price[:,0]
   array([3.19, 3.15, 4.89, 6.13])
❺ >>> close_price[:,-1]
   array([3.22, 3.19, 4.96, 6.21])
```

在❶初始化股票收盘数据后，❷利用 NumPy 数组的 sort() 方法进行排序，由于没有输入参数，因此默认按照行排序。在❸的结果中可以看出，sort() 进行原地排序，即改变了 close_price 数组的值：每行的值都是按照从小到大的顺序排列的。因此，❹通过 close_price 数组首列得到四家银行的最低收盘价，❺通过 close_price 数组最后一列得到最高收盘价。

11.3.2　argsort() 排序

NumPy 数组的 argsort() 方法返回的是按照元素排序后，元素在原数组中的下标列表。该方法同样可以使用 axis 参数改变排序规则。

【例 11-3】利用第 11.2 节中的股票收盘价数据，将中国银行、农业银行、工商银行和建设银行按 2020 年 9 月 22 日收盘价进行排序。

程序代码如下所示：

```
❶ >>> close_price = np.array([[3.22, 3.21, 3.20, 3.19, 3.20],
                              [3.19, 3.16, 3.17, 3.15, 3.15],
                              [4.96, 4.93, 4.92, 4.90, 4.89],
                              [6.21, 6.19, 6.13, 6.17, 6.20]])
❷ >>> bank_array = np.array(['中国银行', '农业银行', '工商银行', '建设银行'])
❸ >>> sorted_index = close_price.argsort(axis=0)
❹ >>> sorted_index
   array([[1, 1, 1, 1, 1],
          [0, 0, 0, 0, 0],
          [2, 2, 2, 2, 2],
          [3, 3, 3, 3, 3]])
❺ >>> bank_array[sorted_index[:,1]]
   array(['农业银行', '中国银行', '工商银行', '建设银行'], dtype='<U4')
```

❶和❷分别初始化收盘价数组和银行名称数组。与 sort() 方法不同，❸中的 argsort() 方法不会改变 close_price 数组本身的值，而是生成一个排序后由下标构成的数组，如❹所示。在❸中，argsort() 方法传入参数 axis=0，即按照列排序，因此在 sorted_index 的每一列的值是 2020 年 9 月 21 日至 9 月 25 日每一天按照收盘价排序后的银行名称下标序

号，例如 sorted_index[:,1] 是 9 月 22 日的序号排列，❺则是按该顺序得到的 bank_array 数组的花式索引结果，即按收盘价排序后的银行名称数组。

11.4 数组重塑

当获得的数据形状不是需要的形状时，可以对数组进行重塑。在 NumPy 中，可以通过 resize()、reshape()、swapaxes() 和 flatten() 等方法改变数组形状。

11.4.1 resize() 和 reshape() 方法

通过传入新的形状，resize() 和 reshape() 方法都可以改变数组的形状。不同之处在于：resize() 方法是进行"就地修改"（即改变了数组本身），reshape() 方法则是生成新的数组。注意，给出的新形状必须是合理的，即不能将一个原来是 (3,4) 的数组改变成 (5,5) 的形状。

例如，如果获取到的股票收盘价数据是一个由 20 个数值构成的列表，从左往右，每 5 个值是一只股票的收盘价。这样的数据可以通过 resize() 或者 reshape() 方法进行重塑，得到 (4,5) 形状的数组，即每行是一只股票的收盘价，每列是一个交易日的收盘价。

```
❶ >>> close_price_list = [3.22, 3.21, 3.20, 3.19, 3.20, 3.19, 3.16, 3.17,
    3.15, 3.15, 4.96, 4.93, 4.92, 4.90, 4.89, 6.21, 6.19, 6.13, 6.17, 6.20]
❷ >>> close_price_array = np.array(close_price_list)
❸ >>> close_price_array
   array([3.22, 3.21, 3.2, 3.19, 3.2, 3.19, 3.16, 3.17, 3.15, 3.15, 4.96,
4.93, 4.92, 4.9, 4.89, 6.21, 6.19, 6.13, 6.17, 6.2 ])
❹ >>> close_price_array.shape
   (20,)
❺ >>> close_price_array.reshape((4,5))
   array([[3.22, 3.21, 3.2 , 3.19, 3.2 ],
          [3.19, 3.16, 3.17, 3.15, 3.15],
          [4.96, 4.93, 4.92, 4.9 , 4.89],
          [6.21, 6.19, 6.13, 6.17, 6.2 ]])
❻ >>> close_price_array.resize((4,5))
❼ >>> close_price_array
   array([[3.22, 3.21, 3.2 , 3.19, 3.2 ],
          [3.19, 3.16, 3.17, 3.15, 3.15],
          [4.96, 4.93, 4.92, 4.9 , 4.89],
          [6.21, 6.19, 6.13, 6.17, 6.2 ]])
```

❶close_price_list 中存储的是 20 个元素构成的列表。❷将列表转换成 NumPy 数组后存储在 close_price_arra 中。从❸和❹的结果中可以看出，close_price_array 数组是一个含有 20 个数值的一维数组。❺利用 reshape() 方法，生成一个 4 行 5 列的新数组，此时 close_price_array 的形状并未改变。❻调用 resize() 方法对数组进行重塑，从❼的结果中可以看出，数组的形状已改成符合要求的 4 行 5 列数据。

11.4.2 transpose() 和 swapaxes() 方法

对于多维数组，可以使用 transpose() 和 swapaxes() 方法来转换维度，产生新的数组。transpose() 方法不带参数是对数组进行转置，也可以传入新的维度排序。例如，对于二维来说，transpose() 和 transpose(1, 0) 的结果是一样的。

```
>>> close_price = np.array([[3.22, 3.21, 3.20, 3.19, 3.20],
                            [3.19, 3.16, 3.17, 3.15, 3.15],
                            [4.96, 4.93, 4.92, 4.90, 4.89],
                            [6.21, 6.19, 6.13, 6.17, 6.20]])
❶ >>> close_price.transpose()
array([[3.22, 3.19, 4.96, 6.21],
       [3.21, 3.16, 4.93, 6.19],
       [3.2 , 3.17, 4.92, 6.13],
       [3.19, 3.15, 4.9 , 6.17],
       [3.2 , 3.15, 4.89, 6.2 ]])
❷ >>> close_price.transpose(1, 0)
array([[3.22, 3.19, 4.96, 6.21],
       [3.21, 3.16, 4.93, 6.19],
       [3.2 , 3.17, 4.92, 6.13],
       [3.19, 3.15, 4.9 , 6.17],
       [3.2 , 3.15, 4.89, 6.2 ]])
```

❶ 和 ❷ 的结果都是以交易日为行、银行为列的收盘价数据。

swapaxes() 方法通常用于维度交换，在参数中仅传入一对需要交换的维度编号。

```
>>> close_price.swapaxes(0,1)
array([[3.22, 3.19, 4.96, 6.21],
       [3.21, 3.16, 4.93, 6.19],
       [3.2 , 3.17, 4.92, 6.13],
       [3.19, 3.15, 4.9 , 6.17],
       [3.2 , 3.15, 4.89, 6.2 ]])
```

11.4.3 flatten() 方法

在 NumPy 中，flatten() 方法返回一个折叠成一维的数组。看上去像是 reshape() 方法的反向操作。

```
>>> close_price = np.array([[3.22, 3.21, 3.20, 3.19, 3.20],
                            [3.19, 3.16, 3.17, 3.15, 3.15],
                            [4.96, 4.93, 4.92, 4.90, 4.89],
                            [6.21, 6.19, 6.13, 6.17, 6.20]])
>>> close_price.flatten()
array([3.22, 3.21, 3.2 , 3.19, 3.2 , 3.19, 3.16, 3.17, 3.15, 3.15, 4.96,
       4.93, 4.92, 4.9 , 4.89, 6.21, 6.19, 6.13, 6.17, 6.2 ])
```

11.5 NumPy 数组间运算

NumPy 数组的矢量化除了比较，更多的是应用于批量运算。在 11.1 节中看到，数组与标量进行除法操作时，数组中的每个元素均与标量相除。对于形状相同的数组之间的算术运算也会应用到元素级。

【例 11-4】股票涨跌幅是对涨跌值的描述，计算公式为：

涨跌幅 = (当前交易日收盘价 – 前一交易日收盘价) / 前一交易日收盘价

利用第 11.2 节中的股票收盘价数据，计算中国银行、农业银行、工商银行和建设银行股票 2020 年 9 月 22 日至 9 月 25 日的价格涨跌幅。

程序代码如下所示：

```
❶ >>> close_price = np.array([[3.22, 3.21, 3.20, 3.19, 3.20],
                              [3.19, 3.16, 3.17, 3.15, 3.15],
                              [4.96, 4.93, 4.92, 4.90, 4.89],
                              [6.21, 6.19, 6.13, 6.17, 6.20]])
❷ >>> close_price1 = close_price[:,1:]
❸ >>> close_price2 = close_price[:,:-1]
❹ >>> np.round((close_price1 - close_price2) / close_price2, 4)
array([[-0.0031, -0.0031, -0.0031,  0.0031],
       [-0.0094,  0.0032, -0.0063,  0.    ],
       [-0.006 , -0.002 , -0.0041, -0.002 ],
       [-0.0032, -0.0097,  0.0065,  0.0049]])
```

在这里，❶初始化收盘价数据。❷获得四家银行从 2020 年 9 月 22 日至 9 月 25 日的收盘价数据切片并存储到变量 close_price1 中。❸获得四家银行从 2020 年 9 月 21 日至 9 月 24 日的收盘价数据切片并存储到变量 close_price2 中。❹则利用涨跌幅公式计算出对应位置交易日的涨跌幅，例如 2020 年 9 月 22 日"中国银行"涨跌幅利用 close_price1[0,0] 和 close_price2[0,0] 进行计算：(3.21–3.22)/3.22。np.round() 方法用于将数据中的每个元素保留 4 位小数。

11.6　ufunc() 通用函数

NumPy 中有一种对 ndarray 数组中数据执行元素级运算的函数，称为通用函数。例 11-4 中的 np.round() 函数就是其中一个。利用通用函数可以不需要使用循环而快速地进行元素级的运算。注意，这些函数是 NumPy 模块中的函数，因此调用时，需要使用"np. 函数名 ()"或者"NumPy 数组 . 函数名 ()"的形式，其中 np 为 NumPy 的别名。

【例 11-5】计算第 11.2 节中每只股票收盘价的平均值。

程序代码如下所示：

```
❶ >>> close_price = np.array([[3.22, 3.21, 3.20, 3.19, 3.20],
                              [3.19, 3.16, 3.17, 3.15, 3.15],
                              [4.96, 4.93, 4.92, 4.90, 4.89],
                              [6.21, 6.19, 6.13, 6.17, 6.20]])
❷ >>> np.mean(close_price, axis=1)
array([3.204, 3.164, 4.92 , 6.18 ])
❸ >>> close_price.mean(axis=1)
```

```
array([3.204, 3.164, 4.92 , 6.18 ])
```

　　在❶初始化 close_price 数组后，❷使用 NumPy 类方法 mean() 计算股票收盘价的平均值，❸利用 close_price 实例方法 mean() 计算平均值。在❷和❸中均设置 axis=1，代表按行求平均值，axis 设置成 0 则代表按列运算，如果不设置该参数的值，则代表对所有元素运算。

表 11-2　常用 ufunc() 通用函数

函数	说明
sum	对数组内部元素进行求和运算
mean	对数组内部元素进行求均值运算
prod	对数组内部元素进行求乘积运算
max、min	求数组内部元素最大值、最小值
abs	计算整数、浮点数的绝对值
sqrt	计算数组内部元素的平方根
exp	计算数组内部元素的指数 e^x
ceil	计算大于等于数组内部相应元素的最小整数
floor	计算小于等于数组内部相应元素的最大整数
round()	得到每个元素的四舍五入值

● 小　结 ●—○—●—○—●

　　本章主要介绍了利用 Python 进行数据分析处理时重要模块 NumPy 的基础知识。首先讲述了 NumPy 的核心数据结构多维数组对象 ndarray 的创建方法和常用属性：dtype、shape 和 ndim。接着介绍了 NumPy 数组中元素访问的普通索引、布尔索引、花式索引和切片方式。然后展示了 Numpy 数组 sort() 和 argsort() 排序的用法。接着讨论了 NumPy 数组重塑的四种方法：resize()、reshape()、transpose() 和 flatten()。最后探索了 NumPy 数组间运算方式和元素级通用函数的用法。

● 练　习 ●—○—●—○—●

1. NumPy 的全称是 _____。

2. [1, 2, 3] * 3 的结果是_____，np.array([1, 2, 3]) * 3 的结果是_____。其中，np 是 NumPy 模块的别名。

3. 将 Python 列表转换为 NumPy 数组的方法是_____。

4. 按照给定的形状创建全 1、全 0 和空数组的方法是：_____、_____和_____。

5. NumPy 中查看数组元素数据类型的属性是_____，查看维数的属性是_____，查看形状的属性是_____。

6. NumPy 中，float64 类型是_____，共有_____个字节（_____位）。

7. NumPy 中，对数组内部元素求和的通用函数是_____，求乘积的通用函数是_____，求平方根的通用函数是_____。

8. 编写程序，在数组 [1,2,3,4,5] 中相邻两个元素中间插入两个 0，即产生数组 [1, 0, 0, 2, 0, 0, 3, 0, 0, 4, 0, 0, 5]。

9. 已知数组 [8 965, 9 863, 8 688, 6 935, 8 525] 中的值分别是张三、李四、王五、赵六和谢七的工资。编写程序，利用 NumPy 的排序方法，按照工资从低到高的顺序列出姓名。

第 12 章 ●━○━●━○━●

Pandas 金融数据分析

学习目标 ●━○━●━○━●

- 掌握 Series 和 DataFrame 数据结构
- 掌握 Pandas 中常用方法
- 能够利用 Pandas 进行汇总、计算和数据处理

Pandas 是基于 NumPy 构建的一种数据分析工具，它可以使 NumPy 得以灵活运用。Pandas 采用了大量的 NumPy 编码风格，但二者最大的不同是：Pandas 是专门为处理表格和混杂数据设计的，而 NumPy 更适合处理统一的数值数组数据。Pandas 涵盖了大量的库和数据模型，其自有的函数和方法为我们提供了高效处理海量数据的工具。你很快就会发现，它是使 Python 成为强大而高效的数据分析环境的重要因素之一。

本章的主要内容包括：Pandas 的数据结构、Pandas 的常用方法及汇总、计算和描述性统计。

12.1 Pandas 的数据结构

Pandas 中有两种非常重要的数据结构，分别是 Series 和 DataFrame。Series 类似于 NumPy 中的一维数组，除了一维数组所用的函数和方法，还能通过索引进行数据选择，其索引自动对齐的功能也为计算提供了方便。而 DataFrame 类似于 NumPy 中的二维数组，同样适用 NumPy 数组的函数和方法。

首先，引用 Pandas 库并将其缩写为 pd：

```
>>> import pandas as pd
```

针对不同的需求，还可以从 Pandas 库中单独引入 Series 和 DataFrame：

```
>>> from pandas import Series, DataFrame
```

或者直接用 pd.Series 和 pd.DataFrame 进行数据处理，本书采用的就是这种方式。

12.1.1　Series

1. 构建方法

Series 由一组数据（可以是不同数据类型）和与之对应的索引组成。创建 Series 对象可以通过向 pd.Series 传递一个列表、字典或一维数组。

```
    >>> import numpy as np
❶ >>> s1 = pd.Series([1, 2, 3, np.nan]) # 传入列表
    >>> s1
    0    1.0
    1    2.0
    2    3.0
    3    NaN
    dtype: float64
❷ >>> dic = {' 浦发银行 ': 9.72,' 民生银行 ': 5.39,' 招商银行 ': 39.78 }
    >>> s2 = pd.Series(dic) # 传入字典
    >>> s2
    浦发银行     9.72
    民生银行     5.39
    招商银行    39.78
    dtype: float64
❸ >>> arr = np.arange(5)
    >>> s3 = pd.Series(arr) # 传入一维数组
    >>> s3
    0    0
    1    1
    2    2
    3    3
    4    4
    dtype: int32
```

在❶中，传入列表作为参数创建 Series 对象并赋值给变量 s1，其中 np.nan 是 NumPy 中的缺失值。在 s1 中，元素的数据类型是 float64，即标准双精度浮点数。这是因为最后一个数是 NumPy 中的缺失值，Pandas 推测出的数据类型就是默认的 float64。在这里，创建 Series 时没有给出索引，因此默认构建了一个从 0 到 N–1（N 为传入的列表长度）的整数型索引。

❷案例反映了浦发银行、民生银行和招商银行三家银行 2020 年 10 月 16 的股票收盘价格，传入的数据类型为字典，创建后元素的数据类型是 float64，即有符号 64 位浮点数。这是因为字典中所有值均为浮点数。Pandas 除了利用字典的值构建了 Series 的值，还利用字典的键构建了对应的索引，即打印出来 s2 中左侧的浦发银行、民生银行和招商银行。

❸中传入的是一个一维的 NumPy 数组。创建后的元素数据类型是 int32，即有符号

32 位整数。注意，在打印出来的结果中，左侧是索引，右侧是值。

在创建 Series 时，也可以传入不同类型的一组数据：

```
❶ >>> s4 = pd.Series([9.53,9.62,9.72])
  >>> s4
  0    1
  1    NaN
  2    7
  3    abc
  dtype: object
```

❶传入的列表中，包含整型、NumPy 空值、浮点型和字符串。在创建的 Series 中，元素的数据类型为 Python 基础类型 object，即对象。

由此可以看出，Series 的基本形式由索引和对应值构成。可以通过 Series 的 values 和 index 属性查看对象值和对应的索引。

```
>>> s4.values
array([1, NaN, 7.0, 'abc'],dtype=object)
>>> s4.index
RangeIndex(start=0, stop=4, step=1)
```

在创建 Series 时，也可以指定索引。

```
>>> s5 = pd.Series([1, np.nan, 7.0, 'abc'], index=['a','b','c','d'])
>>> s5
a    1
b    NaN
c    7
d    abc
dtype: object
```

2. 数据选择

与 NumPy 数组不同的是，Pandas 中的 Series 可以通过索引选取某个或某些数据。

```
>>> s5['a']
1
>>> s5[['a','b']]
a    1
b    NaN
dtype: object
```

可以在 Series 原始数据上直接修改值。

```
>>> s5['d'] = 2
>>> s5
a    1
b    NaN
c    7
d    2
dtype: object
```

传入字典时会直接将字典的键作为 Series 的索引，可以在传入字典的同时指定索引，则指定索引会与字典先匹配再放到对应的位置上，若没有匹配的值则会显示 NaN（not a number），表示缺失值，下面的案例为浦发银行、民生银行和招商银行三家银行 2020 年 10 月 16 日的股票收盘价格，但 index 中工商银行在原始数据中没有匹配，因此对应值为空：

```
>>> dic = {'浦发银行': 9.72,'民生银行': 5.39,'招商银行': 39.78}
>>> index = ['招商银行','浦发银行', '民生银行', '工商银行']
>>> s6 = pd.Series(dic, index)
>>> s6
招商银行      39.78
浦发银行       9.72
民生银行       5.39
工商银行        NaN
dtype: float64
```

Pandas 中的 isnull 和 notnull 函数可以检测缺失数据。

```
>>> pd.isnull(s6)
招商银行      False
浦发银行      False
民生银行      False
工商银行       True
dtype: bool
```

12.1.2　DataFrame

1. 构建方法

DataFrame 是一个表格型数据结构，它由多个列组成，且每列的数据类型可以不同（字符串、数值等）。DataFrame 既有行索引也有列索引。创建 DataFrame 对象可以通过传入字典或二维数组完成，下面的代码是对浦发银行和民生银行 2020 年 10 月 14 日至 2020 年 10 月 16 日的日收盘价进行建表的方法。

```
    >>> dic1 = {'浦发银行':{'2020-10-14':9.53,'2020-10-15':9.62,'2020-10-16':9.72},
    '民生银行':{'2020-10-14':5.33,'2020-10-15':5.35,'2020-10-16':5.39}}
❶  >>> df1 = pd.DataFrame(dic1)   # 传入嵌套字典
    >>> df1
            浦发银行      民生银行
2020-10-14   9.53       5.33
2020-10-15   9.62       5.35
2020-10-16   9.72       5.39
❷  >>> dic2 = {'浦发银行':[ 9.53, 9.62, 9.72], '民生银行':[ 5.33, 5.35, 5.39]}
    >>> df2 = pd.DataFrame(dic2) # 传入字典列表
    >>> df2
            浦发银行      民生银行
0            9.53       5.33
1            9.62       5.35
2            9.72       5.39
❸  >>> arr2 = np.array(np.arange(12)).reshape(4,3)
    >>> df3= pd.DataFrame(arr2) # 传入二维数组
    >>> df3
       0   1   2
0  0   1   2
1  3   4   5
2  6   7   8
3  9   10  11
```

如上所示，❶传入嵌套字典，则 DataFrame 的列和索引就会按照指定方式排列，外层字典的键作为列索引，内层字典的键作为行索引。❷传入字典列表，那么跟 Series 一样，结果 DataFrame 会自动加上整数索引，字典的键作为列索引。❸传入二维列表，行索引和列索引自动加上整数索引。

当然也可以指定列的顺序，这样得到的 DataFrame 就会按照指定方式排列：

```
>>> df3 = pd.DataFrame(dic2, columns=['民生银行','浦发银行'])
>>> df3
   民生银行 浦发银行
0   5.33   9.53
1   5.35   9.62
2   5.39   9.72
```

如果指定的列名不在数据中，则会产生缺失值 NaN：

```
>>> df4 = pd.DataFrame(dic2, columns=['民生银行','浦发银行','招商银行'])
>>> df4
   民生银行 浦发银行 招商银行
0   5.33   9.53   NaN
1   5.35   9.62   NaN
2   5.39   9.72   NaN
```

或者，传输字典列表也可以指定 index 值：

```
>>> df5 = pd.DataFrame(dic2, index=['2020-10-14','2020-10-15','2020-10-16'])
>>> df5
              浦发银行      民生银行
2020-10-14    9.53      5.33
2020-10-15    9.62      5.35
2020-10-16    9.72      5.39
```

2. 查看数据

利用 head() 或 tail() 方法分别查看 DataFrame 头部和尾部的几行数据：

```
>>> df5.head(2)
              浦发银行      民生银行
2020-10-14    9.53      5.33
2020-10-15    9.62      5.35
>>> df5.tail(2)
              浦发银行      民生银行
2020-10-15    9.62      5.35
2020-10-16    9.72      5.39
```

显示索引、列名以及底层的 NumPy 数据：

```
>>> df5.index
Index(['2020-10-14', '2020-10-15', '2020-10-16'], dtype='object')
>>> df5.columns
Index(['浦发银行', '民生银行'], dtype='object')
>>> df5.values
array([[9.53, 5.33],
       [9.62, 5.35],
       [9.72, 5.39]])
```

对数据做转置：

```
>>> df5.T
         2020-10-14    2020-10-15    2020-10-16
浦发银行       9.53          9.62          9.72
民生银行       5.33          5.35          5.39
```

3. 数据获取

如果想从 DataFrame 中获取某一列数据为一个 Series，可以通过类似字典标记或属性的方式：

```
>>> df5 [' 浦发银行 ']
2020-10-14    9.53
2020-10-15    9.62
2020-10-16    9.72
Name: 浦发银行 , dtype: float64
```

> **注意**
>
> 返回的 Series 与原 DataFrame 拥有相同索引。

若要获得某些列数据，则可以：

```
>>> df5[[' 浦发银行 ',' 民生银行 ']]
              浦发银行      民生银行
2020-10-14    9.53        5.33
2020-10-15    9.62        5.35
2020-10-16    9.72        5.39
```

按条件选取数据，选择浦发银行收盘价高于 9.6 的数据：

```
>>> df5[df5[' 浦发银行 '] > 9.6]
              浦发银行
2020-10-15    9.62
2020-10-16    9.72
```

如果想从 DataFrame 中获取某一行数据，可以通过位置或名称进行获取，分别使用的索引字段为 iloc 和 loc：

```
>>> df5.iloc[1]     # 输入位置
浦发银行    9.62
民生银行    5.35
Name: 2020-10-15, dtype: float64
>>> df5.iloc[1:,1:]    # 通过整型的位置切片进行选取，与 NumPy 形式相同
              民生银行
2020-10-15    5.35
2020-10-16    5.39
>>> df5.iloc[1:,:]    # 只对行进行切片
              浦发银行      民生银行
2020-10-15    9.62        5.35
2020-10-16    9.72        5.39
>>> df5.loc['2020-10-15']    # 或输入索引名称
浦发银行    9.62
民生银行    5.35
Name: 2020-10-15, dtype: float64
>>> df5.loc[:,[' 浦发银行 ']][1:]    #使用名称对多个轴进行选取
              浦发银行
2020-10-15    9.62
2020-10-16    9.72
>>> df5.loc['2020-10-15',' 浦发银行 ']    # 获取一个标量
9.62
```

或者通过切片或布尔型数组选取行：

```
>>> df5[:2]
            浦发银行    民生银行
2020-10-14   9.53      5.33
2020-10-15   9.62      5.35
>>> df5[df5['浦发银行']>9.6]
            浦发银行    民生银行
2020-10-15   9.62      5.35
2020-10-16   9.72      5.39
```

在 Pandas 中，有多个方法可以选取和重新组合数据，如表 12-1 所示。对于 DataFrame，下表进行了总结。

表 12-1 Pandas 选取数据的方法

方法	说明
df[val]	从 DataFrame 中选取单列或多列。val 为布尔型数组时，过滤行；val 为切片时，行切片
df.loc[val]	通过 val 选取单行或多行
df.loc[:,val]	通过 val 选取单列或多列
df.loc[val1, val2]	选取 val1 行、val2 列的值
df.iloc[val]	通过整数位置，选取单行或多行
df.iloc[:,val]	通过整数位置，选取单列或多列
df.iloc[val1, val2]	通过整数位置，选取 val1 行、val2 列的值

4. 赋值

对 DataFrame 中某一列的值进行修改，可通过直接赋值一个标量值或一组值：

```
>>> df5 = pd.DataFrame({'a':[1,2,3],'b':[5,6,7],'c':[9,10,11],
'd':[13,14,15]}, index=['x','y','z'])
>>> df5
     a    b    c    d
x    1    5    9    13
y    2    6    10   14
z    3    7    11   15
>>> df5['d'] = 1
>>> df5
     a    b    c    d
x    1    5    9    1
y    2    6    10   1
z    3    7    11   1
>>> df5['d'] = np.arange(3)
>>> df5
     a    b    c    d
x    1    5    9    0
y    2    6    10   1
z    3    7    11   2
```

注意

将列表或数组赋值给 DataFrame 某一列时，其长度必须和 DataFrame 的长度一致，否则就会出现错误 ValueError: Length of values does not match length of index。

如果赋值给一个 Series，则会精准匹配对应索引的数值，若 Series 缺失 DataFrame 某些索引，则对应位置为空：

```
>>> df5['d'] = pd.Series([2,5,9],index = ['y','z','a'])
>>> df5
     a     b     c     d
x    1     5     9     NaN
y    2     6     10    2.0
z    3     7     11    5.0
```

通过标签赋值：

```
>>> df5.at[df5.index[0], 'a'] = 0
>>> df5
     a     b     c     d
x    0     5     9     NaN
y    2     6     10    2.0
z    3     7     11    5.0
```

通过位置赋值：

```
>>> df5.iat[0,3] = 0
>>> df5
     a     b     c     d
x    0     5     9     0.0
y    2     6     10    2.0
z    3     7     11    5.0
```

通过传递 NumPy array 赋值：

```
>>> df5.loc[:,'a'] = np.array([5] * len(df5))
>>> df5
     a     b     c     d
x    5     5     9     0.0
y    5     6     10    2.0
z    5     7     11    5.0
```

通过 where 操作赋值：

```
>>> df5[df5 > 5] = -df5
>>> df5
     a     b     c     d
x    5     5     -9    0.0
y    5     -6    -10   2.0
z    5     -7    -11   5.0
```

12.2　Pandas 的常用方法

本节会介绍 Series 和 DataFrame 的一些常用方法，更多内容可自行查阅 Pandas 库的详尽文档。

12.2.1　索引对象

构造 Series 或 DataFrame 时，所用到的任何数组或序列标签都会被转换成为一个 Index。

```
>>> obj = pd.Series(range(3),index=['a','b','c'])
>>> obj.index
Index(['a', 'b', 'c'], dtype='object')
```

注意

Index 对象是不可修改的（immutable），如果对其修改则会报错。与 Python 的集合不同，Pandas 的 Index 可以包含重复的标签。

虽然 Index 是 Pandas 数据模型的重要组成部分，但我们不需要太了解 Index 对象的细节。表 12-2 列举了 Index 对象的方法和属性，并给出了实例说明。

表 12-2　Index 的方法

方法	说明
append	连接两个 Index 对象，产生新 Index
intersection	计算交集
union	计算并集
isin	判断一个 Index 的各值是否在另一个 Index 中，返回一个布尔值数组
delete	传入位置参数 i，删除索引 i 处的元素，得到新 Index
drop	传入索引值 i，删除该索引，得到新 Index
insert	传入位置参数 i 和索引值 j，将索引 j 插入第 i 的位置，返回一个新 Index
unique	计算 Index 中唯一值的数组

```
>>> obj2 = pd.Series(range(4),index=['a','c','d','e'])
>>> obj.index.append(obj2.index)
Index(['a', 'b', 'c', 'a', 'c', 'd', 'e'], dtype='object')
```

12.2.2　重新索引

Pandas 的一个重要方法是 reindex，它允许修改、增加、删除指定轴上的索引，并返回一个数据副本。

```
>>> obj = pd.Series([39.78,9.72,5.39],index = ['招商银行','浦发银行','民生银行'])
>>> obj
招商银行    39.78
浦发银行     9.72
民生银行     5.39
dtype: float64
```

使用 reindex 方法对 Series 重新排序，按照新索引排序时，若某个索引值不存在，则自动填充空值，或调用 fill_value 参数对空值进行补值。

```
>>> obj.reindex([' 浦发银行 ',' 工商银行 ',' 招商银行 ',' 民生银行 '],fill_value=0)
浦发银行      9.72
工商银行      0.00
招商银行     39.78
民生银行      5.39
dtype: float64
```

对于时间序列数据，在重新索引时很可能出现大量空值，这时可能需要进行插值处理，method 选项可以达到插值目的，ffill 是前向填充值，bfill 是后向填充值。

```
>>> obj = pd.Series(['a','b','c'],index=[0,2,3])
>>> obj.reindex(np.arange(5),method='ffill')
0     a
1     a
2     b
3     c
4     c
dtype: object
```

对于 DataFrame 来说，reindex 既可以修改行索引，也可以修改列索引。如果只传入一个序列，则会重新索引行，使用 columns 关键字即可重新索引列。

```
>>> df = pd.DataFrame(np.arange(9).reshape(3,3),index=['a','c','b'],columns=['x','y','z'])
>>> df
     x   y   z
a    0   1   2
c    3   4   5
b    6   7   8
>>> df.reindex(['a','b','c','d'])
     x    y    z
a    0.0  1.0  2.0
b    6.0  7.0  8.0
c    3.0  4.0  5.0
d    NaN  NaN  NaN
>>> df.reindex(columns=['y','z','x'])
     y   z   x
a    1   2   0
c    4   5   3
b    7   8   6
>>> df.reindex(index=['a','b','c','d'],columns=['y','z','x'])
     y    z    x
a    1.0  2.0  0.0
b    7.0  8.0  6.0
c    4.0  5.0  3.0
d    NaN  NaN  NaN
```

表 12-3 列出了 reindex 函数的参数和意义。

表 12-3　reindex 函数的参数

方法	意义
index	用于重新索引的序列顺序
method	插值填充的方法，ffill 或 bfill
fill_value	用于对缺失值填充数值
limit	前向或后向填充的最大填充量
level	在 MultiIndex 的指定级别上匹配简单索引，否则选取其子集
copy	默认为 True，无论如何都复制，若改为 False 则新旧相等就不复制

12.2.3 删除指定轴上的项重新索引

想要删除某轴上的项，可以采用 drop 方法，传入一个索引数组或列表即可，结果会返回一个在指定轴上删除了指定项的新对象。

```
>>> df.drop('a')
     x    y    z
c    3    4    5
b    6    7    8
>>> df.drop(['a','c'])
     x    y    z
b    6    7    8
```

此外，还能够删除列数据，只需要指定 axis 是对行还是对列进行 drop 操作，默认 axis=0 即对行操作。

```
>>> df.drop('y',axis=1)
     x    z
a    0    2
c    3    5
b    6    8
```

12.2.4 排序

要对行或列索引进行排序，可使用 sort_index 方法，从而返回一个排序后的新对象，参数 axis 默认为 0 表示对行进行排序，ascending 默认为 True 表示按升序排序，False 则为降序排序。

```
>>> df5.sort_index(axis=1, ascending=False)
     d     c     b     a
x    13    9     5     1
y    14    10    6     2
z    15    11    7     3
```

对 Series 排序也同样适用。

```
>>> obj = Series([4,2,9,-1])
>>> obj.sort_index()
0     4
1     2
2     9
3    -1
dtype: int64
```

若要对 DataFrame 的一个或多个列的值进行排序，可使用 sort_values 并将一个或多个列的名字传递给 by 选项。

```
>>> df = DataFrame({'b':[3,-1,-1,0],'a':[1,9,-6,4]})
>>> df.sort_values(by='b')
     b     a
1    -1    9
2    -1    -6
3    0     4
0    3     1
```

若需要根据多个列排序，则传入名称列表。

```
>>> df.sort_values(by=['b','a'])
    b    a
2  -1   -6
1  -1    9
3   0    4
0   3    1
```

12.2.5　算术运算和数据对齐

Pandas 的一个重要功能就是，可以对不同索引的对象进行算术运算，匹配对应索引上的值进行运算，若存在不同索引则会返回所有索引的并集。

Series 的数据运算（布尔值数据过滤、标量乘法、函数）会保留索引和值之间的对应关系。

```
>>> obj = pd.Series([1,3,-2,4],index=['a','b','c','d'])
>>> obj
a    1
b    3
c   -2
d    4
dtype: int64
>>> obj[obj>0]
a    1
b    3
d    4
dtype: int64
>>> obj*obj
a    1
b    9
c    4
d   16
dtype: int64
>>> np.log(obj[obj>0])
a    0.000000
b    1.098612
d    1.386294
dtype: float64
```

特别值得注意的是 Series 在算术运算中的索引自动对齐功能。在下面的例子中，obj2 代表浦发银行、民生银行和招商银行三家银行 2020 年 10 月 16 日的股价较前一天的变化，obj3 代表这三家银行当天的成交量，计算当天这三家银行股票市值的变化。

```
>>> obj2 = pd.Series({'浦发银行': 0.1,'民生银行': 0.04,'招商银行': 0.77})
>>> obj3 = pd.Series({'浦发银行': 748502.38,'民生银行': 1248623.25,'招商银行':
    1105895.75})
>>> obj2 + obj3
浦发银行     74850.2380
民生银行     49944.9300
招商银行    851539.7275
dtype: float64
```

而 DataFrame 会同时在行和列上对齐再运算。

```
>>> df1 = pd.DataFrame(np.arange(6).reshape(2,3),index=['a','b'],columns=['x
','y','z'])
>>> df2 = pd.DataFrame(np.arange(9).reshape(3,3),index=['a','b','c'],columns
=['x','y','z2'])
>>> df1
    x   y   z
a   0   1   2
b   3   4   5
>>> df2
    x   y   z2
a   0   1   2
b   3   4   5
c   6   7   8
>>> df1+df2
    x       y       z       z2
a   0.0     2.0     NaN     NaN
b   6.0     8.0     NaN     NaN
c   NaN     NaN     NaN     NaN
```

自动填充缺失值可以使用 df1.add(df2,fill_value) 传入 df2 和 fill_value 参数。

```
>>> df1.add(df2,fill_value=0)
    x       y       z       z2
a   0.0     2.0     2.0     2.0
b   6.0     8.0     5.0     5.0
c   6.0     7.0     NaN     8.0
```

下面的例子展示了 DataFrame 和 Series 之间的算术运算。

```
>>> df1.loc['a']
x   0
y   1
z   2
Name: a, dtype: int32
>>> df1 - df1.loc['a']
    x   y   z
a   0   0   0
b   3   3   3
```

可以看出，Series 的索引会分别与 DataFrame 不同行的对应位置做运算。

如果某个索引值在 DataFrame 的列或 Series 的索引中找不到，则参与运算的两个对象就会被重新索引形成并集。

```
>>> series = pd.Series(np.arange(4),index=['x','y','m','n'])
>>> series
x   0
y   1
m   2
n   3
dtype: int32
>>> df1 + series
    m       n       x       y       z
a   NaN     NaN     0.0     2.0     NaN
b   NaN     NaN     3.0     5.0     NaN
```

如果需要匹配行，然后在列上传播，则需要使用算术运算方法。

```
>>> series2 = df1['x']
```

```
>>> series2
a    0
b    3
Name: x, dtype: int32
>>> df1.add(series2, axis=0)
    x    y    z
a   0    1    2
b   6    7    8
```

12.2.6　缺失值检测和处理

数据缺失是一个普遍存在的现象。Pandas 设计了一系列方法来减小缺失数据对数据处理的影响，例如前文讲到的描述性统计就避免了缺失数据的影响。缺失值的处理方法如表 12-4 所示。

表 12-4　缺失值的处理方法

方法	意义
dropna	删除所有缺失值所在轴的数据，0 表示对行删除，1 表示对列删除
fillna	用指定值或插值方法填充缺失数据，如 ffill 或 bfill
isnull	判断哪些数值是缺失值，返回一个布尔值的对象
notnull	isnull 的否定式

12.2.7　缺失值删除

如何过滤缺失值是数据预处理的重要环节，Pandas 提供的 dropna 方法非常实用。对于 Series 而言，dropna 返回一个仅含非空数据和索引值的 Series。

```
>>> series = pd.Series({'浦发银行': 9.72,'民生银行': 5.39,'招商银行': 39.78, '
   工商银行':np.nan})
>>> series
浦发银行        9.72
民生银行        5.39
招商银行       39.78
工商银行         NaN
dtype: float64
>>> series.dropna()
浦发银行        9.72
民生银行        5.39
招商银行       39.78
dtype: float64
```

同样地，可以运用布尔值索引达到这一目的：

```
>>> series[series.notnull()]
浦发银行        9.72
民生银行        5.39
招商银行       39.78
dtype: float64
```

对于 DataFrame 而言，dropna 方法默认将含有缺失值的行或列（也包括全部为缺失值的轴）丢弃。

```
>>> df = pd.DataFrame([[1,3,5],[2,np.nan,6],[np.nan]*3])
>>> df
     0     1     2
0   1.0   3.0   5.0
1   2.0   NaN   6.0
2   NaN   NaN   NaN
>>> df.dropna()
     0     1     2
0   1.0   3.0   5.0
```

但是这样会造成可用数据量大大减少，为了避免这一问题，可以传入 how= 'all'，这样 dropna 只会丢弃那些行全部为缺失值的数据。

```
>>> df.dropna(how='all')
     0     1     2
0   1.0   3.0   5.0
1   2.0   NaN   6.0
```

如果需要丢弃全部为缺失值的列数据，则可以传入 axis=1 达成目标。

12.2.8　缺失值填充

有时我们不希望删除缺失值数据，因为这样做可能会造成数据稀疏并丢失其他非缺失数据，那么填补缺失值就十分重要。大多数情况下 fillna 是我们主要运用的函数。

```
>>> df.fillna(value=0)
     0     1     2
0   1.0   3.0   5.0
1   2.0   0.0   6.0
2   0.0   0.0   0.0
```

或者通过字典调用 fillna，从而实现不同列填充不同数据。

```
>>> df.fillna({0:0,1:1,2:1.5})
     0     1     2
0   1.0   3.0   5.0
1   2.0   1.0   6.0
2   0.0   1.0   1.5
>>> df
     0     1     2
0   1.0   3.0   5.0
1   2.0   NaN   6.0
2   NaN   NaN   NaN
```

可以看出，fillna 并没有改变 df 的值，而是在填充数据后返回一个新对象，当然如果想在原始数据上进行修改，只需要传入参数 inplace=True 即可。

```
>>> df.fillna({0:0,1:1,2:1.5},inplace=True)
>>> df
     0     1     2
0   1.0   3.0   5.0
1   2.0   1.0   6.0
2   0.0   1.0   1.5
```

对 reindex 有效的插值法同样适用于 fillna。

```
>>> df = pd.DataFrame([[1,2,3],[np.nan,3,4],[2,np.nan,5]])
>>> df
     0    1    2
0  1.0  2.0   3
1  NaN  3.0   4
2  2.0  NaN   5
>>> df.fillna(method='ffill')
     0    1    2
0  1.0  2.0   3
1  1.0  3.0   4
2  2.0  3.0   5
```

同样地，利用 fillna 方法可以传入中位数、平均值、最大值或最小值等数据，参数如表 12-5 所示。

```
>>> df.fillna(df.mean())
     0    1    2
0  1.0  2.0   3
1  1.5  3.0   4
2  2.0  2.5   5
```

表 12-5　fillna 的参数

方法	意义
value	填充缺失值的标量或字典对象
method	填充缺失值的插值方法，默认为 ffill
axis	待填充的轴，默认为 0
inplace	填充时是否会在原始数据上做修改
limit	对于 ffill 和 bfill 而言，连续填充的最大数量

12.2.9　apply 函数

我们时常需要设计一个函数用于 DataFrame 的某一列，这时 apply 方法能快速完成这一操作。

```
>>> df = pd.DataFrame([[1,2,3],[5,3,7]])
>>> df
   0  1  2
0  1  2  3
1  5  3  7
>>> df.apply(np.cumsum)
   0  1   2
0  1  2   3
1  6  5  10
>>> df.apply(lambda x:x.max()-x.min())
0    4
1    1
2    4
dtype: int64
```

上面的代码计算了最大值和最小值的差，在 df 的每列都执行了一次。结果是一个

Series，以 df 的列作为索引。如果传递 axis='columns' 到 apply，这个函数会在每行执行。

传递到 apply 的函数不是必须返回一个标量，还可以返回由多个值组成的 Series。

```
>>> def f(x):
    return pd.Series([x.sum(), x.mean()], index=['sum', 'mean'])
>>> df.apply(f)
        0       1       2
sum     6.0     5.0     10.0
mean    3.0     2.5     5.0
```

12.2.10　频数统计

value_counts 函数可对 Series 或 DataFrame 的某一列进行取值 – 频数统计。

```
>>> s = pd.Series(np.random.randint(0, 5, size=5))
>>> s
0    4
1    3
2    3
3    4
4    2
dtype: int32
>>> s.value_counts()
4    2
3    2
2    1
dtype: int64
```

12.2.11　合并

Pandas 中提供了大量的能够轻松对 Series 和 DataFrame 对象进行不同逻辑关系的合并操作的方法。

首先，可以通过 concat 来连接 pandas 对象：确定按某个轴进行连接（可横向可纵向），也可以指定连接方法。concat 的参数如表 12-6 所示。

表 12-6　concat 的参数

方法	意义
objs	合并的对象集合，可以是 Series、DataFrame
axis	合并方法。默认 0 表示纵向，1 表示横向
join	默认 outer 并集，inner 交集，只有这两种
join_axes	按哪些对象的索引保存
ignore_index	默认 Fasle 忽略，是否忽略原 index
keys	为原始 DataFrame 添加一个键，默认无

```
>>> df = pd.DataFrame(np.random.randn(5,4))  # 数据是随机生成的
>>> df
    0           1           2           3
```

```
0    -1.324963     1.418051      2.206927      0.803043
1    -0.809235    -0.575138      0.572869     -2.078978
2    -0.128963    -1.182334     -1.515288     -0.629238
3     0.640141    -1.291408     -0.178012     -0.101675
4    -0.358973    -0.992049     -1.550929     -0.108527
>>> pieces = [df[:2], df[2:4], df[4:]]  # 把 df 切分为 3 部分
>>> pieces
[          0            1             2             3
 0   -1.324963     1.418051      2.206927      0.803043
 1   -0.809235    -0.575138      0.572869     -2.078978,
           0            1             2             3
 2   -0.128963    -1.182334     -1.515288     -0.629238
 3    0.640141    -1.291408     -0.178012     -0.101675,
           0            1             2             3
 4   -0.358973    -0.992049     -1.550929     -0.108527]
>>> pd.concat(pieces)  # 再用 concat 函数拼接 3 个部分
           0            1             2             3
0    -1.324963     1.418051      2.206927      0.803043
1    -0.809235    -0.575138      0.572869     -2.078978
2    -0.128963    -1.182334     -1.515288     -0.629238
3     0.640141    -1.291408     -0.178012     -0.101675
4    -0.358973    -0.992049     -1.550929     -0.108527
```

其次，merge 函数通过一个或多个键将数据集的行连接起来。针对同一个主键存在的两张包含不同特征的表，通过主键的连接，将两张表进行合并。合并之后，两张表的行数不增加，列数是两张表的列数之和。merge 参数及其含义如表 12-7 所示。

表 12-7　merge 的参数

方法	意义
how	数据融合的方法，存在不重合的键，方式：inner、outer、left、right
on	用来对齐的列名，一定要保证左表和右表存在相同的列名
left_on	左表对齐的列，可以是列名，也可以是 DataFrame 同长度的 arrays
right_on	右表对齐的列，可以是列名
left_index	将左表的 index 用作连接键
right_index	将右表的 index 用作连接键
suffixes	左右对象中存在重名列，结果区分的方式：后缀名
copy	默认：True。将数据复制到数据结构中，设置为 False 提高性能

```
# 通过 merge() 来连接 pandas 对象，类似于 SQL
>>> df1 = pd.DataFrame({'key': ['one', 'two', 'two'], 'data1':
    np.arange(3)})
>>> df2 = pd.DataFrame({'key': ['one', 'three', 'three'], 'data2':
    np.arange(3)})
# 默认：以重叠的列名当作连接键
>>> df3 = pd.merge(df1, df2)
>>> print(df1)
     key    data1
0    one     0
1    two     1
2    two     2
>>> print(df2)
     key    data2
0    one      0
```

```
1     three     1
2     three     2
>>> print(df3)
      key    data1    data2
0     one      0        0
# 默认：做 inner 连接，取 key 的交集；连接方式还有 left/right/outer
>>> df4 = pd.merge(df1, df2, how='left')
>>> print(df4)
      key    data1    data2
0     one      0        0.0
1     two      1        NaN
2     two      2        NaN
```

最后，join 方法将两个 DataFrame 中不同的列索引合并成一个 DataFrame。参数的意义与 merge 基本相同，只是 join 方法默认左外连接 how=left。

```
>>> df1 = pd.DataFrame({'A': ['A0', 'A1', 'A1'],
                        'B': ['B0', 'B1', 'B2']},
                       index=['K0', 'K1', 'K2'])
>>> df2 = pd.DataFrame({'C': ['C1', 'C2', 'C3'],
                        'D': ['D0', 'D1', 'D2']},
                       index=['K0', 'K1', 'K3'])
>>> df3 = df1.join(df2)
>>> df4 = df1.join(df2, how='outer')
>>> df5 = df1.join(df2, how='inner')
>>> print(df3)
     A    B    C     D
K0   A0   B0   C1    D0
K1   A1   B1   C2    D1
K2   A1   B2   NaN   NaN
>>> print(df4)
      A     B     C     D
K0    A0    B0    C1    D0
K1    A1    B1    C2    D1
K2    A1    B2    NaN   NaN
K3    NaN   NaN   C3    D2
>>> print(df5)
     A    B    C    D
K0   A0   B0   C1   D0
K1   A1   B1   C2   D1
```

12.2.12　数据添加

可以通过 append 方法将若干行添加到 DataFrame 后面。

```
>>> df = pd.DataFrame(np.random.randn(3, 4), columns=['A', 'B', 'C', 'D'])
>>> df
      A            B            C            D
0     0.971919     0.722829     -1.327048    0.327596
1     1.148042     0.667893     -0.589236    -0.812251
2     -0.673388    0.110878     0.641404     -0.22994
>>> s = df.iloc[1]
>>> s
A     1.148042
B     0.667893
C     -0.589236
D     -0.812251
```

```
Name: 1, dtype: float64
>>> df.append(s, ignore_index=True)
      A          B          C          D
0    0.971919   0.722829  -1.327048    0.327596
1    1.148042   0.667893  -0.589236   -0.812251
2   -0.673388   0.110878   0.641404   -0.22994
3    1.148042   0.667893  -0.589236   -0.812251
```

可以看出，append 方法在原始 DataFrame 的基础上增加了一行数据。

12.2.13　分组

对数据进行分组是数据分析工作的重要环节。Pandas 提供了一个高效灵活的 groupby 功能，能够有效地对数据集进行操作。

对于 "groupby" 操作，通常是指以下一个或几个步骤：

（1）分组：按照某些标准将数据分为不同的组。

（2）应用：对每组数据分别执行一个函数。

（3）组合：将结果组合到一个数据结构。

```
>>> df = pd.DataFrame({'A' : ['foo', 'bar', 'foo', 'bar'],
                        'B' : ['one', 'one', 'two', 'three'],
                        'C' : np.random.randn(4),
                        'D' : np.random.randn(4)})
>>> df
     A      B       C           D
0    foo    one    -0.141480    1.052784
1    bar    one    -1.652229    0.181828
2    foo    two    -0.736260    2.073917
3    bar    three   2.538914   -1.198917
>>> df.groupby('A').sum()   # 分组并对每个分组应用 sum 函数
               C           D
A
bar      0.886685   -1.017089
foo     -0.877739    3.126701
# 按多个列分组形成层级索引，然后应用函数
>>> df.groupby(['A','B']).sum()
               C           D
A    B
bar  one    -1.652229    0.181828
     three   2.538914   -1.198917
foo  one    -0.141480    1.052784
     two    -0.736260    2.073917
```

调用 groupby 方法后，会返回一个 GroupBy 对象，而后通过执行一定的算术运算如 sum()，得到分组求和后的结果。

12.2.14　堆叠

```
>>> tuples = list(zip(*[['a', 'b', 'a', 'b'],
                        ['one', 'two', 'three', 'four']]))
# 多层次索引
```

```
>>> index = pd.MultiIndex.from_tuples(tuples, names=['first', 'second'])
>>> df = pd.DataFrame(np.random.randn(4, 2), index=index, columns=['A', 'B'])
>>> df
                       A              B
first   second
a       one       -0.589790      -1.340581
b       two        0.152193       0.019443
a       three     -0.998509      -0.760194
b       four      -1.008110      -0.149448
```

stack() 方法将 DataFrame 的列 "压缩" 一个层级。

```
>>> stacked = df.stack()
>>> stacked
                 first      second
a       one     A          -1.521016
                B          -0.722485
b       two     A          -1.186206
                B          -0.665522
a       three   A           1.865977
                B          -0.371856
b       four    A           1.139912
                B           0.240193
dtype: float64
```

对于一个 "堆叠过的" DataFrame 或者 Series（拥有 MultiIndex 作为索引），stack() 的逆操作是 unstack()，默认反堆叠到上一个层级：

```
>>> stacked.unstack()
                       A              B
first   second
a       one       -0.589790      -1.340581
b       two        0.152193       0.019443
a       three     -0.998509      -0.760194
b       four      -1.008110      -0.149448
>>> stacked.unstack(1)
        second    four          one          three         two
first
a       A         NaN       -1.521016      1.865977      NaN
        B         NaN       -0.722485     -0.371856      NaN
b       A         1.139912  NaN           NaN          -1.186206
        B         0.240193  NaN           NaN          -0.665522
```

12.3　汇总、计算和描述性统计

Pandas 拥有一套常用的数学和统计方法，但都是基于没有缺失数据的假设而构建的。下面的代码是浦发银行和民生银行 2020 年 10 月 14 至 2020 年 10 月 16 日三天的股票收盘价。

```
>>> df = pd.DataFrame([[9.72, 5.39],[9.62, 5.35],[9.53, 5.33]],index=[
   ' 2020-10-16',' 2020-10-15',' 2020-10-14'],columns=[' 浦发银行 ',' 民生银行 '])
>>> df
               浦发银行      民生银行
2020-10-16     9.72        5.39
```

```
2020-10-15        9.62          5.35
2020-10-14        9.53          5.33
>>> df.sum()
浦发银行    28.87
民生银行    16.07
dtype: float64
```

df 调用 DataFrame 的 sum 方法返回一个按列求和而得到的 Series。上面的代码就是分别求两家银行这三天的收盘价之和。而如果传入参数 axis=1，则会按行进行求和运算，空值会被自动排除，即求每日两家银行的收盘价之和。

```
>>> df.sum(axis=1)
2020-10-16    15.11
2020-10-15    14.97
2020-10-14    14.86
dtype: float64
```

利用 idxmax 或 idxmin 方法，能找到达到最大值或最小值的索引。从下面的例子中可以看出，这两家银行三天内的最高收盘价均在 2020 年 10 月 16 日当天。

```
>>> df.idxmax()
浦发银行    2020-10-16
民生银行    2020-10-16
dtype: object
```

想要求累加和，可以使用 cumsum 方法。

```
>>> df.cumsum()
              浦发银行      民生银行
2020-10-16      9.72        5.39
2020-10-15     19.34       10.74
2020-10-14     28.87       16.07
```

如果想快速查看数据的统计汇总，可以直接采用 describe 方法。

```
>>> df5.describe()
          a       b       c       d
count    3.0     3.0     3.0     3.0
mean     2.0     6.0    10.0    14.0
std      1.0     1.0     1.0     1.0
min      1.0     5.0     9.0    13.0
25%      1.5     5.5     9.5    13.5
50%      2.0     6.0    10.0    14.0
75%      2.5     6.5    10.5    14.5
max      3.0     7.0    11.0    15.0
```

对于非数值型数据，describe 会产生另外一种汇总统计。

```
>>> obj = Series(['a','a','b','c']*3)
>>> obj.describe()
count     12
unique     3
top        a
freq       6
dtype: object
```

与统计描述有关的方法如表 12-8 所示。

表 12-8　统计描述方法汇总

方法	意义
argmax、argmin	得到最大值和最小值的索引值
idxmax、idxmin	得到最大值和最小值索引的位置
count	对非空值的计数
describe	描述性统计
sum	求和
mean	求均值
median	求中位数
max、min	求最大值和最小值
quantile	n 分位数（n 取 0 到 1）
mad	平均绝对离差
var	方差
std	标准差
skew	偏度（三阶矩）
kurt	峰度（四阶矩）
cumsum	累计和
cummax、cummin	累计最大值和累计最小值
comprod	累计积
diff	一阶差分
pct_change	百分数变化

12.4　案例

Pandas 内建的函数 DataReader 可以从 Yahoo 财经网站读取股票数据，本节利用该数据进行 Pandas 基本操作。

```
# 首先导入需要的包
>>> import pandas as pd
>>> import pandas_datareader.data as web
>>> import datetime
# 选取时间
>>> start = datetime.datetime(2020,8,31)
>>> end = datetime.datetime(2020,9,11)
# 从 yahoo 财经网站获取苹果公司的股价数据
>>> AAPL = web.DataReader("AAPL",'yahoo',start,end)
# 前 3 行数据
>>> AAPL.head(3)
```

Date	High	Low	Open	Close	Volume	Adj Close
2020-08-31	131.000000	126.000000	127.580002	129.039993	225702700.0	129.039993
2020-09-01	134.800003	130.529999	132.759995	134.179993	152470100.0	134.179993
2020-09-02	137.979996	127.000000	137.589996	131.399994	200119000.0	131.399994

```
# 后 3 行数据
>>> AAPL.tail(3)
```

Date	High	Low	Open	Close	Volume	Adj Close
2020-09-09	119.139999	115.260002	117.260002	117.320000	176940500.0	117.320000
2020-09-10	120.500000	112.500000	120.360001	113.489998	182274400.0	113.489998
2020-09-11	115.230003	110.000000	114.570000	112.000000	180487500.0	112.000000

```
# 得到收盘价 Series
>>> AAPL['Close']
Date
2020-08-31    129.039993
2020-09-01    134.179993
2020-09-02    131.399994
2020-09-03    120.879997
2020-09-04    120.959999
2020-09-08    112.820000
2020-09-09    117.320000
2020-09-10    113.489998
2020-09-11    112.000000
Name: Close, dtype: float64
# 得到索引值
>>> AAPL.index
DatetimeIndex(['2020-08-31', '2020-09-01', '2020-09-02', '2020-09-03',
               '2020-09-04', '2020-09-08', '2020-09-09', '2020-09-10',
               '2020-09-11'],
              dtype='datetime64[ns]', name='Date', freq=None)
# 选择收盘价高于 120 美元的数据
>>> AAPL[AAPL['Close']>120]
```

Date	High	Low	Open	Close	Volume	Adj Close
2020-08-31	131.000000	126.000000	127.580002	129.039993	225702700.0	129.039993
2020-09-01	134.800003	130.529999	132.759995	134.179993	152470100.0	134.179993
2020-09-02	137.979996	127.000000	137.589996	131.399994	200119000.0	131.399994
2020-09-03	128.839996	120.500000	126.910004	120.879997	257599600.0	120.879997
2020-09-04	123.699997	110.889999	120.070000	120.959999	332607200.0	120.959999

```
# 新建一列计算每日收盘价 - 开盘价看涨跌幅
>>> AAPL['Diff'] = AAPL['Close'] - AAPL['Open']
>>> AAPL.head(3)
```

Date	High	Low	Open	Close	Volume	Adj Close	Diff
2020-08-31	131.000000	126.000000	127.580002	129.039993	225702700.0	129.039993	1.459991
2020-09-01	134.800003	130.529999	132.759995	134.179993	152470100.0	134.179993	1.419998
2020-09-02	137.979996	127.000000	137.589996	131.399994	200119000.0	131.399994	-6.190002

```
# 观察这段时间来苹果公司各个指标的最大值和最小值的差
>>> def func(x):
        return x.max()-x.min()
```

```
>>> AAPL.apply(func)
High         2.274999e+01
Low          2.053000e+01
Open         2.364000e+01
Close        2.217999e+01
Volume       1.801371e+08
Adj Close    2.217999e+01
Diff         8.329994e+00
dtype: float64
```

拆分合并

```
>>> pieces = [AAPL[:3],AAPL[3:6],AAPL[6:]]
>>> pieces
[                High         Low        Open       Close      Volume  \
Date
2020-08-31  131.000000  126.000000  127.580002  129.039993  225702700.0
2020-09-01  134.800003  130.529999  132.759995  134.179993  152470100.0
2020-09-02  137.979996  127.000000  137.589996  131.399994  200119000.0

            Adj Close
Date
2020-08-31  129.039993
2020-09-01  134.179993
2020-09-02  131.399994  ,
                High         Low        Open       Close      Volume  \
Date
2020-09-03  128.839996  120.500000  126.910004  120.879997  257599600.0
2020-09-04  123.699997  110.889999  120.070000  120.959999  332607200.0
2020-09-08  118.989998  112.680000  113.949997  112.820000  231366600.0

            Adj Close
Date
2020-09-03  120.879997
2020-09-04  120.959999
2020-09-08  112.820000  ,
                High         Low        Open       Close      Volume  \
Date
2020-09-09  119.139999  115.260002  117.260002  117.320000  176940500.0
2020-09-10  120.500000  112.500000  120.360001  113.489998  182274400.0
2020-09-11  115.230003  110.000000  114.570000  112.000000  180487500.0

            Adj Close
Date
2020-09-09  117.320000
2020-09-10  113.489998
2020-09-11  112.000000  ]
>>> pd.concat(pieces)
```

Date	High	Low	Open	Close	Volume	Adj Close	Diff
2020-08-31	131.000000	126.000000	127.580002	129.039993	225702700.0	129.039993	1.459991
2020-09-01	134.800003	130.529999	132.759995	134.179993	152470100.0	134.179993	1.419998
2020-09-02	137.979996	127.000000	137.589996	131.399994	200119000.0	131.399994	-6.190002
2020-09-03	128.839996	120.500000	126.910004	120.879997	257599600.0	120.879997	-6.030006
2020-09-04	123.699997	110.889999	120.070000	120.959999	332607200.0	120.959999	0.889999
2020-09-08	118.989998	112.680000	113.949997	112.820000	231366600.0	112.820000	-1.129997
2020-09-09	119.139999	115.260002	117.260002	117.320000	176940500.0	117.320000	0.059998
2020-09-10	120.500000	112.500000	120.360001	113.489998	182274400.0	113.489998	-6.870003
2020-09-11	115.230003	110.000000	114.570000	112.000000	180487500.0	112.000000	-2.570000

对数据重设索引并进行插值填充

```
>>> dates = pd.date_range('2020-8-30',periods=15,freq='D')
>>> AAPL = AAPL.reindex(dates,method='ffill')
>>> AAPL.head()
```

	High	Low	Open	Close	Volume	Adj Close
2020-08-30	NaN	NaN	NaN	NaN	NaN	NaN
2020-08-31	131.000000	126.000000	127.580002	129.039993	225702700.0	129.039993
2020-09-01	134.800003	130.529999	132.759995	134.179993	152470100.0	134.179993
2020-09-02	137.979996	127.000000	137.589996	131.399994	200119000.0	131.399994
2020-09-03	128.839996	120.500000	126.910004	120.879997	257599600.0	120.879997

```
# 删除缺失值所在的行
>>> AAPL.dropna(inplace=True)
>>> AAPL.head()
```

	High	Low	Open	Close	Volume	Adj Close
2020-08-31	131.000000	126.000000	127.580002	129.039993	225702700.0	129.039993
2020-09-01	134.800003	130.529999	132.759995	134.179993	152470100.0	134.179993
2020-09-02	137.979996	127.000000	137.589996	131.399994	200119000.0	131.399994
2020-09-03	128.839996	120.500000	126.910004	120.879997	257599600.0	120.879997
2020-09-04	123.699997	110.889999	120.070000	120.959999	332607200.0	120.959999

● 小　结 ●—○—●—○—●

Pandas 库对于数据处理是非常有效的，它提供了丰富的属性和方法，可以解决几乎一切数据分析问题，特别是 Pandas 可以从各种网络数据源读取数据，更适合处理金融时间序列数据。如果大家想要熟练掌握如何使用 Pandas 库，则需要一定的经验积累，网络上有许多公开数据集可以为大家提供数据支持，例如 Kaggle（http://kaggle.com/）平台上会发布众多数据分析、预测比赛，此外该平台还会开放一些优秀代码供大家学习，不妨现在就拿来练练手吧！

特别要提到一些 Pandas 的权威资料：

当需要查阅 Pandas 函数的某些用法时，可以看看 Pandas 库的主页：http://pandas.pydata.org。

此外，https://pandas.pydata.org/pandas-docs/stable/pandas.pdf 中可查看多页的 Pandas 功能文档。

● 练　习 ●—○—●—○—●

1. 试简述 Pandas 与 NumPy 数组的区别与联系。
2. 编程：构造一个 DataFrame 命名为 df1，要求值从 0 ～ 15 的 4 行 4 列数据，行索引为 ['Ohio', 'Colorado', 'Utah', 'New York']，列索引为 ['one', 'two', 'three', 'four']。
3. 编程：删除 df1 的 ['Colorado', 'Utah'] 两行数据。如何设定参数能够直接对 df1 进行修改，而不会返回新的对象？
4. 编程：对 obj 重设索引。
   obj = pd.Series(['blue', 'purple', 'yellow'], index=[0, 2, 4])

　　索引从 0 到 5，并对缺失数据进行插值填充，填充方法设为 ffill。

5. 如何区分 loc 和 iloc 方法？

　　ser = pd.Series(np.arange(3.)，index=['a','b','c'])

　　请分别利用 loc 和 iloc 提取索引 b 对应的数值 1。

6. 编程：请对 df1 第一列的每个值加 1，并修改 df1 的值。

7. 针对数据合并的三种方法，举例说明他们的不同。

8. 已知 frame = pd.DataFrame(np.random.randn(4, 3)，columns=list('bde')，index=['Utah', 'Ohio', 'Texas', 'Oregon'])，请构造一个函数，计算每列数据的最大值和最小值的差，返回你所得到的结果。

9. 拓展题：为了更好地应用所学知识，请登录 Kaggle（http://kaggle.com/）平台，找一个感兴趣的案例，利用所学知识看看你能完成哪些数据分析工作。

第 13 章

Matplotlib 数据可视化

学习目标 ●━━○━━●━━○━━●

- 熟悉数据可视化中图表的各类元素
- 学会利用 Matplotlib 绘制常见图形进行数据描述

Matplotlib 是 Python 的一个 2D 图形库，能够生成各式各样的图形（比如散点图、柱状图、直方图等）。其界面具有可交互性（即能够利用鼠标对生成图形进行点击操作），同时 Matplotlib 库又能够跨平台，既可以在 Python 脚本中进行编码操作，也能在 Jupyter Notebook 中使用，在其他相关的编辑平台也都可以便捷地使用。Matplotlib 的一个优点是生成图形质量较高。需要注意的是，在相关 Python 软件中调用 Matplotlib 图形库时，需要利用 shell 进行单独安装（安装方法见 13.1）。如果使用的是 Jupyter Notebook 平台，则相关图形库已在软件内直接配置，但是其生成的图形无法进行交互，而是单独内嵌于 Jupyter Notebook 的界面中。

在金融应用领域内，掌握 Matplotlib 技能是必备的，Matplotlib 能将数据进行可视化，更直观地呈现，使数据更加美观，更有说服力。

13.1 安装

本书默认的 Python 环境是 Python3，在使用 pip3 安装 Matplotlib 之前，可以对 pip install 进行更新，防止出错。

```
>>> python -m pip install -U pip
>>> pip install matplotlib
```

安装完成后使用下列语句来检测是否安装成功。

```
>>> python -m pip list
```

安装成功界面。

```
>>> $ pip3 list | grep matplotlib
>>> matplotlib        3.3.0
```

【例 13-1】以一个简单的示例来感受下 Matplotlib 的魅力。

```
>>> import matplotlib.pyplot as plt
>>> plt.figure()
>>> plt.plot([1, 4, 6, 7], [1, 6, 4, 3])
[<matplotlib.lines.Line2D at 0x2189a8b57b8>]
```

运行结果如图 13-1 所示。

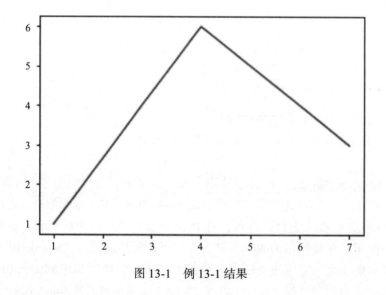

图 13-1　例 13-1 结果

13.2　基本图表元素

本节主要介绍 Matplotlib 基本图表绘制的元素，在 Matplotlib 中，整个图像为一个 Figure 对象。在 Figure 对象中可以包含一个或者多个 Axes 对象。每个 Axes 对象都是一个拥有坐标系统的绘图区域。基本图表元素的关系如图 13-2 所示。

13.2.1　坐标轴

坐标轴是数据可视化的一个重要布局，一个图形可以包含任意数量的轴，但通常至少有一个，每个轴都可以设置一个轴标签。常见的是二维坐标轴，即包含 X 轴（横轴）和 Y 轴（纵轴），轴上可以设置刻度标签，使得生成的图像可以体现具体的数据值和相对位置。

在使用 Matplotlib 模块画坐标图时，往往需要对坐标轴设置很多参数，这些参数包括横纵坐标轴范围、坐标轴刻度大小、坐标轴名称等。在 Matplotlib 中包含了很多函数，用来对这些参数进行设置，如表 13-1 所示。

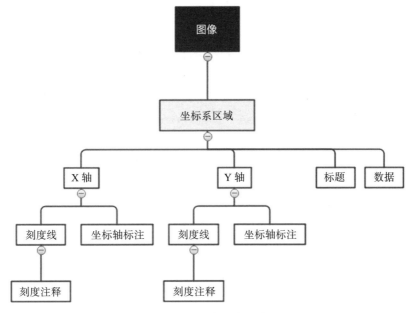

图 13-2 基本图表元素

表 13-1 坐标轴参数设置

方法	说明
plt.xlim()、plt.ylim()	设置横纵坐标轴范围
plt.xlabel()、plt.ylabel()	设置坐标轴名称
plt.xticks()、plt.yticks()	设置坐标轴刻度

【例 13-2】坐标轴设置。

```
>>> import matplotlib.pyplot as plt
>>> import numpy as np
>>> x = np.linspace(-3,3,50)
>>> y1=2*x+1
>>> y2=x**2
>>> plt.figure(num=3,figsize=(8,5))
>>> plt.plot(x,y2)
>>> plt.plot(x,y1,color='red',linewidth=1.0,linestyle='--')
>>> plt.xlim((-1,2))
>>> plt.ylim((-2,3))
>>> plt.xlabel(u'股价',fontproperties='SimHei')
>>> plt.ylabel(u'涨幅',fontproperties='SimHei')
>>> new_ticks=np.linspace(-1,2,5)
>>> print(new_ticks)
>>> plt.xticks(new_ticks)
```

```
>>> plt.yticks([-2,-1.8,-1,1.22,3.],
                ['大跌','小跌',' 不错 $\\alpha$',' 很好 ',' 超级好 '],
fontproperties='SimHei')
>>> plt.show()
[-1.   -0.25  0.5   1.25  2.  ]
```

> **说明**
>
> 　　在图片中对坐标进行文字设置，可以使用汉字或英文，使用属性 fontproperties 则表示中文可见，防止乱码。若文字内部有英文，需要使用 $'，$ 表示将英文括起来。另外，使用 r 来进行正则匹配，可以将其变为好看的字体。如果要显示特殊字符，比如阿尔法（α），则在特殊符号前加上转义字符 \alpha，前面的 \ 表示空格转义路径中的正斜杠。

坐标设置结果如图 13-3 所示。

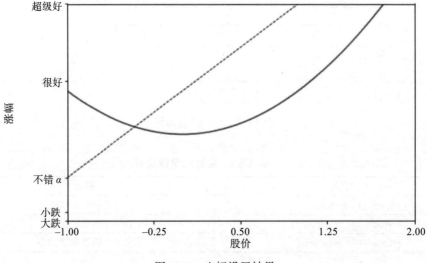

图 13-3　坐标设置结果

13.2.2　图例

　　图例是可视化图像中帮助识别图线的重要元素，尤其是图像中线型复杂、数量较多时。在 Matplotlib 中，设置图例通常有两种方式：一种是添加 label 参数，另一种是调用 ax.legend() 或者 plt.legend()。其中，在 plt.legend() 中可以通过传入 loc 参数，来调整图例的位置，具体的 loc 参数位置对应如表 13-2 所示。

表 13-2　图例位置参数对应表

loc 参数	对应数字
best	0
upper right	1

（续）

loc 参数	对应数字
upper left	2
lower left	3
lower right	4
right	5
center left	6
center right	7
lower center	8
upper center	9
center	10

【例 13-3】增加图例：在例 13-2 的基础上增加描述图线类型的图例。

```
>>> l1,=plt.plot(x,y2)
>>> l2,=plt.plot(x,y1,color='red',linewidth=1.0,linestyle='--')
>>> plt.legend(handles=[l1,l2],prop={'family':'SimHei','size':15},loc='lower
    right',labels=['直线','曲线'])
>>> plt.show()
```

注意

legend(hadles=[],labels=[],loc='best/upper right/upper left/.../lower right')

handles 即添加 legend 的线，如果要用 handles，则前面的 plt.plot 必须用"l1,"形式（不要忘记逗号）。此处 labels 会覆盖上述 plt.plot() 的 label。loc 默认是 best，即自动调整至一个合适的位置。若拉伸弹框，则位置会跟着变，直到放置合适位置。

图例设置结果如图 13-4 所示。

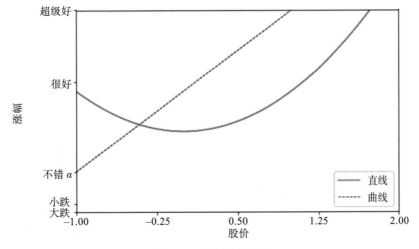

图 13-4　图例设置结果

13.2.3　标注

在图形上给数据添加文本注解能够帮助阅读者快速理解图像和定位数据，方便我们在合适的位置添加描述信息。annotate() 支持带箭头的划线工具，而 text() 是一种无指向型注释。调用语句和参数说明如表 13-3 所示。

```
>>> matplotlib.pyplot.annotate(s, xy, *args, **kwargs)  # 指向性注释
>>> plt.text(x,y,s,family,fontsize,style,color)  # 文本注释
```

表 13-3　注释函数参数表

注释函数	参数	含义
annotate()	s	str，注释信息内容
	xy	(float,float)，箭头点所在的坐标位置
	xytext	(float,float)，注释内容的坐标位置
	weight	str or int，设置字体线型。其中字符串从小到大可选项有 {'ultralight', 'light', 'normal', 'regular', 'book', 'medium', 'roman', 'semibold', 'demibold', 'demi', 'bold', 'heavy', 'extra bold', 'black'}
	color	str or tuple，设置字体颜色，单个字符候选项 {'b', 'g', 'r', 'c', 'm', 'y', 'k', 'w'}，也可以 'black','red' 等，tuple 时用 [0,1] 之间的浮点型数据，RGB 或者 RGBA，如：(0.1, 0.2, 0.5)、(0.1, 0.2, 0.5, 0.3) 等
	arrowprops	dict，设置指向箭头的参数，字典中 key 值有 ① arrowstyle：设置箭头的样式 ② connectionstyle：设置箭头的形状，为直线或者曲线 ③ color：设置箭头颜色，见前面的 color 参数
	bbox	dict，为注释文本添加边框
text()	x,y	代表注释内容位置
	s	代表注释文本内容
	family	设置字体
	fontsize	字体大小
	style	设置字体样式

【例 13-4】增加标注：此处增加指向型注释。

```
❶ import matplotlib.pyplot as plt
  import numpy as np
❷ x=np.linspace(-4,4,20)
  y=0.5*x+2
❸ plt.figure(num=1,figsize=(6,6))
  plt.plot(x,y)
❹ ax=plt.gca()
❺ ax.spines['right'].set_color('none')
  ax.spines['top'].set_color('none')
  ax.xaxis.set_ticks_position('bottom')
  ax.spines['bottom'].set_position(('data',-0))
  ax.yaxis.set_ticks_position('left')
  ax.spines['left'].set_position(('data',0))
❻ x0=1
```

```
      y0=0.5*x0+2
      plt.scatter(x0,y0,s=50,color='r')
❼   plt.plot([x0,x0],[0,y0],'k--',lw=2.5)
❽   plt.annotate(r'$0.5*x+2=%s$'%y0,xy=(x0,y0),xycoords='data',xytext=(+30,-30),
      textcoords='offset points',fontsize=16,arrowprops=dict(arrowstyle='->',
          connectionstyle='arc3,rad=.2'))
❾   plt.text(-3.7,3,' 三个参数 : $\\mu'\\sigma_i'\\alpha_t$',
          fontdict={'size':'14','color':'red'},fontproperties='SimHei')
❿   plt.show()
```

首先，❶❷❸引入所需的包，创建了一个大小为 6*6 的图像，初始化 x、y 的图像。
❹使用了 plt.gca() 函数来获取当前轴线。接着，在❺中使用 ax.spines() 函数设置图像的
四个边框，其中，ax.spines['right'].set_color('none') 表示取消右边边框，同理，也取消了
顶部轴线。❻通过给 x0 赋值绘制散点，值得注意的是，散点图可以通过将 plt.plot(x,y)
变为 plt.scatter(x,y) 来绘制。❼把两个点输入 plot 函数中，得到一条垂直于 x 轴的竖线，
[x0,x0] 表示两个点的 x 坐标值，[0,y0] 表示两个点的 y 坐标值，即穿过 (x0,y0) 绘制垂直
于 x 轴的线。其中参数 k-- 表示黑色虚线，k 代表黑色，-- 表示虚线，lw 表示线宽。完成
基本绘图后，在❽处添加注释 annotate，其中参数 xycoords='data' 表示基于数据的值来选
位置 ,xytext=(+30,-30) 和 textcoords='offset points'，分别描述了标注的位置和 xy 的偏差
值，arrowprops 是对图中箭头类型的一些设置。最后，❾处添加注释 text，其中 -3.7,3
是对 text 位置的设定，fontdict 设置文本字体。在注释文本时，空格前需要加转义字符 \。
❿所有设置完成后，plot 一下即可 show 出图像，如图 13-5 所示。

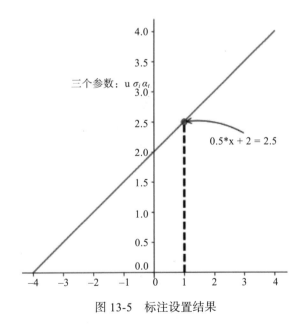

图 13-5　标注设置结果

13.2.4　能见度

当图片里的内容过多时，可能会造成一些信息的覆盖。为了方便读取完整的数据内

容，需要设置标签相关的能见度，以确保部分信息不会被重叠覆盖。可以使用 bbox 参数设置标签属性。

```
>>> label.set_bbox(dict(facecolor='white',edgecolor='none',alpha=0.7))
```

其中，facecolor 代表标签颜色，edgecolor 表示标签边缘颜色，alpha 是透明度属性。

在设置能见度的过程中，常遇到标签不能显示的问题。可以设置 zorder，让标签显示于图像之上。

```
>>> plt.plot(x,y,linewidth=10,zorder=1)
>>> label.set_zorder(100)
```

【例 13-5】能见度设置：在坐标轴中设置可能会被遮挡的内容的透明度。

```
❶ import numpy as np
  x=np.linspace(-4,4,20)
  y=x+1
❷ plt.figure()
❸ plt.plot(x, y, linewidth=10, zorder=1)
  plt.ylim(-2, 2)
❹ ax = plt.gca()
❺ ax.spines['right'].set_color('none')
  ax.spines['top'].set_color('none')
  ax.xaxis.set_ticks_position('bottom')
  ax.spines['bottom'].set_position(('data', 0))
  ax.yaxis.set_ticks_position('left')
  ax.spines['left'].set_position(('data', 0))
❻ for label in ax.get_xticklabels()+ax.get_yticklabels():
❼     label.set_fontsize(12)
❽     label.set_bbox(dict(facecolor='white',edgecolor='none',alpha=0.7))
❾ plt.show()
```

首先，❶❷引入所需的包，创建初始图像，❸中设置 zorder 参数来对 plot 在 z 轴方向排序。❹使用了 plt.gca() 函数来获取当前轴线。接着，在❺中使用 ax.spines() 函数设置图像的四个边框。❻调整坐标，对可能被遮挡的信息调整相关透明度，此处对 X 轴和 Y 轴的刻度数字进行透明度设置。其中，在❼处使用 label.set_fontsize(12) 调节字体大小，在❽处使用 bbox 设置特定内容的透明度相关参数，facecolor 用于调节 box 前景色，edgecolor 可以设置边框，此处设置边框为无，alpha 是透明度参数。❾在所有设置完成后，plot 一下即可 show 出图像，如图 13-6 所示。

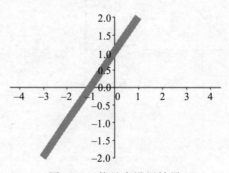

图 13-6　能见度设置结果

13.2.5　图表的保存

完成图表的绘制以后，可以让程序自动将图表保存到文件中。可将 plt.show() 的调用替换为 plt.savefig() 的调用。

```
>>> plt.savefig('figure_plot.png',bbox_inches='tight')
```

其中，第一个参数指定要以什么样的文件名保存图表，这个文件将存储到执行程序所在的目录中。第二个参数指定将图表多余的空白区域裁减掉。如果要保留图表周围多余的空白区域，可省略这个实参。

13.3　常见图形绘制

尽管 matplotlib 可以绘制的图像种类丰富，细节风格处理也可以在各个参数中更改实现，但在实际的数据可视化处理中，使用频率较高的还是较为简单的几种图表。本节将依次进行介绍。

13.3.1　散点图

散点图经常用来显示分布或者比较几个变量的相关性或者分组。绘制散点图的关键是 scatter() 函数。

```
>>> plt.scatter(x, y, s, c, marker)
```

其中，x、y 表示坐标点的位置，s 代表点的大小 / 粗细标量，c 表示点的颜色，marker 是标记的样式，默认是 'o'。Marker 的样式有多种，可以根据自己的需要查阅官方手册，使得图表更加美观。

【例 13-5】散点图示例。

```
❶ import matplotlib.pyplot as plt
  import numpy as np
❷ n=500
  X=np.random.normal(0,1,n)
  Y=np.random.normal(0,1,n)
❸ T=np.arctan2(Y,X)
❹ plt.scatter(X,Y,s=75,c=T,alpha=0.5)
❺ plt.show()
```

首先，❶引入所需的包，❷使用 numpy 中的 random() 函数生成随机点。❸通过 arctan2 返回给定的 X 和 Y 值的反正切值。❹处使用 scatter() 函数画散点图，大小为 75，透明度为 50%。❺所有设置完成后，利用 plt.show() 即可显示出图像，如图 13-7 所示。注意，如果想要隐藏坐标轴，使图像更加精简，可以使用 plt.xticks() 函数。

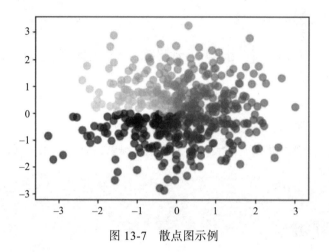

图 13-7 散点图示例

13.3.2 折线图

在 matplotlib 面向对象的绘图库中，pyplot 是一个方便常用的接口。在绘制折线图时，plot() 函数既能够创建单条折线的折线图，也可以支持多条折线的复合图。调用方法也很简单，只要在 plot() 函数中传入对应的 X 轴和 Y 轴数据即可。

```
>>> plt.plot(x, y, color, linewidth, linestyle)
```

其中，x、y 是对应的坐标数据，color 用来指定折线的颜色，linewidth 指定折线的宽度，linestyle 指定折线的样式。

【例 13-6】折线图示例。

```
❶ import matplotlib.pyplot as plt
  import numpy as np
  import math
  import datetime
❷ recordings = [datetime.date(2020,9,1),datetime.date(2020,9,2),datetime.date(2020,9,3),
          datetime.date(2020,9,4),datetime.date(2020,9,5),datetime.date(2020,9,6)]
❸ words = [13,17,14,25,15,12]
❹ plt.plot(recordings,words)
❺ plt.show()
```

首先，❶引入所需的包，此处需要注意的是库，主要用来处理时间日期，在金融领域进行数据处理时，常常需要使用 datetime 来将时间和日期调整为统一的格式。❷使用 datetime 中的 date() 函数格式化日期。❸创建一个列表传入数据。最后，❹将 recordings、words 传入 plot 函数对应的位置。❺所有设置完成后，利用 plt.show() 即可显示出图像，结果如图 13-8 所示。

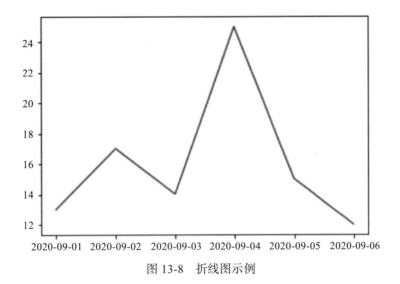

图 13-8　折线图示例

13.3.3　柱状图

柱状图常用于二维数据集，并且只需要比较一个维度。普通柱状图可以反映一组数据内部时间变化或者事物变化的某项指标的差异。复合型的多组柱状图能够比较多组数据集各项间的变化。柱状图本身可以利用柱状之间的不同高度来反映数据的差异，但不适用于规模较大的数据集。在 matplotlib 中使用 bar() 函数来绘制柱状图。

```
>>> matplotlib.pyplot.bar(left, height, alpha, width, color, edgecolor, label, lw)
```

其中，left 表示 X 轴的位置序列，一般采用 range 函数产生一个序列，也可以是字符串；height 表示 Y 轴的数值序列，即柱形图的高度；alpha 度量的是透明度，一般值越小越透明；width 描述了柱状图的宽度，一般为 0.8；color 或 facecolor 代表柱形图填充的颜色；edgecolor 用来设置图形边缘颜色；label 是解释每个柱子代表的含义，即 bar 的标签；linewidth 或 lw 用于调整边缘线的宽。

【例 13-7】柱状图示例。

```
❶ import matplotlib
  import matplotlib.pyplot as plt
❷ matplotlib.rcParams['font.sans-serif'] = ['SimHei']  # 用黑体显示中文
❸ x = [ '2016', '2017', '2018', '2019','2020']
  y1 = [4500, 5200, 5000, 7000, 3000]
  y2 = [3000, 2000, 3400, 3000, 1000]
❹ plt.bar(x=x, height=y1, label=' 房地产行业 ', color='steelblue', alpha=0.8)
  plt.bar(x=x, height=y2, label=' 金融业 ', color='indianred', alpha=0.8)
❺ for x1, yy in zip(x, y1):
      plt.text(x1, yy + 1, str(yy), ha='center', va='bottom', fontsize=10, rotation=0)
  for x1, yy in zip(x, y2):
      plt.text(x1, yy + 1, str(yy), ha='center', va='bottom', fontsize=10, rotation=0)
❻ plt.title(" 房地产行业与金融业新增公司数目对比 ")
```

❼ `plt.xlabel(" 年份 ")`
❽ `plt.ylabel(" 新增公司数量 ")`
❾ `plt.legend()`
❿ `plt.show()`

首先，❶引入所需的包，❷设置图像中的所有信息用黑体显示中文，❸创建三个列表传入数据。❹使用 plt.bar() 函数绘制房地产行业和金融业的柱状图，并设置成不同的颜色进行对比。此处需要注意的是，不同颜色的柱子可能会由于高度差导致颜色的叠加。接着，在❺中使用两个循环在柱状图上显示具体数值，其中，ha 参数控制水平对齐方式，va 控制垂直对齐方式。❻❼❽❾分别绘制了图像的标题信息、横纵坐标的标签信息以及图例。❿在所有设置完成后，利用 plt.show() 即可显示出图像，结果如图 13-9 所示。

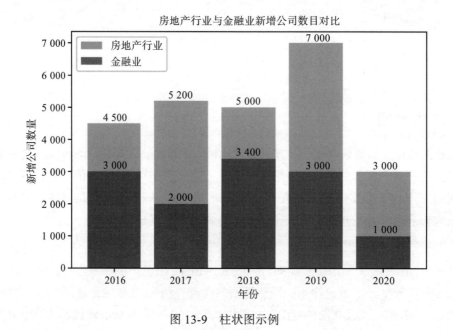

图 13-9　柱状图示例

13.3.4　subplot 子图

在实际操作中，我们常常希望在一张图片中显示多个小图表进行对比，这样的操作在 matplotlib 中称为子图，可以使用 subplot() 函数来绘制子图。

```
>>> plt.subplot(numbRow,numbCol,plotNum)
```

其中，numbRow 表示 plot 图的行数，numbCol 是 plot 图的列数，plotNum 指的是 numbRow*numbCol 的矩阵中的第几幅图。例如，如果是 subplot(2,2,3)，则该图像中包含 4 个子图，构成 2*2 的矩阵图阵，3 则表示的是第 3 幅图。如果是单数个子图，那么最后一幅图占据的空间可能较大，可以根据实际布局修改行数或者列数。注意，subplot 函数中几个参数之间可以不用逗号连接，直接写成 subplot(223)。

【例 13-8】不均匀子图示例。

```
❶ import matplotlib.pyplot as plt
   import numpy as np
❷ def f(t):
       return np.exp(-t) * np.sin(2 * np.pi * t)
❸ if __name__ == '__main__':
❹     t1 = np.arange(-6, 6, 0.1)
       t2 = np.arange(-6, 6, 0.2)
❺     plt.figure()
❻     plt.subplot(221)
       plt.plot(t1, f(t1), 'bo', t2, f(t2), 'g--')
❼     plt.subplot(222)
       plt.plot(t2, np.cos(2 * np.pi * t2), 'g--')
❽     plt.subplot(212)
       plt.plot([1, 2, 3, 4], [1, 4, 9, 16])
❾     plt.show()
```

首先，❶引入所需的库，❷使用 def 关键字定义一个函数，便于后续的子图绘制。❸生成主函数，并在❹处传入第一幅和第二幅子图的横坐标 x 数据，由 np.arange() 函数生成。接着，❺创建一个画布，❻生成第一幅子图，位置在 2*2 画布中的第一行第一列，❼生成第二幅子图，位置在 2*2 画布中的第一行第二列，其 Y 轴坐标是由❷中的函数返回得到；❽生成第三幅子图，位置在 2*1 画布中的第二行，即该子图和前两个子图的大小不同，占据了一整行，因此两列默认为一列。❾在所有设置完成后，使用 plot.show() 函数绘出图像，结果如图 13-10 所示。

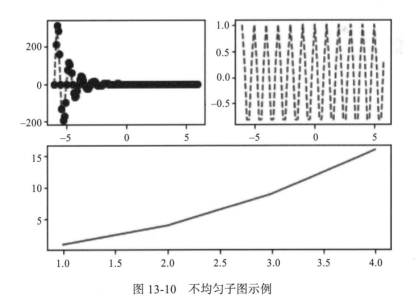

图 13-10　不均匀子图示例

13.4　案例

在 matplotlib 中有很多好用的库，常用于金融应用的一个库是 finance 库，matplotlib. finanace 子包中有许多绘制金融相关图的函数接口。但由于更新，finance 库已经从 matplotlib 中独立出来，新库名为 mpl_finance。

本节案例使用某只股票从 2011 年 7 月 1 日至 2012 年 6 月 29 日的股价波动情况绘制成 K 线图。股票数据包括：Date（日期）、Open（开盘价）、High（高价）、Low（低价）、Close（收盘价）、Volume（成交量）。

【例 13-9】K 线图绘制示例：使用给定的证券市场中的股票数据，绘制相关的 K 线图。

```
❶ import mplfinance as mpf
   import matplotlib as mpl
   from cycler import cycler
   import pandas as pd
   import matplotlib.pyplot as plt
❷ def import_csv(stock_code):
       df = pd.read_csv(stock_code + '.csv')
❸     df.rename(columns={ 'date': 'Date', 'open': 'Open', 'high': 'High',
                          'low': 'Low', 'close': 'Close', 'volume': 'Volume'},
                 inplace=True)
❹     df['Date'] = pd.to_datetime(df['Date'])
       df.set_index(['Date'], inplace=True)
       return df
❺ symbol = 'data'
   period = 100
   df = import_csv(symbol)
   print(df)
❻ kwargs = dict(type='candle', mav=(7, 30, 60), volume=True,
                 title='股票k线图', ylabel='K线图', ylabel_lower='成交量',
                 figratio=(15, 10), figscale=5, datetime_format='%Y-%m-%d')
❼ mc = mpf.make_marketcolors(up='red', down='green', edge='i', wick='i',
                              volume='in', inherit=True)
❽ s = mpf.make_mpf_style(gridaxis='both', gridstyle='-.', y_on_right=False,
                          marketcolors=mc, rc={'font.family': 'SimHei',
                          'font.size': 35})
❾ mpl.rcParams['axes.prop_cycle'] = cycler( color=['dodgerblue',
                                                     'deeppink', 'navy', 'teal',
                                                     'maroon', 'darkorange',
                                                     'indigo'])
   mpl.rcParams['lines.linewidth'] = .5
❿ mpf.plot(df, **kwargs, style=s,
           show_nontrading=False,savefig='A_stock-%s %s_candle_line' % (symbol,
           period) + '.jpg')
   plt.show()
```

首先，❶引入所需的包，mplfinance 是金融相关的库，cycler 用于定制线条颜色，pandas 用来导入 DataFrame 数据。❷创建导入股票数据的函数，并在❸中格式化列名，用于之后的绘制（尽管原数据中的命名已经是标准的，但此处是为了强调数据格式标准化的重要性）。❹使用 datetime 把 date 转换为标准日期格式，并将日期列作为 dataframe 中的索引行，最后在函数中返回得到的格式化的 dataframe。完成数据函数的编写后，

在❺处导入数据（此处 data.csv 和代码文件在同一个文件夹中）。格式化后的数据如图
13-11 所示。

	Open	High	Low	Close	Volume
Date					
2011-07-01	132.089996	134.100006	131.779999	133.919998	202385700
2011-07-05	133.779999	134.080002	133.389999	133.809998	165936000
2011-07-06	133.490005	134.139999	133.110001	133.970001	143331600
2011-07-07	135.160004	135.699997	134.880005	135.360001	170464200
2011-07-08	133.830002	135.360001	133.389999	134.399994	194100500
2011-07-11	132.750000	133.179993	131.660004	131.970001	195918600
2011-07-12	131.690002	132.779999	131.360001	131.399994	214675700
2011-07-13	132.089996	133.220001	131.520004	131.839996	204062600
2011-07-14	132.169998	132.779999	130.679993	130.929993	226111800
2011-07-15	131.660004	131.869995	130.770004	131.690002	220012800
2011-07-18	131.080002	131.279999	129.630005	130.610001	196872100
2011-07-19	131.339996	132.889999	131.309998	132.729996	166554900
2011-07-20	133.070007	133.149994	132.419998	132.649994	137145400
2011-07-21	133.399994	134.820007	132.669998	134.490005	245246300
2011-07-22	134.520004	134.720001	133.759995	134.580002	126019400
2011-07-25	133.300003	134.490005	133.160004	133.830002	136653800

图 13-11　格式化数据示例

接着，在❻处为后续的图像绘制设置基本参数：type 表示绘制图形的类型，可选择
candle, renko, ohlc, line 等，此处选择 candle（蜡烛图），即 K 线图；mav(moving average)
代表均线类型，此处设置 7,30,60 日线；volume 用来设置是否显示成交量，为布尔类型，
默认 False；title 设置标题，本案例中的标题为 A_stock data candle_line；y_label 表示设
置纵轴主标题，y_label_lower 代表成交量图一栏的标题；figratio 用来设置图形纵横比，
figscale 则是设置图形尺寸（数值越大图像质量越高）。然后，在❼处设置 marketcolors，
即市场颜色。其中，up 用来设置 K 线线柱颜色，up 的含义是收盘价大于等于开盘价；
down 则与 up 相反，这样设置与国内 K 线颜色标准相符；而 edge 参数描绘了 K 线线柱边
缘颜色（i 代表继承自 up 和 down 的颜色）。wick 表示灯芯（上下影线）颜色，volume 代
表成交量直方图的颜色，inherit 的含义是继承与否，改参数为选填。

第❽行的代码为图形风格的设置，gridaxis 用来设置网格线位置，gridstyle 设置网
格线线型，y_on_right 表示 y 轴位置是否在右。❾处设置了均线颜色，配色表详见官方
文档，一般建议设置较深的颜色且与红色、绿色形成对比，和日常的股票市场应用颜色
保持一致。此处设置七条均线的颜色，也可应用默认设置。具体的线宽可以根据需要进
行调整。

所有设置完成，进行❿处的图形绘制，show_nontrading 参数表示是否显示非交易日，
默认 False。savefig 可以导出图片，并填写文件名及后缀。最后使用 plot.show() 函数完成
图像绘制即可。结果如图 13-12 所示。

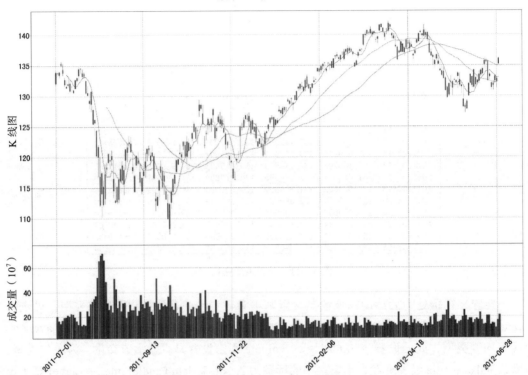

图 13-12　K 线图示例

● 小 结 ●—○—●—○—●

　　本章主要介绍的是 Matplotlib 的基础绘图方法。首先介绍了 matplotlib 包的安装，需要注意的是，版本的不同可能会导致语法参数以及一些接口函数的变动。接着分析了绘制图表的基本元素，主要包括坐标轴、图例、标注、透明度，每个元素都有各自的绘制方法，除了数据以外，这些元素基本能构成一张图表。然后介绍了图表的保存，可以自行设置保存的格式和名称，如果仅需绘制图像，使用 plot.show() 函数即可。随后介绍了几种常见图形的绘制，包括散点图、折线图、柱状图，如果需要在一张图像中同时显示多张子图，可以通过 subplot 实现。最后，本章以一个金融案例结尾，演示了如何绘制证券市场中最常见的 K 线图。

● 练 习 ●—○—●—○—●

　　1. 什么是 matplotlib？
　　2. 为什么要学习 matplotlib？
　　3. 在 matplotlib 库中，列举几种常绘制的图形（不限于本书内容），并概括出几种图形的适用场景。

4. 解释 subplot(3,3,2) 的含义。

5. 指向型注释的语句是 _____，文本型注释的语句是 _____。

6. Figure 对象的基本元素包括 _____。

7. 写出将图表保存为 png 格式，并裁剪多余的空白区域的语句。

8. 现有股票信息列表 stock_list，元素为股票名称和股价构成的元组，绘制散点图和折线图。

　　stock_list = [[' 招商银行 ', 37.41], [' 兴业银行 ', 16.18],

　　　　　　　　[' 中国银行 ', 3.20],[' 上海银行 ', 8.30],

　　　　　　　　[' 农业银行 ', 3.16],[' 建设银行 ', 6.19],

　　　　　　　　[' 宁波银行 ', 32.45],[' 浦发银行 ', 9.92],

　　　　　　　　[' 工商银行 ', 4.94]]

9. S&P 500 某只股票 2019 年的信息如图 13-13 所示，请依据图片信息选择绘制柱状图或者 K 线图。

Date	Open	High	Low	Close	Volume
2019-11-01	3050.72	3066.95	3050.72	3066.91	510301237
2019-11-04	3078.96	3085.20	3074.87	3078.27	524848878
2019-11-05	3080.80	3083.95	3072.15	3074.62	585634570
2019-11-06	3075.10	3078.34	3065.89	3076.78	544288522
2019-11-07	3087.02	3097.77	3080.23	3085.18	566117910
2019-11-08	3081.25	3093.09	3073.58	3093.08	460757054
2019-11-11	3080.33	3088.33	3075.82	3087.01	366044400
2019-11-12	3089.28	3102.61	3084.73	3091.84	434953689
2019-11-13	3084.18	3098.06	3078.80	3094.04	454607412
2019-11-14	3090.75	3098.20	3083.26	3096.63	408390424
2019-11-15	3107.92	3120.46	3104.60	3120.46	579104868
2019-11-18	3117.91	3124.17	3112.06	3122.03	521730492
2019-11-19	3127.45	3127.64	3113.47	3120.18	513153035
2019-11-20	3114.66	3118.97	3091.41	3108.46	756408988
2019-11-21	3108.49	3110.11	3094.55	3103.54	476836171
2019-11-22	3111.41	3112.87	3099.26	3110.29	418027927
2019-11-25	3117.44	3133.83	3117.44	3133.64	513728761
2019-11-26	3134.85	3142.69	3131.00	3140.52	986041660
2019-11-27	3145.49	3154.26	3143.41	3153.63	421853938
2019-11-29	3147.18	3150.30	3139.34	3140.98	286602291

图 13-13　S&P 500 某股票信息

附录 A ●—○—●—○—●

Python 中的关键字

　　在 Python 中共有 33 个关键字。这些关键字是保留字，它们在 Python 语言中起着特殊的作用，不能用作变量名、函数名或其他标识符。下表列出了 Python 中的关键字及其作用。

关键字	描述	举例
and	逻辑与运算符	True and False
as	用于创建别名	import numpy as np
assert	用于调试，触发异常	assert 1==1
break	用于循环语句中跳出循环	break
class	用于自定义类	class Employee: 　　name = ' 张珊 ' 　　age = 25
continue	用于循环语句中继续下一个迭代	continue
def	用于自定义函数	def processor(x, y): 　　return x+y, x-y
del	用于删除对象	del processor
elif	用于多条件语句中，等同于 else if	见 if 关键字
else	用于条件语句中前面条件均不成立的情况	见 if 关键字
except	程序发生异常时，处理异常	见 try 关键字
False	布尔值 "假"，比较运算结果	1>2 的比较结果为 False
finally	在处理异常的结构中，无论是否发生异常均要将执行的代码放在 finally 关键字之后	见 try 关键字
for	用于创建 for 循环语句	for i in range(10): 　　print(i)
from	用于导入模块的指定部分	from random import randint
global	用于声明全局变量	global n

（续）

关键字	描述	举例

if	用于创建条件语句	if 1 > 2:
		   print('1>2')
		elif 1==2:
		   print('1==2')
		else:
		   print('1<2')

import	导入模块	import random
in	检查某个值是否在字符串、列表、元组、集合或者字典中	10 in (0,10,20,30)
is	用于测试两个变量是否引用同一对象	x = [1,2,3] y = x x is y
lambda	用于定义匿名函数	lambda x: x+1
None	表示空值 null	None
nonlocal	用于在嵌套函数内部声明非本地变量	nonlocal x
not	逻辑否运算符	not 1>2
or	逻辑或运算符	True or False
pass	空语句，表示代码占位符	pass
raise	用于触发异常	raise Exception(' 数据错误 ')
return	用于退出函数并返回值	见 def 关键字
True	布尔值"真"，比较运算结果	1<2 的比较结果为 True

try	用于创建异常处理结构	try:
		   qty=int(input())
		except:
		   print(' 输入数量错误 ')
		finally:
		   print(' 程序结束 ')

while	用于创建 while 循环语句	i = 0
		while i<10:
		   print(i)
		   i += 1

with	用于简化资源操作的后续清理操作，是 try/finally 的替代方法	with open('out.txt', 'w') as f: f.write('fintech')

yield	用于结束函数，返回生成器	def addlist(tmplist):
		   for i in tmplist:
		     yield i + 1

附录 B ●—○—●—○—●

进位制数

进位制使用有限的数字符号来表示所有的数值，是一种计数方式。数字符号的数目 n 称为基数或者底数。n 进制数的基数为 n，能用到的数字符号个数为 n 个，即 $0,1,2,\cdots\cdots$，$n-1$。N 进制数中能使用的最小数字符号是 0，最大数字符号是 $n-1$。

常用的进位制是十进制，也就是基数为 10，即使用 0～9 这 10 个阿拉伯数字来进行记数的进位制。除了十进制，常用的进制还有二进制、八进制和十六进制，具体如表 B-1 所示。

表 B-1　常用进制

名称	数字符号	说明
二进制	0,1	在计算机内部使用的都是二进制
八进制	0,1,2,3,4,5,6,7	偶尔使用在计算机领域，可以方便当作二进制的简写，对应于三位二进制数字
十进制	0,1,2,3,4,5,6,7,8,9	最常见的算术运算进制
十六进制	0,1,2,3,4,5,6,7,8,9,A,B,C,D,E,F	偶尔使用在计算机领域，可以方便当作二进制的简写，对应于四位二进制数字，其中 A 表示十进制中的 10，B 表示十进制中的 11，……，F 表示十进制中的 15

我们知道，在十进制中加法运算的逻辑是"逢十进一"，即：

$$0 + 0 = 0, 1 + 0 = 1, \cdots\cdots, 1 + 9 = 10$$

类似地，在二进制中加法运算的逻辑采用的是"逢二进一"，即：

$$0 + 0 = 0, 0 + 1 = 1, 1 + 1 = 10$$

在八进制中加法运算的逻辑是"逢八进一"，即：

$$0 + 0 = 0, 1 + 0 = 1, \cdots\cdots, 1 + 7 = 10$$

在十六进制中加法运算的逻辑是"逢十六进一"，即：

$$0 + 0 = 0, 1 + 0 = 1, \cdots\cdots, 1 + F = 10$$

各进制之间可以相互转换，将十进制数转换为二进制的规则是"除 2 取余"，即将十进制数除以 2，得到一个商和余数；再将其商除以 2，得到新的商和余数；以此类推，直到商为零为止。每次所得的余数（0 或 1）就是对应二进制数的各位数字。最后一次得到的余数是最高位，第一次得到的余数是最低位。例如，十进制数 5 的二进制转换过程如下。

因此，十进制数 5 的二进制数是 101。类似地，十进制数转换成八进制数的规则是"除 8 取余"，十进制数转换成十六进制数的规则是"除 16 取余"。

二进制数转换为十进制数的规则是"从右到左用二进制的每个数乘以 2 的相应次方并递增"。例如，二进制数 101 转换为十进制数的计算式为：

$$101_{(2)} = 1 \times 2^0 + 0 \times 2^1 + 1 \times 2^2 = 1 + 0 + 4 = 5_{(10)}$$

类似地，八进制数转换为十进制数的规则是"从右向左用二进制的每个数乘以 8 的相应次方并递增"，十六进制数转换为十进制数的规则是"从右向左用二进制的每个数乘以 16 的相应次方并递增"。

将二进制数转换为八进制数的方法是：将二进制数从右向左每三位分为一组，每一组代表一个 0 ～ 7 之间的数。对应关系如表 B-2 所示。

表 B-2　二进制数和八进制数对应关系

八进制数	二进制数
0	000
1	001
2	010
3	011
4	100
5	101
6	110
7	111

例如，二进制数 101011 转换为八进制数的方法如下：

因此，二进制数 101011 对应的八进制数为 53。

将二进制数转换为十六进制数的方法是：将二进制数从右向左每四位分为一组，每一组代表一个 0 ～ 9、A ～ F 之间的数。对应关系如表 B-3 所示。

表 B-3 二进制数和八进制数对应关系

十六进制数	二进制数	十六进制数	二进制数
0	0000	8	1000
1	0001	9	1001
2	0010	A	1010
3	0011	B	1011
4	0100	C	1100
5	0101	D	1101
6	0110	E	1110
7	0111	F	1111

例如，二进制数 1101011 转换为十六进制数的方法如下：

0110　1011

6　　B

因此，二进制数 1101011 对应的十六进制数为 6B。

附录 C

Python 中的字符串常用方法

字符串是最常见的数据类型之一。我们通常使用一对单引号或者双引号来创建字符串。针对字符串，Python 提供了一系列的内嵌方法。

1. capitalize()

该方法返回一个新的字符串，将首字母转换为大写。

```
>>> 'fintech'.capitalize()
'Fintech'
```

2. center(length, character)

该方法返回一个新的字符串，使用指定的字符（默认为空格）作为填充字符使字符串居中对齐。其中，length 是必需的参数，指定返回字符串的长度；character 是可选参数，用于指定填补两侧缺失的字符，默认是空格。

```
>>> 'Fintech'.center(20,'*')
'******Fintech*******'
```

3. count(value, start, end)

该方法指定值在字符串中出现的次数。其中，value 是必需的参数，指定需要检索的字符串；start 为可选参数，指定开始检索的位置，默认值为 0；end 为可选参数，指定检索结束的位置，默认是字符串的结尾。

```
>>> 'Fintech 是由金融 "Finance" 与科技 "Technology" 两个词合成而来。'.count('e')
3
```

4. endswith(value, start, end)

该方法判断字符串是否以指定值结尾。当字符串以指定值结尾时，返回 True，否则返回 False。其中，value 是必需的参数，指定检查字符串是否以之结尾的值；start 为可选参数，指定开始检索的位置，默认值为 0；end 为可选参数，指定检索结束的位置，默认是字符串的结尾。

```
>>> 'Fintech'.endswith('tech')
True
```

5. find(value, start, end)

该方法查找指定值首次出现的位置。如果找不到该值，则返回 −1。其中，value 是必需的参数，指定要检索的值；start 为可选参数，指定开始检索的位置，默认值为 0；end 为可选参数，指定检索结束的位置，默认是字符串的结尾。

```
>>> 'Fintech 是由金融"Finance"与科技"Technology"两个词合成而来。'.find('e', 5)
18
```

6. index(value, start, end)

该方法查找指定值首次出现的位置。如果找不到该值，则触发异常。其中，value 是必需的参数，指定要检索的值；start 为可选参数，指定开始检索的位置，默认值为 0；end 为可选参数，指定检索结束的位置，默认是字符串的结尾。

```
>>> 'Fintech'.index('t')
3
```

7. isalnum()

如果所有字符均为字母数字，则该方法返回 True，否则返回 False。注意，这里的字符指的是 Unicode 编码表中字母区域的字符，不仅仅是英文字母。汉字也属于字母区域的字符。因此，下面示例返回的结果为 True。

```
>>> 'Fintech 是由金融与科技 2 个词合成而来'.isalnum()
True
```

8. isalpha()

如果所有字符均为字母，则该方法返回 True，否则返回 False。

```
>>> 'Fintech 是金融科技的简称'. isalpha()
True
```

9. islower()

如果所有字符均为小写，则该方法将返回 True，否则返回 False。

```
>>> 'financial technology'.islower()
True
>>> 'FinTech'.islower()
False
```

10. isspace()

如果字符串中的所有字符都是空格，则该方法将返回 True，否则返回 False。

```
>>> 'Financial Technology'.isspace()
False
```

```
>>> '    '.isdecimal()
True
```

11. isupper()

如果所有字符均为大写，则该方法将返回 True，否则返回 False。

```
>>> ' FINTECH '.isupper()
True
>>> 'Financial Technology'.isupper()
False
```

12. join(iterable)

将可迭代对象 iterable 中的所有项目用字符串连接起来，构成新的字符串。其中 iterable 是必需的参数，是由字符串构成的任何可迭代对象。

```
>>> '&'.join(['Financial', 'Technology'])
'Financial&Technology'
```

13. ljust(length, character)

该方法返回一个新的字符串，使用指定的字符（默认为空格）作为填充字符，使字符串左对齐。其中，length 是必需的参数，指定返回字符串的长度；character 是可选参数，用于指定填补右侧缺失的字符，默认是空格。

```
>>> 'Fintech'.ljust(20,'*')
'Fintech*************'
```

14. lower()

该方法返回一个新的字符串，其中所有字符均为小写。

```
>>> 'FinTech'.lower()
'fintech'
```

15. lstrip(characters)

该方法返回一个新的字符串，新字符串删除了原字符串左侧特定的字符。其中，characters 是可选的参数，指定一组需要删除的字符，默认是空白字符。

```
>>> '***Fintech'.lstrip('*')
'Fintech'
```

16. replace(oldvalue, newvalue, count)

该方法返回一个新的字符串，将原字符串中指定的字符替换为指定的字符串。其中，oldvalue 是必需的参数，指定需要被替换的字符串；newvalue 是必需的参数，指定替换旧值的字符串；count 是可选参数，用于指定替换的次数，默认全部替换。

```
>>> 'fintech是金融科技。'.replace('f','F').replace('t','T')
'FinTech是金融科技。'
```

17. rjust(length, character)

该方法返回一个新的字符串，使用指定的字符（默认为空格）作为填充字符，使字符串右对齐。其中，length 是必需的参数，指定返回字符串的长度；character 是可选参数，用于指定填补左侧缺失的字符，默认是空格。

```
>>> 'Fintech'.rjust(20,'*')
'************* Fintech '
```

18. rstrip(characters)

该方法返回一个新的字符串，新字符串删除了原字符串右侧特定的字符。其中，characters 是可选的参数，指定一组需要删除的字符，默认是空白字符。

```
>>> 'Fintech***'.rstrip('*')
'Fintech'
```

19. split(separator, max)

该方法返回一个列表，列表中的元素是根据指定字符分割后的字符串列表。其中，separator 是可选的参数，是分割字符串时要使用的分隔符，默认值为空白字符；max 是可选的参数，指定要执行拆分的次数，默认值是 –1，即所有出现的次数。

```
>>> 'Financial&Technology'.split('&')
['Financial', 'Technology']
```

20. startswith(value, start, end)

该方法判断字符串是否以指定值开始。当字符串以指定值开始时，返回 True，否则返回 False。其中，value 是必需的参数，指定检查字符串是否以之开始的值；start 为可选参数，指定开始检索的位置，默认值为 0；end 为可选参数，指定检索结束的位置，默认是字符串的结尾。

```
>>> 'Fintech'. startswith('fin')
False
```

21. strip(characters)

该方法返回一个新的字符串，新字符串删除了原字符串左右两侧特定的字符。其中，characters 是可选的参数，指定一组需要删除的字符，默认是空白字符。

```
>>> '***Fintech***'.strip('*')
'Fintech'
```

22. upper()

该方法返回一个新的字符串，其中所有字符均为小写。

```
>>> 'FinTech'.upper()
'FINTECH'
```

23. zfill(len)

该方法返回一个新的字符串，在原字符串的开头添加零（0），直到达到指定的长度。

```
>>> '1'.zfill(2)
'01'
```

math 库的使用

在 Python 中，math 是标准函数库，利用它可以有效地解决数学中的各种运算，包含了 5 个数学常数和 46 个函数。

由于 math 是标准函数库，因此不需要安装。但在使用之前，需要使用 import 关键字导入该库。

```
>>> import math
>>> math.sqrt(4)
2.0
```

在财经领域，math 库中常用的常数如表 D-1 所示。

表 D-1　math 库常用常数

常数	数字符号	说明
math.pi	π	圆周率，值为 3.141592653589793
math.e	e	自然对数，值为 2.718281828459045

math 库中有如下常用的函数。

1. math. ceil(x)

该函数向上取整，返回大于等于 x 的最小整数。

```
>>> math.ceil(10.2)
11
```

2. math.exp(x)

该函数返回自然对数 e 的 x 次幂。

```
>>> math.exp(10)
22026.465794806718
```

3. math.fabs(x)

该函数返回一个参数 x 的浮点数类型绝对值。

```
>>> math.fabs(-10)
10.0
```

4. math.factorial(x)

该函数返回参数 x 的阶乘，即 x!。

```
>>> math. factorial(10)
3628800
```

5. math.floor(x)

该函数向下取整，返回小于等于 x 的最大整数。

```
>>> math.floor(10.8)
10
```

6. math.fmod(x, y)

该函数返回一个参数 x 除以参数 y 的余数。

```
>>> math.fmod(11, 3)
2.0
```

7. math.fsum(iterable)

该函数返回可迭代对象 iterable 中所有值的精确浮点数和。使用该函数可以避免精度损失。

```
>>> sum([.1, .1, .1, .1, .1, .1, .1, .1, .1, .1])
0.9999999999999999
>>> math.fsum([.1, .1, .1, .1, .1, .1, .1, .1, .1, .1])
1.0
```

8. math.gcd(a, b)

该函数返回 a 和 b 的最大公约数。

```
>>> math.gcd(15, 10)
5
```

9. math.log(x[, base])

该函数返回 x 的对数值，默认返回自然对数 lnx。

```
>>> math.log(2)
0.6931471805599453
```

10. math.log2(x)

该函数返回 x 的 2 对数值。

```
>>> math.log2(2)
1.0
```

11. math.log10(x)

该函数返回 x 的 10 对数值。

```
>>> math.log10(2)
0.3010299956639812
```

12. math.pow(x, y)

该函数返回 x 的 y 次幂。

```
>>> math.pow(2, 3)
8.0
```

13. math.sqrt(x, y)

该函数返回 x 的平方根。

```
>>> math.sqrt(16)
4.0
```

14. math.trunc(x)

该函数返回 x 的整数部分。

```
>>> math.trunc(10.8)
10
```

参考文献

[1] 马克·卢茨 . Python 学习手册（原书第 5 版）[M]. 秦鹤，林明，译 . 北京：机械工业出版社，2018.

[2] 布莱恩·奥弗兰德 . 零压力学 Python[M]. 袁国忠，译 . 北京：人民邮电出版社，2018.

[3] 伊夫·希尔皮斯科 . Python 金融大数据分析 [M]. 姚军，译 . 北京：人民邮电出版社，2020.

[4] Magnus Lie Hetland. Python 基础教程 [M]. 袁国忠，译 . 北京：人民邮电出版社，2018.